高等职业教育系列教材

制冷与空调/制冷与冷藏专业

制 冷 工 艺 设 计

主　编　朱　颖
副主编　张国东
参　编　晁风芹

机 械 工 业 出 版 社

本书以冷库制冷工艺设计过程为主线，重点介绍了冷库工艺设计一般流程、制冷系统方案设计、制冷负荷计算、制冷机器设备选型计算与布置、机房和库房设计、制冷系统管道设计等内容。书中还有针对性地介绍了冷库制冰与贮冰设计、气调冷藏库工艺设计等相关内容。

本书可作为高职高专制冷与空调、制冷与冷藏专业的"制冷工艺设计"课程教材，也可作为高职高专院校相关的教学用书，以及从事制冷空调设计、制造、安装施工的工程技术人员和制冷系统管理、操作人员的参考用书。

本书配有电子课件，凡使用本书作为教材的教师可登录机械工业出版社教材服务网 www.cmpedu.com 下载。咨询邮箱：cmpgaozhi@sina.com。咨询电话：010-88379375。

图书在版编目（CIP）数据

制冷工艺设计/朱颖主编．—北京：机械工业出版社，2013.7
（2024.6重印）
高等职业教育系列教材
制冷与空调/制冷与冷藏专业
ISBN 978-7-111-42873-2

Ⅰ.① 制… Ⅱ.① 朱… Ⅲ.① 制冷装置—工艺设计 Ⅳ.①TB657

中国版本图书馆 CIP 数据核字（2013）第 127690 号

机械工业出版社(北京市百万庄大街22号　邮政编码100037)
策划编辑：刘明超　责任编辑：刘明超　张双国　孙　阳
版式设计：霍永明　责任校对：闫玥红
封面设计：马精明　责任印制：邰　敏
北京富资园科技发展有限公司印刷
2024 年 6 月第 1 版第 4 次印刷
184mm×260mm · 14.25 印张 · 349 千字
标准书号：ISBN 978-7-111-42873-2
定价：45.00 元

前　言

本书是根据国家标准 GB 50072—2010《冷库设计规范》编写的，可作为高职高专制冷与空调、制冷与冷藏专业的"制冷工艺设计"课程教材，也可作为高职高专院校相关的教学用书，以及从事制冷空调设计、制造、安装施工的工程技术人员和制冷系统管理、操作人员的参考用书。

本书突出了高职高专教育特色，以岗位职业能力培养为主线，理论和实践相结合；基本理论力求深入浅出、通俗易懂，强调实际实用，突出能力培养，使本书既具有行业特色，又有较宽的覆盖面，是一本适应性、实用性较强的专业教材。通过学习本书，能够了解并掌握冷库制冷工艺设计的步骤、原则、方法以及设计文件和施工图的编制。

参与本书编写的人员有：江苏经贸职业技术学院朱颖（第 1、2、3、4 章）、南京化工职业技术学院张国东（第 5、6、7 章）、山东商业职业技术学院晁风芹（第 8、9、10 章和附录）。全书由朱颖担任主编，负责统稿并修改定稿，张国东担任副主编。

本书在编写过程中，国内贸易工程设计研究院李晓虎工程师提供了部分专业资料，在此表示感谢。

限于作者的水平，书中疏漏之处在所难免，敬请广大读者批评指正。

编　者

目　　录

第1章 冷库相关知识

1.1 冷库类型和组成

冷库是指采用人工制冷降温并具有保冷功能的仓储建筑群,包括制冷机房、变配电间等。它的作用主要是在特定的温度和湿度条件下,加工和贮藏食品、工业原料、生物制品以及医药等物资。

1.1.1 冷库类型

冷库的种类较多,可以从不同的角度进行分类。

1. 按结构形式分类

(1) 土建式冷库 这是目前建造较多的一种冷库,可建成单层或多层。这类冷库一般由围护结构和承重结构组成,由于围护结构热惰性较大,库温较为稳定,承重结构一般为钢筋混凝土框架结构或砖混结构。

(2) 装配式冷库(活动冷库) 这类冷库的主体结构(柱、梁、屋顶)采用轻钢结构,其围护结构的墙体使用预制的复合隔热板。隔热材料为硬质聚氨酯泡塑料和硬质聚苯乙烯泡沫塑料等。库体可以灵活组合,根据不同场地拼装成不同的外形和高度,而且室内、外皆可。

(3) 夹套式冷库 这类冷库是在常规冷库的围护结构内增加一个内夹套结构,夹套内装设冷却设备,冷风在夹套内循环制冷,将外围护结构传入的热量带走,防止热量传入库内,所以库内温度稳定均匀,食品干耗小,外界环境对库内干扰小,夹套内空气流动阻力小,气流组织均匀,但造价较高。

(4) 覆土式冷库 这类冷库利用山洞因地制宜建造而成,洞体多为拱形结构,用砖石砌墙,并覆盖一定厚度的土层作为隔热层,施工简单,造价低且坚固耐用。

(5) 气调式冷库 这类冷库主要用于新鲜果蔬、农作物种子和花卉等活体的长期储存。气调式冷库除了要控制库内的温度和湿度,还通过技术措施形成特定的库内气体环境,以抑制活体的呼吸和新陈代谢,达到长期储存的目的。

2. 按使用性质分类

(1) 生产性冷库 主要建在食品产地附近、货源较集中的地区和渔业基地,通常作为鱼类、肉类、禽蛋、蔬菜和各类食品加工厂等企业的一个重要组成部分。这类冷库配有相应的屠宰车间、理鱼间、整理间,具有较大的冷却、冻结能力和一定的冷藏容量,食品在此进行冷加工后经过短期储存即运往销售地区、直接出口或运至分配性冷藏库作长期储藏。

(2) 分配性冷库 主要建在大中城市、人口较多的工矿区和水陆交通枢纽,专门储藏经过冷加工的食品,以供调节淡旺季节、提供外贸出口和作长期储备之用。这类冷库的冷藏容量大并考虑多品种食品的储藏,其冻结能力较小,仅用于长距离调入冻结食品在运输过程中软化部分的再冻及当地小批量生鲜食品的冻结。

（3）零售性冷库　一般建在工矿企业或城市大型副食品店和超市内，供临时储存零售食品之用。这类冷库的库容量小，食品储存期短，可以根据使用要求调节库温。在库体结构上，大多采用装配式冷库。

（4）综合性冷库　这类冷库容量大、功能齐全，集生产性和分配性功能于一身。

3. 按规模分类

冷库的设计规模以冷藏间或贮冰间的公称容积为计算标准，公称容积大于 20 000m³ 为大型冷库；5000 ~ 20 000m³ 为中型冷库；小于 5000m³ 为小型冷库。

1.1.2　冷库组成

冷库是以主库为中心的建筑群，主要由库房、生产设施和附属建筑组成。某肉类生产性冷库的平面组成如图 1-1 所示。

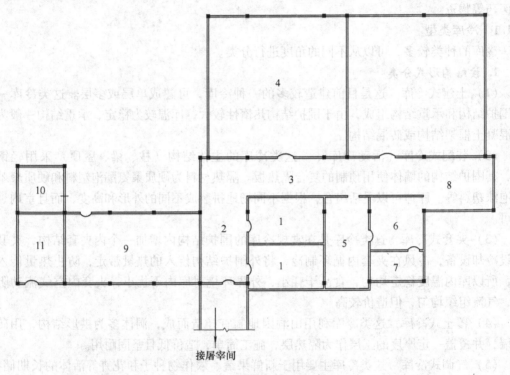

图 1-1　某肉类生产性冷库的平面组成

1—冻结间　2—常温脱盘、脱钩间　3—常温穿堂　4—冻结物冷藏间　5—贮冰间　6—快速制冰间

7—值班室　8—站台　9—制冷机房　10—变配电间　11—机修

1. 库房

库房是指冷库建筑物主体及为其服务的楼梯间、电梯、穿堂等附属房间，建筑物主体主要由功能各异的冷间组成。冷间是冷库中采用人工制冷降温房间的统称，主要有冷却间、冻结间、冷却物冷藏间、冻结物冷藏间、贮冰间等，具体组合由贮藏品种和加工工艺决定。

（1）冷却间　水果和蔬菜在进行冷藏前，为除去田间热，防止某些生理病害，应及时降温冷却；鲜蛋在冷藏前也应进行冷却；此外，肉类屠宰后也可加工为冷却肉，能作短期储藏。

（2）冻结间　需要长期储存的食品必须先经过冻结加工，然后才能进行冷藏。冻结间的作用是将食品由常温或冷却状态迅速降至 –18 ~ –15℃，阻碍或阻止微生物活动，以利于长期储藏。目前，肉、禽类多采用一次冻结，即入库的货物不经过冷却直接进入冻结间冻结。这种加工方法可减少干耗，缩短加工时间，节省一次搬运劳动和进、出库的时间，但冻结间因货物进出和冻结设备冲霜频繁，温度波动较大，建筑结构因冻融循环而易损坏。为了便于冻结间的维修和保证冷库的正常使用，冻结间可单独建造。

（3）冷却物冷藏间　主要用于储藏经过冷却的鲜蛋和果蔬，又称高温冷藏间。由于果蔬和鲜蛋仍有呼吸作用，所以除了要保持库内温度和湿度外，还需引进适量的新鲜空气。

（4）冻结物冷藏间　主要贮存冻结加工过的食品，又称低温冷藏间，用于较长期的储存冻结食品。

（5）贮冰间　用以贮存冰的房间，以解决需冰旺季和制冰能力不足的矛盾。贮存盐水制冰的贮冰间，其库温一般为 –4℃；贮存快速制冰的贮冰间，其库温为 –10℃。

（6）穿堂　为冷却间、冻结间、冷藏间进出货物而设置的通道，其室温为常温或某一特定温度。常温穿堂的温度经常保持在接近或略低于外界大气温度，在建筑构造上无需作隔热处理，只要求有一定的自然通风条件。低温穿堂的温度一般低于 0℃以下，其围护结构必须设置隔热层，同时，为了迅速而有效地吸收外界空气和食品带入的热量，穿堂内必须布置制冷设备。

（7）楼梯间　冷库的楼梯间一般设在穿堂与站台之间，楼梯间的结构应与冷库主体结构分开，要求坚固、耐火、采光通风良好。楼梯的宽度主要考虑通行人数和货物搬运。楼梯净空应有足够高度，以免碰头，一般应大于 2.20m。当层高较高时，楼梯应分段，并设休息平台，使每一段（或称为一跑）的踏步数不要过多，一般不宜超过 18 步。踏步也不宜少于三步，以免不被注意而踩空。休息平台的宽度不应小于楼梯的宽度。

（8）电梯　是多层冷库货物垂直运输的主要工具。冷库用电梯为电梯厂生产的冷库专用电梯，其相同吨位的轿厢比一般货梯大，便于连车带货一起进入轿厢。电梯的位置要适当，电梯门尽可能与库房出入口直接相对，这样便于水平运输工具的来回运输。电梯间的穿堂应有足够的宽度，一般不小于 5m，为适应机械化操作宜选用 7m。

2. 生产设施

生产设施主要包括制冷机房和变配电间。

（1）制冷机房　由机器间和设备间组成，机器间是安装制冷压缩机的房间，设备间是安装制冷辅助设备的房间。设备间的位置应紧靠机器间，大、中型冷库的机器间与设备间以墙分隔，小型冷库为了操作方便，可将两者合二为一。

（2）变配电间　包括变压器间、高低压配电间和电容器间，一般设在机房的一端，室内要有良好的通风条件，炎热地区须设通风装置。为了减少太阳辐射热的影响，变配电间不宜朝西布置。

3. 附属建筑

附属建筑主要指主体建筑以外，和主体建筑有密切关系的其他建筑，包括肉类屠宰间、包装整理间等。鱼类、蛋类、水果、蔬菜等食品在进库前，须先在包装整理间内进行挑选、分级、整理、过磅、装盘或包装，以保证食品质量和库内卫生，包装整理间要有良好的采光和通风条件，每小时要有 1~3 次的通风换气，地面要便于冲洗，排水要通畅。

1.2 冷库建筑特点

冷库是以人工制冷的方法对易腐食品进行加工和贮存的建筑物。冷库建筑和一般工业与民用建筑不同,为了保持库内冷藏物品所必需的温度和湿度,冷库建筑本身必须尽可能减少库内冷量的损耗。因此,冷库建筑除了具有一般建筑结构的特点外,还需要有严格的隔热性、封闭性、坚固性和抗冻性来保证建筑物质量。

1.2.1 冷库建筑特点

1. 隔热保冷

依冷库的使用性质不同,库内温度一般稳定在 -40 ~ 0℃的某一温度,在一年中多数时间里是"内冷外热"。为了阻挡外界热量侵入库内,其围护结构必须设置完整连续的隔热层,避免存在或者以后可能出现漏冷的地方。同时,为了减少吸收太阳的辐射热,冷库围护结构的外表面一般涂成白色或浅色。

2. 隔汽防潮防水

由于冷库库外环境随自然界气温的变化,经常处于周期性波动之中(既有昼夜交替的周期性波动,又有季节交替的周期性波动),加上冷库生产作业需要,冷库门时常开启,货物时常进出,库内、外经常有热湿交换发生。热湿交换极易使冷库的内围护结构和建筑结构体表面产生凝结水、冰、霜,以至由表及里地渗入水分,并且向结构体内渗入水分的过程在一定的负温条件下仍不会停止。热湿交换越频繁,凝结水、冰、霜越多;冻融循环越频繁,破坏建筑结构的可能性越大。防止热湿交换的措施,除选择防水性、抗冻性较好的建筑材料外,为了防止隔热层受水或水蒸气侵袭而降低隔热性能,必须在隔热层的高温侧设置隔汽层;还要利用设备的功能降低热湿交换程度,例如设空气幕、设常温穿堂和走道等。为防止通过结构体进行热湿交换,应尽可能使建筑结构构造中不存在"冷桥",以及因结构产生温度变形引起围护结构层隔汽层及隔热层被拉裂的后果。

3. 防地坪冻鼓

由于库内温度经常处于0℃以下,若地坪下的土壤得不到足够的热量补充,温度就会逐渐降低,土壤中所含水分冻结并体积膨胀,使墙、柱的基础抬起,形成地坪冻鼓,危及建筑结构及制冷设备的安全,导致冷库不能使用。通常采取的措施是加热防冻,即除了设置隔热地坪以外,还用地坪架空、通风加热、热油管加热等方法为地下土壤提供所需热量,以及加强对这些防冻设施的维护管理。

1.2.2 冷库建筑结构形式

1. 冷库常采用的建筑形式

(1) 单层冷库 一般中、小型冷库多采用单层。单层冷库结构处理上可采用大跨度屋架,减少库内柱子的占地面积,避免了垂直运输,便于机械化操作。在采用机械化运输的情况下,可适当提高层高,增加库容量,建筑结构简单,施工速度快,建设周期短。

(2) 多层冷库 一般大、中型冷库多采用多层,分为带地下室和不带地下室两种。因受地基、垂直运输等条件的影响,多层冷库的层数一般以4~6层为宜,应避免二、三层的冷库,因其为了解决垂直运输问题,仍需设置电梯,由于层数少,不能充分发挥电梯的作用。多层冷库如果设地下架空层,应尽可能结合作高温库房或其他库房使用,以充分利用空间，节约用地和投资。

2. 冷库常采用的结构形式

（1）梁板式结构 一般多用于小型单层冷库，由主梁、次梁和楼板组成。该结构施工方便，技术简单常被采用。但因板底有主梁和次梁通过，如果在板底设隔热层，需要增加很多比较复杂的构造处理，增加建筑费用；同时，制冷管道不能沿板底通过，致使层高增大。另外，如果库内采用冷风系统，则楼板下的主梁和次梁将影响空气流通效果，在梁与板的连接部位容易滋生细菌，影响冷藏的卫生条件。

梁板式钢筋混凝土结构有现浇式和预制装配式两种。现浇梁板式结构整体性好，但耗用木材量大，其应用有一定的局限性。目前，大部分小型冷库多采用预制装配式或预制楼板现浇梁柱的方式。单层冷库还可采用柱子和屋架组成坡屋顶的排架形式，因多跨排架的内天沟往往会造成漏雨，损坏隔热层，故最好采用单跨排架的形式。

（2）无梁楼盖结构 一般用于多层冷库，由楼板、柱帽和柱子组成，无梁楼盖的结构形式避免了梁板式的不宜倒贴隔热层、影响制冷管道布置、破坏气流组织和卫生条件差等问题。无梁楼盖结构施工方法很多，可采用现浇、预制装配和升板等方法，近年来采用定型钢模板施工，不仅可节约大量木材、缩短工期，同时还保证了工程质量。

1.2.3 冷库建筑常用隔热和隔汽防潮材料

1. 冷库建筑常用的隔热材料

冷库建筑选用的隔热材料应符合下列规定

1）导热系数宜小。

2）不应有散发有害或异味等对食品有污染的物质。

3）宜为难燃或不燃材料，且不易变质。

4）宜选用温度变形系数小的块状隔热材料。

5）易于现场施工。

6）正铺、贴于地面、楼面的隔热材料，其抗压强度不应小于0.25MPa。

目前，冷库广泛使用的隔热材料主要有聚苯乙烯泡沫塑料、挤塑聚苯乙烯泡沫塑料和硬质聚氨酯泡沫塑料。

（1）聚苯乙烯泡沫塑料（EPS）聚苯乙烯泡沫塑料的导热系数小，吸水性较高，但因其价格低廉，保温性能相对较好，是目前用得较多的隔热材料之一。用这种材料制成的复合夹芯板已被广泛应用于现代冷库中，特别是高温冷库中。聚苯乙烯泡沫塑料用于冷库隔热需满足表1-1的要求。

表1-1 聚苯乙烯泡沫塑料的物理力学性能

性能	密度/（kg/m³）	导热系数/［W/（m·K）］	抗压强度/（kPa）	体积吸水率（%）	氧指数	尺寸稳定性（%）
指标	20±2	≤0.041	≥65	≤4	≥30	≤4

（2）挤塑聚苯乙烯泡沫塑料（XPS）挤塑聚苯乙烯具有致密的表层及闭孔结构内层，其导热系数大大低于同厚度的聚苯乙烯，具有更好的隔热性能；由于其内层的闭孔结构，其抗湿性较好，在潮湿的环境中仍能保持良好的隔热性能。挤塑聚苯乙烯具有独特的坚硬紧密的晶体结构，它的抗压强度高、抗水蒸气渗透性能强，性能稳定，使用年限持久，因此被认为是用于冷库隔热工程的理想材料；因其抗压强度高，价格适中等优点，目前是冷库地坪隔热

材料的首选。挤塑聚苯乙烯泡沫塑料用于隔热工程应满足表 1-2 的要求。

表 1-2　挤塑聚苯乙烯泡沫塑料的物理力学性能

性能	指标									
	带表皮（X）								不带表皮（W）	
	150	200	250	300	350	400	450	500	200	300
抗压强度/kPa	≥150	≥200	≥250	≥300	≥350	≥400	≥450	≥500	≥200	≥300
体积吸水率（%）	≤1.5		≤1.0						≤2.0	≤1.5
导热系数/[W/（m·K）]	≤0.030					≤0.029			≤0.035	≤0.032
尺寸稳定性（%）	≤2.0		≤1.5			≤1.0			≤2.0	≤1.5

（3）硬质聚氨酯泡沫塑料（PU）硬质聚氨酯泡沫塑料的气泡结构属于闭孔泡沫材料，几乎全部不连通，在常温下，其静态吸水率很低。在各种隔热材料中，硬质聚氨酯泡沫塑料因其导热系数小、吸水率低、抗压强度大、耐久性能高等优点，成为冷库隔热材料的首选。其缺点是材料价格相对较高。聚氨酯用于冷库保温，有聚氨酯现场喷涂和聚氨酯夹芯保温板两种形式。前者采用聚氨酯现场分层喷涂，可达到全封闭无接缝、与底物粘接力强的效果，隔热效果较好，但需做防潮层及防护层。防潮层可用新型高分子防水涂料，防护层可用土建形式或用金属板围护，施工周期长，且施工复杂。采用聚氨酯夹芯板则刚性好，强度高，结构紧凑，无需做防潮层，但须做好接缝处的密封；安装快捷，现场施工周期短，施工简单，冷库内美观卫生。硬质聚氨酯泡沫塑料用于冷库隔热需满足表 1-3 的要求。

表 1-3　硬质聚氨酯泡沫塑料的物理力学性能

性能	指标		
密度/（kg/m³）	32±2	36±2	40±2
导热系数/[W/（m·K）]	≤0.024	≤0.022	≤0.024
尺寸稳定性（%）	≤4	≤3	
抗压强度/kPa	≥150	≥150	≥160
体积吸水率（%）	≤4		
平均燃烧时间/s	≤90		
平均燃烧范围/mm	≤50		

2. 冷库建筑常用的隔汽防潮材料

冷库建筑常用的隔汽防潮材料要求蒸汽渗透系数小，并有足够的粘接性，目前常用沥青塑料隔汽防潮材料和聚乙烯塑料薄膜两种。

（1）沥青塑料隔汽防潮材料　沥青塑料防水材料是用焦油沥青、聚氯乙烯、滑石粉、苯二甲酸二丁酯原料经混合压制而成。这种卷材具有高度的不透水性和足够的强度，延展性甚大，耐热温度达150℃，在 −20～−15℃下不裂，且有较高耐蚀性。

（2）聚乙烯塑料薄膜　聚乙烯薄膜密度小、无毒、适气性及吸水性低，力学性能、柔软性、耐冲击性和耐寒性良好，作为隔汽防潮层具有费用低、施工简单、不必加热处理等优点。用于冷库的塑料薄膜要求能适应 30～60℃的温度变化，其强度和蒸汽渗透系数均应符合要求。

1.2.4　冷库建筑隔热层厚度的确定方法

冷库建筑围护结构隔热材料的厚度应按下式计算：

$$d = \lambda \left[R_0 - \left(\frac{1}{\alpha_w} + \frac{d_1}{\lambda_1} + \frac{d_2}{\lambda_2} + \ldots + \frac{d_n}{\lambda_n} + \frac{1}{\alpha_n} \right) \right] \tag{1-1}$$

式中　　d——隔热材料的厚度，单位为 m；

　　　　λ——隔热材料的导热系数，单位为 W/（m·℃），见附录 A-2；

　　　　R_0——围护结构总热阻，单位为 m²·℃/W；

　　　　α_w——围护结构外表面传热系数，单位为 W/（m·℃），按表 1-4 的规定选用；

　　　　α_n——围护结构内表面传热系数，单位为 W/（m·℃），按表 1-4 的规定选用；

d_1、$d_2 \cdots d_n$——围护结构除隔热层外各层材料的厚度，单位为 m；

λ_1、$\lambda_2 \cdots \lambda_n$——围护结构除隔热层外各层材料的传热系数，单位为 W/（m·℃），见附录 A-1、A-2。

表 1-4　库房围护结构外表面和内表面传热系数 α_w、α_n 和热阻 R_w、R_n

围护结构部位及环境条件	α_w/ [W/（m²·℃）]	α_n/ [W/（m²·℃）]	R_w 或 R_n/ (m²·℃/W)
无防风设施的屋面、外墙的外表面	23	—	0.043
顶棚上为阁楼或有房屋和外墙外部紧邻其他建筑物的外表面	12	—	0.083
外墙和顶棚的内表面、内墙和楼板的表面、地面的上表面：			
1）冻结间、冷却间设有强力鼓风装置时	—	29	0.034
2）冷却物冷藏间设有强力鼓风装置时	—	18	0.056
3）冻结物冷藏间设有鼓风的冷却设备时	—	12	0.083
4）冷间无机械鼓风装置时	—	8	0.125
地面下为通风架空层	8	—	0.125

注：地面下为通风加热管道和直接铺设于土壤上的地面以及半地下室外墙埋入地下的部分，外表面传热系数均可不计。

（1）冷库隔热材料设计采用的导热系数值的确定　应按下式计算：

$$\lambda = \lambda' b \tag{1-2}$$

式中　λ——设计采用的导热系数，单位为 W/（m·℃）；

　　　λ'——正常条件下测定的导热系数，单位为 W/（m·℃），见附录 A-2；

　　　b——导热系数的修正系数，可按表 1-5 的规定选用。

表 1-5　导热系数的修正系数

序号	材料名称	b	序号	材料名称	b
1	聚氨酯泡沫塑料	1.4	7	加气混凝土	1.3
2	聚苯乙烯泡沫塑料	1.3	8	岩棉	1.8
3	聚苯乙烯挤塑板	1.3	9	软木	1.2
4	膨胀珍珠岩	1.7	10	矿渣	1.6
5	沥青膨胀珍珠岩	1.2	11	稻壳	1.7
6	水泥膨胀珍珠岩	1.3			

注：加气混凝土、水泥膨胀珍珠岩的修正系数，应为经过烘干的块状材料并用沥青等不含水粘接材料贴铺、砌筑的数值。

（2）冷间外墙、屋面或顶棚设计采用的室内、外两侧温度差 Δt 的确定　Δt 应按下式计算：

$$\Delta t = \Delta t' a \tag{1-3}$$

式中　　Δt——设计采用的室内、外两侧温度差，单位为℃；

　　　　$\Delta t'$——夏季空气调节室外计算日平均温度与室内温度差，单位为℃；

　　　　a——围护结构两侧温度差修正系数，可按表1-6的规定选用。

表1-6　围护结构两侧温度差修正系数

序　　号	围护结构部位	a
1	$D > 4$ 的外墙：	
	冻结间、冻结物冷藏间；	1.05
	冷却间、冷却物冷藏间、贮冰间	1.10
2	$D > 4$ 相邻有常温房间的外墙：	
	冻结间、冻结物冷藏间；	1.00
	冷却间、冷却物冷藏间、贮冰间	1.00
3	$D > 4$ 的冷间顶棚，其上为通风阁楼，屋面有隔热层或通风层：	
	冻结间、冻结物冷藏间；	1.15
	冷却间、冷却物冷藏间、贮冰间	1.20
4	$D > 4$ 的冷间顶棚，其上为不通风阁楼，屋面有隔热层或通风层：	
	冻结间、冻结物冷藏间；	1.20
	冷却间、冷却物冷藏间、贮冰间	1.30
5	$D > 4$ 的无阁楼屋面，屋面有通风层：	
	冻结间、冻结物冷藏间；	1.20
	冷却间、冷却物冷藏间、贮冰间	1.30
6	$D \leqslant 4$ 的外墙：冻结物冷藏间	1.30
7	$D \leqslant 4$ 的无阁楼屋面：冻结物冷藏间	1.60
8	半地下室外墙外侧为土壤时	0.20
9	冷间地面下部无通风等加热设备时	0.20
10	冷间地面隔热层下有通风等加热设备时	0.60
11	冷间地面隔热层下为通风架空层时	0.70
12	两侧均为冷间时	1.00

注：1. D 值可从相关资料、热工手册中查得选用。

　　2. 负温穿堂的 a 值可按冻结物冷藏间确定。

　　3. 表内未列的其他室温等于或高于0℃的冷间可参照各项中冷却间的 a 值选用。

（3）围护结构总热阻的确定　冷间楼面、直接铺设在土壤上的地面、铺设在架空层上的地面的总热阻可按表1-7～表1-9的规定选用；冷间外墙、屋面或顶棚的总热阻可按表1-10的规定选用；冷间隔墙总热阻可按表1-11的规定选用。

表1-7 冷间楼面总热阻

楼板上、下冷间设计温度/℃	冷间楼面总热阻/（m²·℃/W）
35	4.77
23~28	4.08
15~20	3.31
8~12	2.58
5	1.89

注：1. 楼板总热阻已考虑生产中温度波动因素。

2. 当冷却物冷藏间楼板下为冻结物冷藏间时，楼板热阻不宜小于4.08m²·℃/W。

表1-8 直接铺设在土壤上的冷间地面总热阻

冷间设计温度/℃	冷间地面总热阻/（m²·℃/W）
0~-2	1.72
-5~-10	2.54
-15~-20	3.18
-23~-28	3.91
-35	4.77

注：当地面隔热层采用矿渣时，总热阻按本表数据乘以修正系数0.8。

表1-9 铺设在架空层上的冷间地面总热阻

冷间设计温度/℃	冷间地面总热阻/（m²·℃/W）
0~-2	2.15
-5~-10	2.71
-15~-20	3.44
-23~-28	4.08
-35	4.77

表1-10 冷间外墙、屋面或顶棚的总热阻

设计采用的室内、外温度差 Δt/℃	单位面积热流量/（W/m²）				
	7	8	9	10	11
90	12.86	11.25	10.00	9.00	8.18
80	11.43	10.00	8.89	8.00	7.27
70	10.00	8.75	7.78	7.00	6.36
60	8.57	7.50	6.67	6.00	5.45
50	7.14	6.25	5.56	5.00	4.55
40	5.71	5.00	4.44	4.00	3.64
30	4.29	3.75	3.33	3.00	2.73
20	2.86	2.50	2.22	2.00	1.82

表 1-11   冷间隔墙总热阻

隔墙两侧设计室外	单位面积热流量/（W/m²）	
	10	12
冻结间 -23℃；冷却间 0℃	3.80	3.17
冻结间 -23℃；冻结间 -23℃	2.80	2.33
冻结间 -23℃；穿堂 4℃	2.70	2.25
冻结间 -23℃；穿堂 -10℃	2.00	1.67
冻结物冷藏间 -18 ～ -20℃；冷却物冷藏间 0℃	3.30	2.75
冻结物冷藏间 -18 ～ -20℃；贮冰间 -4℃	2.80	2.33
冻结物冷藏间 -18 ～ -20℃；穿堂 4℃	2.80	2.33
冷却物冷藏间 0℃；冷却物冷藏间 0℃	2.00	1.67

注：隔墙总热阻已考虑生产中的温度波动因素。

第 2 章 制冷工艺设计一般流程

2.1 冷库设计内容

2.1.1 冷库工程设计的内容
一个完整的冷库工程设计通常由以下几部分组成：

（1）建筑设计 包括库址选择、总平面布置、隔热和隔汽防潮层的设计以及防"冷桥"或其他构造设计等。

（2）结构设计 包括承重结构的设计和建筑材料的选择。

（3）制冷工艺设计 它是冷库设计的核心部分。

（4）电气设计 包括冷库变配电所、制冷机房、库房的电气设计和制冷工艺自动控制设计。

（5）给水和排水设计 包括冷库给水设计、排水设计、消防给水和安全防护设计。

（6）采暖通风和地面防冻设计 包括机房的采暖通风设计和冷间地面防冻设计。

2.1.2 制冷工艺设计内容
制冷工艺设计是冷库工程设计的主要部分，包含以下几个部分：

1. 编写设计任务书

设计任务书是制冷工艺设计的主要依据，一般由建设单位编写，主要包括建库必要性说明、确定冷库性质和规模的依据、建设可行性说明、投资额和资金来源、建成后的经济效益等内容。

2. 扩大初步设计

扩大初步设计包括确定总平面布置图、制冷机房和库房的平面图、剖面图、制冷系统原理图和设备一览表、概算表等内容。

3. 施工图设计

施工图设计包括设计说明书、设计计算书、施工图样、制冷工艺安装说明书、设备和材料规格表等内容。

2.2 冷库制冷工艺设计要求和程序

冷库制冷工艺设计应满足技术先进、保护环境、经济合理、安全适用等要求。其设计程序如下。

2.2.1 设计立项
根据需要或引入外资、个人集资、国家投资，建设新的冷库或对原有冷库制冷系统进行扩建、改建时，均需进行建设的可行性调查，提出建设计划，编制设计任务书，并报请上级主管部门审批。

（1）可行性研究报告 包括以下内容：

1）工程项目的提出和研究工作的依据。

2）建设规模：根据情况可包括食品业务经营情况、牲畜存栏数、货源情况、社会供求情况、现有冷库规模、确定规模指标等。

3）库址的地理条件、当地水文气象资料和库址的选择方案。

4）主要生产项目和设计方案。

5）其他方面建议：包括环境保护、生产组织、劳动编制、人员培训、项目实施进度、建设周期、投资估计、资金筹措、经营效益及偿还能力等。

（2）设计任务书的编制　在可行性研究认为有充分建设理由的基础上，编制设计任务书。

（3）设计任务书的报批　设计任务书应根据投资额的大小呈报相应级别的审批部门审批；外商投资应到开发区、保税区或相应的外事部门办理；个人投资不在此例，可进行意向并双方签订项目合同书，经公证后共同履行。

2.2.2 设计实施

设计任务书获批后，即是工程设计的依据。由建设单位委托有一定资质级别的设计单位进行工程设计，建设方（简称甲方）与设计方（简称乙方）要签订委托设计协议书。委托设计协议书签订后，由设计单位组织人员进行工程设计。

1. 扩大初步设计

编制工程的方案图、说明书和工程概算，并呈报上级批准。其中，工程概算应由设计单位依照各工种概算定额编制概算说明书，并对工程从水平运输、主体工程、生产辅助工程、非生产投资费用和其他费用几方面进行分项投资概算。最后编制总概算表，概算工作一般由设计单位的预算、结算工程师完成。

2. 施工图设计

这一阶段是将获批的扩大初步设计中的内容，按照施工要求以图样形式表现出来，以供施工安装使用。在进行施工图设计时，不得再任意改变扩大初步设计的规定。在作施工图的同时，设计单位应协助建设单位联系施工单位和质量检查单位，一般应考察两三家施工单位，以便在施工图完成后组织施工单位招标。

3. 施工图预算和签订施工合同

施工图完成后，设计单位将图样和标书交与已考察的施工单位；由施工单位组织技术人员阅图，按照图样上设计材料的实际型号和长度、规定的预算金额、材料预算价格和费用标准编制施工图预算，并将施工预算和标书交与建设单位，由建设单位和设计单位确定中标者；施工单位一经确定，将施工图预算交建设单位审核并拨款，建设单位与施工单位签订施工合同。

4. 技术交底

召开技术交底会的目的是保证施工顺利，由设计单位向施工单位交代设计意图、技术措施和特殊要求等，施工单位则可对设计图样质疑、提出建议和在施工过程中可以预见的困难。

5. 设计变更通知书

在施工过程中，往往会遇到一些事先估计不足或技术措施考虑不周的问题，引起施工困难，需要设计单位到现场解决。当无法维持原设计方案时，则要对原方案提出修改，由设计单位向施工单位发出"设计变更通知书"，经会签的设计变更通知书和施工图具有同等效力，而原有设计图样作废。

6. 竣工验收

工程竣工后，建设单位要首先组织设计、施工等单位对工程进行初验，系统地整理技术资料和绘制竣工图，并向主管部门提出验收申请。竣工验收由筹建机构组织设计、施工等单位并会同主管部门共同参与，对全部工程进行验收，经过试运转证明符合设计要求后，会签验收文件，最后交付使用。

2.3　制冷工艺设计文件及施工图要求

2.3.1　设计文件

设计阶段形成的设计文件是后期施工的依据。设计文件按照目录、设计说明书、设计计算书、设备及材料规格表、制冷工艺安装说明书、施工图样的先后顺序进行排列装订而成。

1. 设计说明书

（1）设计参数　说明室内、外温度、湿度等。

（2）冷间布置及设计生产能力　说明冷间的数量、冷加工能力、冷加工时间、每日进货量和进货温度等。

（3）制冷系统　说明制冷剂、压缩机类型、各蒸发系统的压缩级数和供液方式等。

（4）机器及冷却设备配置　说明各蒸发系统所配置压缩机的型号、台数、产冷量和各类冷间采用的冷却设备类型等。

（5）融霜方式　说明各类冷却设备的融霜方式。

（6）自控程度　说明采用的自动安全保护措施和自动监控范围等。

（7）其他事项　说明管道和设备的保温、涂色和其他注意事项等。

2. 设计计算书

一般按照冷间容量、制冷负荷、冷却设备选型、制冷压缩机选型、辅助设备选型、管道设计选型、制冷设备和管道保温层厚度、制冷剂充灌总量的顺序进行计算。

3. 设备及材料规格表

一般按照设备或材料编号、名称和规格、型号、单位、数量、备注绘制表格。

4. 制冷工艺安装说明书

制冷工艺安装说明书说明制冷系统安装所需的特殊技术要求，与施工图具有同等效力；对于安装要求较为简单的小型制冷系统，可直接以附注形式列在施工图上而不必单独成文；一般包括对制冷机器设备、仪表、阀门、管道的安装进行说明，以及对制冷系统试压、排污、检漏、抽真空、充灌制冷剂、试运转和验收投产过程需注意的问题进行说明等。

5. 施工图样

一般包括制冷系统原理图、制冷机器和设备平（剖）面布置图、制冷系统透视图、非标设备制作图、设备安装图、建筑预留孔和预埋件图、大样图等。

2.3.2 施工图

1. 常用图例

制冷工艺设计常用图例分别见表 2-1 ~ 表 2-3。

表 2-1 常用管线、阀件图例

名　称	图　例	名　称	图　例
低压气体管		直通截止阀	
高压气体管		节流阀	
液体管		止回阀	
放油管	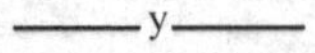 —y—	电磁阀	
放空气管	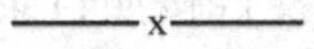 —x—	旁通阀	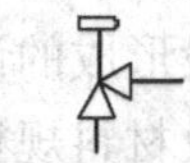
排液管		安全阀	
均压管	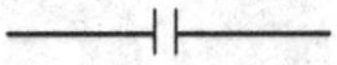	热力膨胀阀	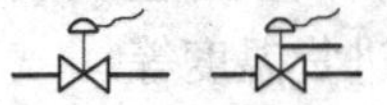
安全管	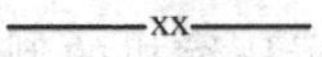 —xx—	浮球阀	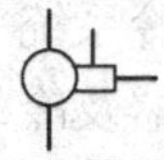
放冷剂管	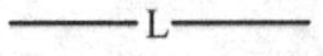 —L—	浮球框位计	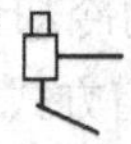
水管	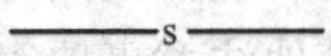 —s—	直角式过滤器	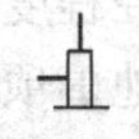
直角截止阀	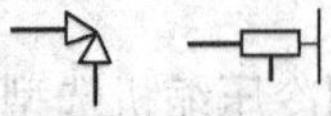	直通式过滤器	

表 2-2 单线式管线图例

透视					
平面					
立面					
透视					
平面					

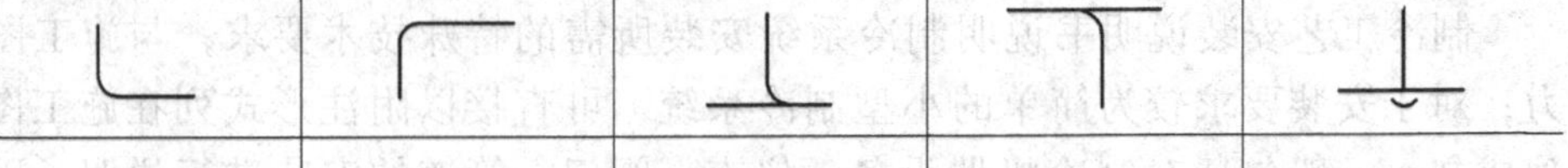

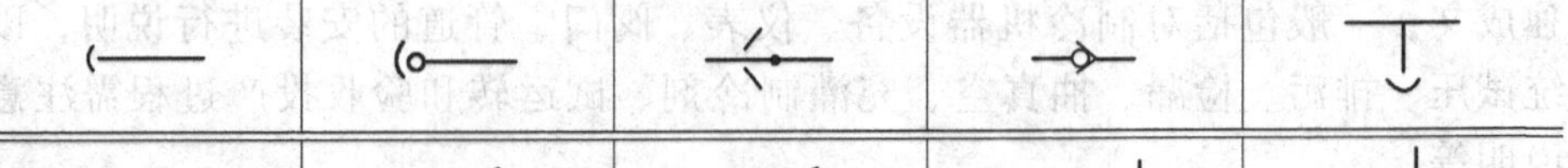

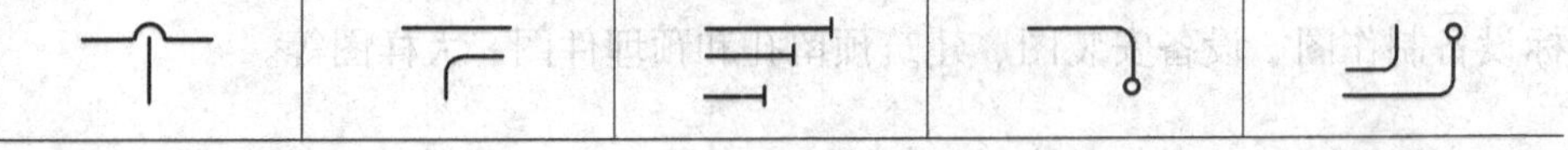

（续）

立面					
透视					
平面					
立面					

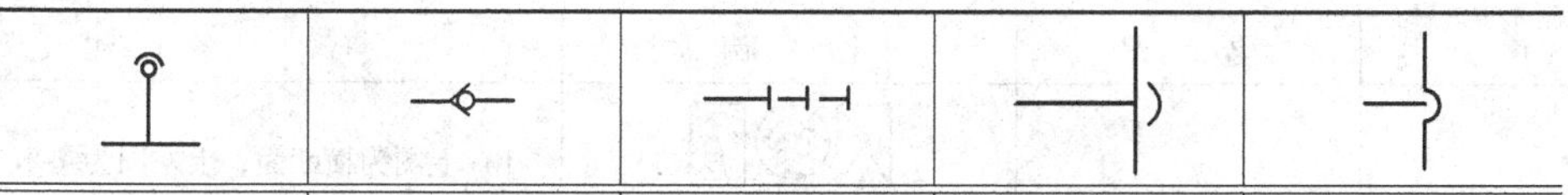

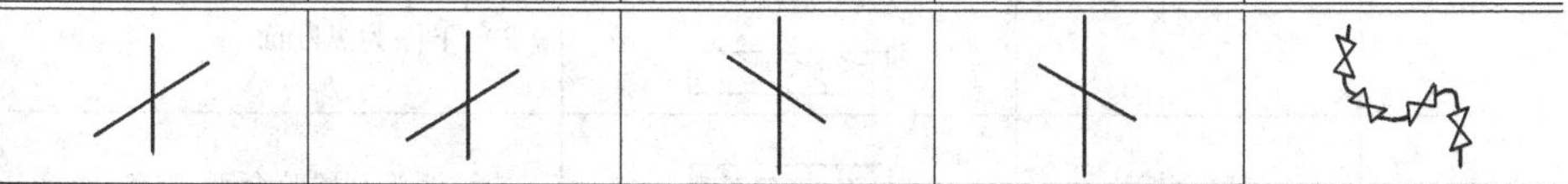

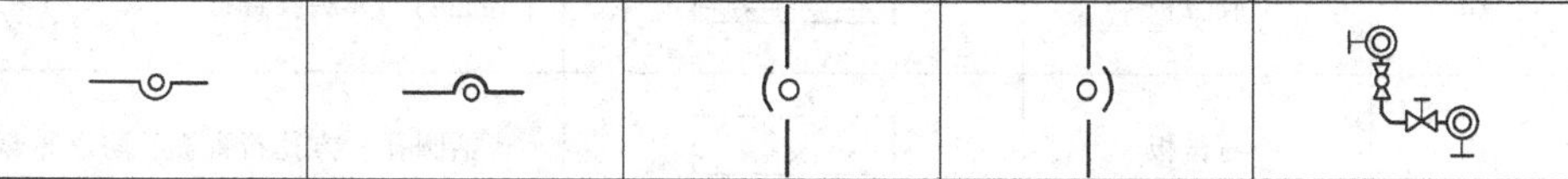

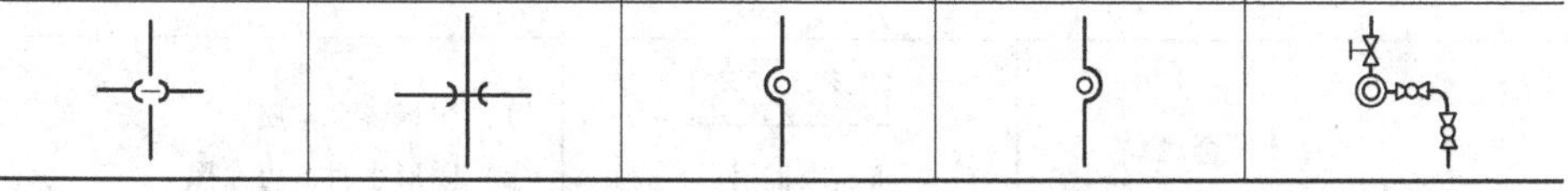

表 2-3　常用建筑材料图例

序　号	名　　称	图　例	备　注
1	自然土壤		包括各种自然土壤
2	夯实土壤		
3	砂、灰土	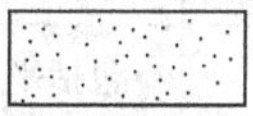	靠近轮廓线绘较密的点
4	砂砾石、碎砖三合土	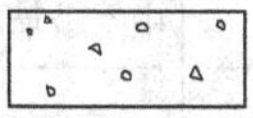	
5	石材	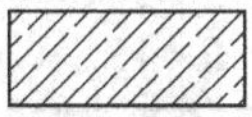	
6	毛石	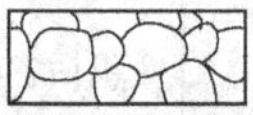	
7	普通砖	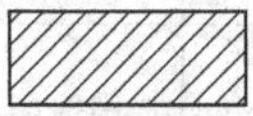	包括实心砖、多孔砖、砌块等砌体。断面较窄不易绘出图例线时，可涂红
8	耐火砖	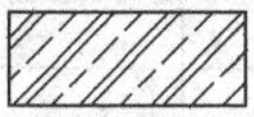	包括耐酸砖等砌体
9	空心砖	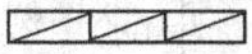	指非承重砖砌体
10	饰面砖	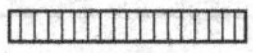	包括铺地砖、马赛克、陶瓷锦砖、人造大理石等
11	焦渣、矿渣	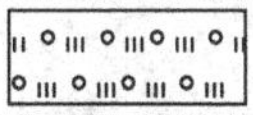	包括与水泥、石灰等混合而成的材料
12	混凝土	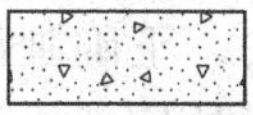	1）本图例指能承重的混凝土及钢筋混凝土 2）包括各种强度等级、骨料、添加剂的混凝土 3）在剖面图上画出钢筋时，不画图例线 4）断面图形小，不易画出图例线时，可涂黑
13	钢筋混凝土	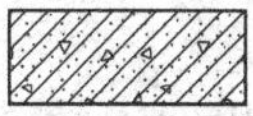	
14	多孔材料		包括水泥珍珠岩、沥青珍珠岩、泡沫混凝土、非承重加气混凝土、软木、蛭石制品等
15	纤维材料	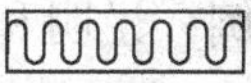	包括矿棉、岩棉、玻璃棉、麻丝、木丝板、纤维板等
16	泡沫塑料材料	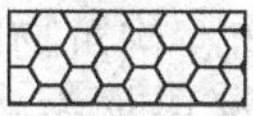	包括聚苯乙烯、聚乙烯、聚氨酯等多孔聚合物类材料

（续）

序 号	名 称	图 例	备 注
17	木材		1）上图为横断面，上左图为垫木、木砖或木龙骨 2）下图为纵断面
18	胶合板		应注明为×层胶合板
19	石膏板	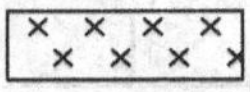	包括圆孔、方孔石膏板、防水石膏板、防火板等
20	金属	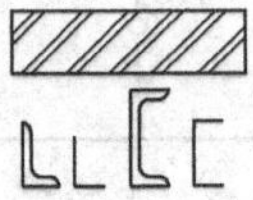	1）包括各种金属 2）图形小时，可涂黑
21	网状材料		1）包括金属、塑料网状材料 2）应注明具体材料名称
22	液体	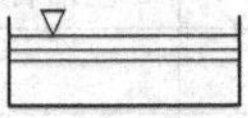	应注明具体液体名称
23	玻璃		包括平板玻璃、磨砂玻璃、夹丝玻璃、钢化玻璃、中空玻璃、加层玻璃、镀膜玻璃等
24	橡胶		
25	塑料		包括各种软、硬塑料及有机玻璃等
26	防水材料		构造层次多或比例大时，采用上面图例
27	粉刷	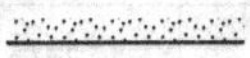	本图例采用较稀的点

2. 主要图样绘制要求

（1）制冷系统原理图

1）按照制冷系统设计常用图例和习惯画法，正确画出所有机器、设备、管道、阀门、指示器和仪表等。相同设备可绘制一套，其余用轮廓线表示或不画；管道之间如果有交叉，用断开线表示，不用跨线。

2）标注所有机器、设备位号。设备位号引出线通常与水平线呈45°或60°，一张图上应选用一致的倾斜角度。

3）对所有管道和阀门的规格、管内制冷剂流向进行标注。

4）按制图规范编排和书写图标、图签、图例、说明和设备一览表等。

（2）制冷机器、设备平面布置图

1）按1:20、1:50、1:100的比例绘制建筑物、构筑物的外形轮廓线和定位轴线。

2）画出制冷机器、设备包括主要管接口的外形平面轮廓线，如果有隔热层，可按比例用虚线绘出或文字说明。

3）外形较复杂的机器、设备，画出其基础外形，并画出设备的定位中心线。

4）画出管道和阀件布置的平面图，隔热层用文字说明；画出管道安装吊点，吊点符号用"×"表示。

5）标注建筑物轴线编号和轴线距离尺寸。

6）标出机器、设备位号，与制冷系统原理图一致。

7）标注机器、设备与墙体或轴线之间的定位尺寸，以及机器、设备之间的定位尺寸。

8）标注管道平面间距以及吊点距离尺寸。

9）标注剖面切线标志和索引标志。

10）按制图规范编排和书写图标、图签、说明和设备一览表等。

（3）制冷机器、设备剖面布置图

1）画出建筑物、构筑物剖面图，标注轴线代号和室内、室外地面标高。

2）画出机器、设备外形轮廓线、固定形式和方法、定位中心线，标注机器、设备位号。

3）画出管道安装标高和相互位置，标注相对位置尺寸、直径、固定形式和方法以及用途。

（4）制冷系统透视图

1）按比例画出制冷机器、设备、管道等的立体轮廓线和空间位置。

2）标注管道、阀件规格和制冷剂流向。

3）标注机器、设备位号，与制冷系统原理图一致。冷却设备需标出其所在冷间的编号等。

第 3 章　制冷系统方案设计

3.1　制冷系统

　　制冷系统通过管道将制冷机器和设备以及相关元件相互连接起来，组成一个封闭的制冷回路，制冷剂就在这个回路里循环吸热和放热。组成制冷系统的机器和设备主要有制冷压缩机、冷凝器、节流阀、蒸发器以及起到分离、贮存、安全防护作用的辅助设备。

3.1.1　制冷系统的分类和特点

　　根据制冷剂不同，常见的制冷系统分为氨制冷系统和氟利昂制冷系统。

1. 氨制冷系统

　　氨为无色透明的液体，蒸发温度在标准大气压力下为 $-33.4℃$。氨不溶于润滑油，且轻于润滑油，进入制冷系统的润滑油会积存在制冷设备和管道的较低处，需要考虑分离、收集和排放润滑油等技术措施，以保证系统的运行安全和效率。氨易溶于水，对铜、青铜、铜合金（磷青铜除外）有腐蚀性，对镀锌和镀锡表面有腐蚀性，因此，在制冷装置中不能采用铜和铜合金的设备、管道、阀门及其他配件。氨有毒且有刺激性气味，必须增加系统的安全保护技术措施，同时需要经常操作和维修的阀门、过滤器等不宜设置在冷间内，以避免由于氨的渗漏而造成污染。氨具有良好的环保特性，其臭氧消耗潜能值（ODP）和全球变暖潜能值（GWP）均为 0。

2. 氟利昂制冷系统

　　氟利昂制冷剂是卤碳化合物族制冷剂的总称，无毒且不易燃烧，其中 R22 由于 DOP 值较小而应用最为普遍。R22 液体易溶于润滑油，且密度小于润滑油，在低温下与油分层，含油量较高的富油层在上，含油量较低的贫油层在下，因此系统设计时应设法降低氟利昂中的溶油量，并使润滑油随氟利昂流动返回压缩机。R22 的溶水性小，易发生冰堵；虽然不腐蚀金属（含镁量大于 2% 的合金除外），但会因加水分解对机器、设备和管道等产生腐蚀作用，因此，氟利昂系统要严格控制水分的进入。R22 是良好的有机溶剂，因此系统密封装置不能采用普通橡胶，应使用聚乙醇橡胶。R22 无色、无味且渗漏性较强，容易从制冷系统中泄漏且不易被察觉，因此对于制冷系统机器设备的铸造质量和各部件结合处的严密性要求较高。R22 的表面传热系数和单位容积制冷量均小于氨，但密度大于氨，因此制冷系统管道设计时常采用较大管径的肋片管来降低流动损失和强化换热效率。

　　根据压缩级数不同，制冷系统可分为单级压缩、双级压缩和复叠式制冷系统。

1. 单级压缩制冷系统

　　该制冷系统要求冷凝压力与蒸发压力的比值不能太大，采用活塞式氨制冷压缩机，比值应小于或等于 8；采用氟制冷压缩机，比值应小于或等于 10。同时，蒸发温度也不能太低，一般在普通冷凝温度下蒸发温度范围为 $-150 \sim -30℃$。单级压缩制冷系统主要由压缩机、冷凝器、节流阀、蒸发器和其他辅助设备组成，如图 3-1 所示。

2. 双级压缩制冷系统

若冷凝压力与蒸发压力的比值超过单级压缩的限定值或需要较低的蒸发温度时。就必须采用双级压缩制冷系统。双级压缩制冷系统分为单机双级压缩和配组双级压缩两种制冷系统。前者是采用一台制冷压缩机进行双级压缩，具有占地面积小、系统管道简单、操作管理方便、施工周期短等优点；缺点是不能根据工作条件变化灵活调整；该系统主要由单机双级压缩机、中间冷却器、冷凝器、节流阀、蒸发器和其他辅助设备组成，如图 3-2 所示。后者是由两台单级压缩机配合来完成高、低压级压缩，其优点是可根据蒸发压力的

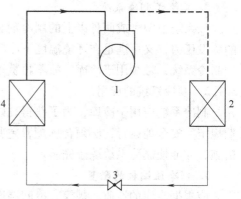

图 3-1　单级压缩制冷系统示意图

1—压缩机　2—冷凝器　3—节流阀　4—蒸发器

变化灵活调整单级运行或双级运行；主要由低压级压缩机、中间冷却器、高压级压缩机、冷凝器、节流阀、蒸发器和其他辅助设备组成，如图 3-3 所示。

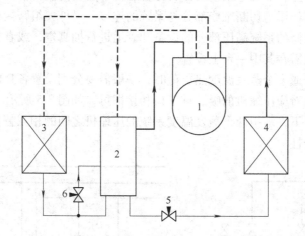

图 3-2　单机双级压缩制冷系统示意图

1—单机双级压缩机　2—中间冷却器　3—冷凝器　4—蒸发器　5、6—节流阀

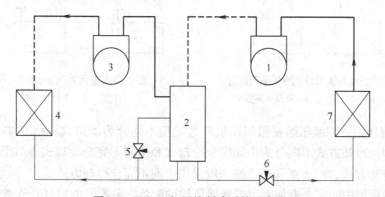

图 3-3　配组双级压缩制冷系统示意图

1—低压级压缩机　2—中间冷却器　3—高压级压缩机　4—冷凝器　5、6—节流阀　7—蒸发器

3. 复叠式制冷系统

该系统由两种或两种以上的制冷剂和循环组成，既能满足在较低蒸发温度下蒸发时合适的蒸发压力，又可满足在环境温度下冷凝时适中的冷凝压力，一般用于蒸发温度低于 -70℃ 的制冷系统，较少用于冷库，故不再赘述。

3.1.2 制冷系统的应用

制冷系统应用于冷库，为了获得良好的制冷效果和高效的运行效率，且保证制冷装置长期稳定、安全地运行，必须合理配置主要制冷设备，同时增加必要的辅助设备和采取一系列措施，才能使制冷系统臻于完善。

1. 制冷压缩机的配置

应根据冷库的性质、规模、冷间温度要求以及所选用的制冷剂种类，决定制冷压缩机在制冷系统中的配置方案。

（1）单级压缩 一台或多台制冷压缩机只承担一个蒸发温度热负荷时，制冷压缩机的配置比较简单，只需设置一根吸气总管和一根排气总管，分别与压缩机吸、排气口连接即可，如图 3-4 所示。上、下两排截止阀分别为管道自带阀和机器自带阀，当需要更换压缩机和修理单向阀时，其作用是切断维修部分与系统的连接。另外一组跨接在吸、排气管道上的截止阀，是对需要维修的系统高压部分的设备和管道进行抽真空，或者实现压缩机的反向运转，多台压缩机时只需在其中一台上设置。

制冷系统有两个或多个蒸发温度热负荷时，一般需要分别设置各自的吸气总管，统一设置一根排气总管，与对应压缩机的吸、排气口相接即可，如图 3-5 所示。图中过桥阀 A 的设置可实现在特殊情况下，承担两个蒸发温度系统的压缩机之间的相互替代，从而有效提高了系统的可靠性和安全性。

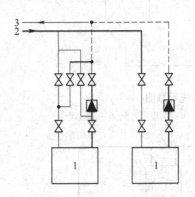
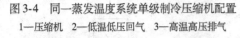
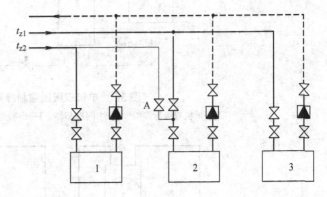

图3-4 同一蒸发温度系统单级制冷压缩机配置　　　图3-5 多个蒸发温度系统单级制冷压缩机配置
1—压缩机 2—低温低压回气 3—高温高压排气　　　　　　　1、2、3—单级压缩机

（2）双级压缩 双级压缩根据压缩机所选类型不同分为配组式双级和单机式双级两种形式；根据中间冷却方式不同分为中间完全冷却式和中间不完全冷却式。对于氨系统一般采用中间完全冷却方式，对于氟利昂系统一般采用中间不完全冷却方式。

图 3-6 所示为中间完全冷却配组式双级压缩的配置，蒸发器的回气首先被两台低压级压缩机 1、2 吸入，压缩到某一特定的中间压力，进入中间冷却器 4，冷却成饱和气体后被高压级压缩机 3 吸入，压缩至冷凝压力。为提高制冷系统运行的灵活性，在压缩机 1 的排气管

上增设一段连接管路和阀门 A，关闭阀门 A 时，压缩机 1 为双级压缩循环；打开阀门 A 并关闭压缩机 1 的排气阀时，压缩机 1 变为单级压缩循环。

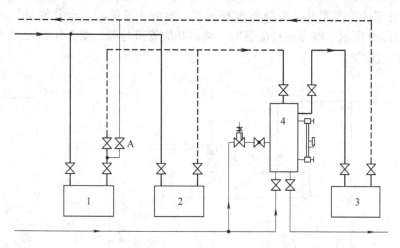

图 3-6　配组式中间完全冷却双级压缩
1、2—低压级压缩机　3—高压级压缩机　4—中间冷却器

单机式双级压缩是指高压级压缩和低压级压缩分别在一台压缩机的高压缸和低压缸中完成的双级压缩，其配置如图 3-7 所示。

中间不完全冷却双级压缩循环与完全冷却式的主要区别在于：低压级压缩机排出的中压压力蒸气不进入中间冷却器中进行冷却，而是与中间冷却器出来的制冷剂蒸气在管道中相互混合被冷却，然后一起进入高压级压缩机进行压缩，如图 3-8 所示，这种制冷循环特别适用于 R22、R134a 等氟利昂制冷系统。

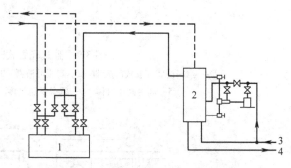

图 3-7　单机式中间完全冷却双级压缩
1—单机双级机　2—中间冷却器　3—进液　4—出液

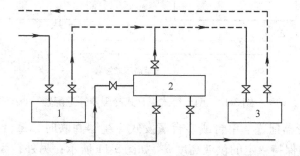

图 3-8　配组式中间不完全冷却双级压缩
1—低压级压缩机　2—中间冷却器　3—高压级压缩机

2. 冷凝器的配置

应根据冷库的性质和建库地区的条件确定冷凝器的型式并进行合理配置。按照冷却介质

不同，冷凝器分为水冷却式、空气冷却式、水和空气联合冷却式三种。其中，水冷却式中的壳管式冷凝器以及水和空气联合冷却式中的蒸发式冷凝器，在冷库中应用最为广泛。

（1）壳管式冷凝器配置　冷凝器设有进气、出液、平衡、安全及放空气等管接口，其管道配置如图3-9所示。有多台冷凝器时，将各相应管道并联。图3-10所示为两台卧式壳管式冷凝器的管道配置。

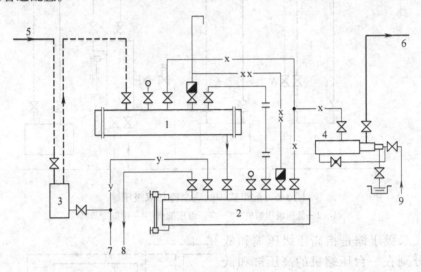

图3-9　卧式壳管式冷凝器管道配置

1—卧式壳管式冷凝器　2—高压贮液器　3—油分离器　4—四重管空气分离器
5—高温高压气体　6—低温低压气体　7—放油　8、9—高温高压液体

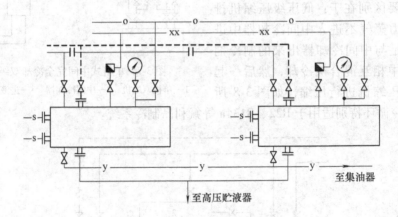

图3-10　两台卧式壳管式冷凝器管道配置

（2）蒸发式冷凝器配置　单台或多台蒸发式冷凝器并联时，每台冷凝器的出液口必须与高压贮液器进液口保持一定的供液高度 h，如图3-11所示；另外，为防止空气等不凝性气体对冷凝压力的影响，必须分别在冷凝器的进、出管上布置放空阀，且每个放空接口必须单独安装阀门而后连接到一根放气管上。多台冷凝器连接时，为避免冷凝后的制冷剂液体倒流回压力较低的冷却盘管中，必须在每台冷凝器出液管与液体总管汇合之前，设置向上弯曲的管道来平衡各盘管内的压力差，如图3-11所示。

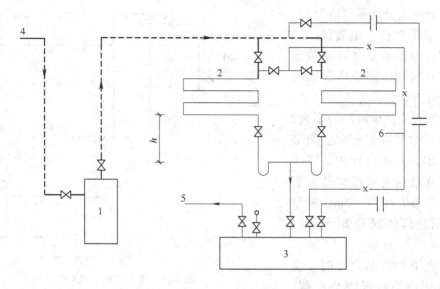

图 3-11　多台蒸发式冷凝器管道配置

1—油分离器　2—蒸发式冷凝器　3—高压贮液器　4—高温高压气体　5—高温高压液体　6—放空气管

3. 蒸发器供液系统的配置

蒸发器供液的方式决定了蒸发器的配置，常用的供液方式主要有直接膨胀供液、重力供液、液泵供液和气泵供液。

（1）直接膨胀供液　利用冷凝压力和蒸发压力之差，将节流后的制冷剂直接送入蒸发器的供液方式，称为直接膨胀供液。采用该供液方式，一般将热力膨胀阀设置在冷凝器或高压贮液器或与蒸发器之间的供液管路上，并在旁路管道上设置手动膨胀阀，以作备用，具体配置如图 3-12所示。如果系统中设置了回热器可按图 3-13 配置。

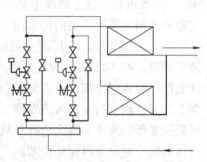

图 3-12　直接膨胀供液方式的配置

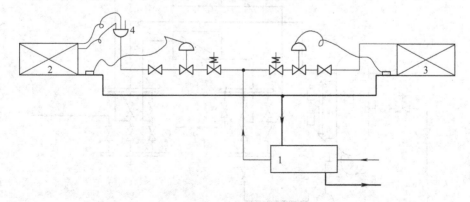

图 3-13　带回热器的直接膨胀供液方式的配置

1—回热器　2、3—蒸发器　4—分液器

（2）重力供液　在供液管的膨胀阀后、高于蒸发器的位置设置气液分离器，使节流后两相制冷剂进入分离器气液分离，分离后的液体保持一定液位，并利用该液位与蒸发器之间高差形成的静液柱将制冷剂液体送入蒸发器的供液方式，称为重力供液。由于该供液方式的供液压力不大，因此蒸发器中制冷剂流向必须采用下进上出。实际设计中，气液分离器正常液位与蒸发器最上层管道的高差 $\Delta H = 0.5 \sim 2m$，常取 1.5m 左右，具体配置如图 3-14 所示。

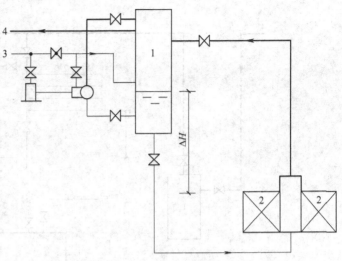

图 3-14 重力供液方式的配置
1—气液分离器 2—蒸发器 3—高温高压液体 4—低温低压气体

当存在下列情况之一时，应在制冷机房内增设气液分离器：①服务于两层及两层以上的库房；②设有两个或两个以上的制冰池；③库房的气液分离器与制冷压缩机房的水平距离大于 50m。设置机房气液分离器主要是对库房气液分离器回气进行二次分离，防止液击，气液分离器不承担向蒸发器供液的作用，因此不必保持一定液位。

（3）液泵供液 利用制冷剂泵的机械作用将制冷剂液体送入蒸发器的供液方式，称为液泵供液。图 3-15 所示为液泵供液方式的配置，高温高压制冷液体 6 经膨胀阀节流降压成低温低压两相制冷剂，进入低压循环贮液桶 1 进行气液分离，分离后的制冷剂液体由制冷剂泵 2 经液体调节站 3 送入蒸发器 5，部分液体吸热汽化，其余液体随气体经气体调节站 4 返回低压循环贮液桶 1 再次进行气液分离，分离后的气体经低温低压气体管 7 被压缩机吸走，液体被制冷剂泵 2 再循环供液。

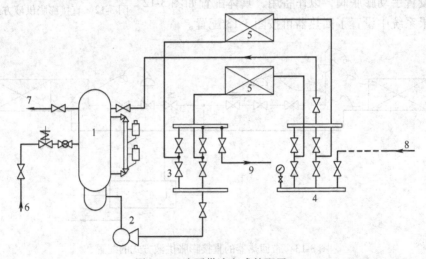

图 3-15 液泵供液方式的配置
1—低压循环贮液桶 2—制冷剂泵 3—液体调节站 4—气体调节站 5—蒸发器
6—高温高压制冷液体 7—低温低压气体管 8—热气融霜 9—融霜排液

液泵供液制冷系统，按制冷剂进入蒸发器的流向可分为上进下出和下进上出两种：①采用下进上出流向，容易做到供液均匀；低压循环贮液桶的安装位置无严格限制；但由于充液量多，造成蒸发器上、下压力有较大的差别；当制冷剂泵停止供液后，蒸发器中仍滞留大量制冷剂液体，继续吸热降温，会造成冷间内温度控制不够准确。②采用上进下出流向，制冷剂液体自然下流，蒸发器内充液量少，蒸发压力上下均匀；当制冷剂泵停止供液后，蒸发器内剩余液体即全部返回低压循环贮液桶，使库温的控制灵敏准确；融霜操作简便；制冷剂始终自上而下冲刷管壁，不易形成油膜且便于回油；缺点是需要配置容积较大的低压循环贮液桶，其安装位置必须低于所有蒸发器，使机房设备间的设计和建造复杂化。

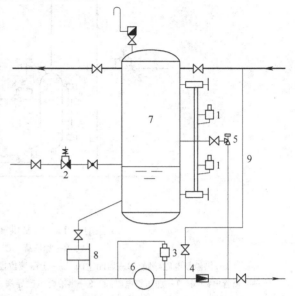

图 3-16 低压循环贮液桶与制冷剂泵的管路配置
1—浮球液位控制器 2—供液电磁主阀 3—压差控制器
4—止回阀 5—自动旁通阀 6—制冷剂液泵
7—低压循环贮液桶 8—液体过滤器 9—抽气管

制冷剂泵供液时，为防止液泵损坏需采取必要的安全保护措施，管路配置如图3-16所示：①低压循环贮液桶上应安装浮球液位控制器1，与供液电磁主阀2共同控制液位在桶高的30%～35%；②液泵的进、出液管之间应安装压差控制器3，用于保护液泵；③液泵出液管上应安装止回阀4，在泵停止运行时，可防止液体倒流，多泵并联时还可防止串流；④液泵出液管应安装自动旁通阀5，当泵排出压力超过设定值，可自动旁通多余液体流回低压循环贮液桶；⑤液泵进液管应短且少布置阀门、弯头和变径，以减少泵入口处的局部阻力损失；同时，应安装液体过滤器8，⑥液泵的泵体（如离心泵和屏蔽泵）或进、出液管上应连接抽气管9，以吸走泵周围产生的气体，防止泵产生气蚀。

（4）气泵供液 以制冷剂高压蒸气或高压液体的闪发气体所具有的压力作为动力，将制冷剂液体送入蒸发器的供液方式，称为气泵供液，具体配置如图3-17所示。其工作过程是：来自高压贮液器的制冷剂液体，节流后通过阀1、2进入液体分离器C，其液位由阀1、2和液位控制器5共同控制；分离器C与起到液泵作用的加压罐A、B连通，当其中一只加压罐处于下液位时，下限液位控制器4指令该罐供液管电磁导阀8开启，导通供液主阀9，同时指令平衡管电磁阀6开启，液体分离器中的低温液体流入该加压罐；当罐中液位达到上限时，上限液位控制器3指令关闭阀6、8和9，同时指令开启排液管电磁导阀10，导通排液主阀11，并且指令加压管电磁阀7开启，高压制冷剂蒸气进入该加压罐，将其中的低温液体送入蒸发器。设置A、B两罐的目的是，当A罐向蒸发器供液时，液体分离器C向B罐充液；当A罐供液结束时，B罐接着供液，此时A罐充液，如此交替以实现连续供液。

4. 润滑油系统的配置

制冷压缩机运行过程中，会使部分润滑油随高速的高温高压制冷剂气体进入制冷剂循环回路，从而影响蒸发器和冷凝器的换热，使制冷效率下降，因此需要设置润滑油的分离和收

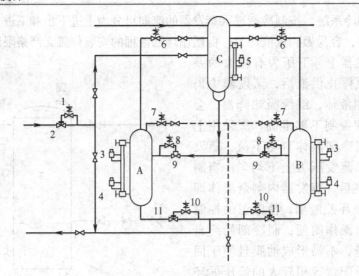

图 3-17 气泵供液方式的配置

A、B—加压罐 C—液体分离器

1—供液管电磁导阀 2—启闭主阀 3—上限液位控制器 4—下限液位控制器 5—液位控制器

6—平衡管电磁阀 7—加压管电磁阀 8—供液管电磁导阀 9—供液主阀 10—排液管电磁导阀 11—排液主阀

集设备，并用管道连接形成封闭的循环回路，即润滑油系统。不同种类制冷剂与润滑油的性质（如密度、相溶性等）差异较大，这也使得其配置各不相同。

（1）油分离器的配置　油分离器分为洗涤式、填料式、离心式和过滤式四种类型，布置在压缩机之后，其进气口与压缩机出气口相连，分离下来的油一般经放油管进入集油器。洗涤式油分离器下部还设有一个进液口，与冷凝器出液总管连接，且进液口位置应低于出液总管 250 ~ 300mm，保证顺畅供液，如图 3-18 所示。当系统中有多台油分离器时，应注意进气均匀且并联。氨制冷系统常用填料式、离心式和洗涤式油分离器，氟利昂制冷系统常用带自动回油装置（如浮球阀）的过滤式油分离器。

（2）集油器的配置　在制冷系统中，凡有可能积油的设备都设有放油接口并通过放油管与集油器进油口相接，实施集中放油。集油器上部设有减压管，与低温低压气体管相接，用于降低集油器内的压力，使混在油中的制冷剂液体在低压下汽

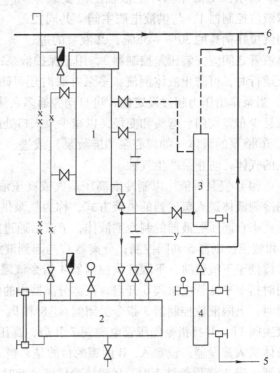

图 3-18　洗涤式油分离器的配置

1—立式壳管式冷凝器 2—高压贮液器 3—洗涤式油分离器

4—集油器 5—放油

6—低温低压气体减压 7—高温高压气体

化分离，并通过减压管抽回压缩机，从而减少制冷剂的散失，如图 3-18 所示。较大的制冷系统高压部分和低压部分应分别设置集油器。

5. 空气分离器的配置

空气分离器用于排除制冷系统中的不凝性气体，其中四重管空气分离器应用较为广泛，其供液管可从总调节站或附近高压管接出；回气管应接在蒸发温度较低、制冷工况稳定、经常工作的蒸发回路的回气管道上，不能直接接到压缩机吸气管路上，防止液击；由于高压贮液器的液封作用，可将不凝性气体积聚在高压系统；混合气体管应接自冷凝器和高压贮液器；放空气管不能悬空，需接入水中，防止污染空气；混在不凝性气体中的制冷剂气体冷凝后经节流内部循环使用或进入贮液器，其具体的管道配置如图 3-9 所示。

6. 调节站的配置

冷库制冷系统中，带有多个蒸发温度的供液管和同一蒸发温度的多路供液管，都需要装设阀门来控制制冷剂的通断和流量。为方便操作，往往把这些阀门组装在一起形成调节站。调节站分为总调节站和分调节站两部分。

（1）总调节站　将系统循环的制冷剂液体集中，并根据负荷变化和需求量，按比例分配到各设备和液体分调节站。总调节站的结构形式因冷库规模、供液方式、压缩级数等不同而不同，如图 3-19、图 3-20、图 3-21 所示。

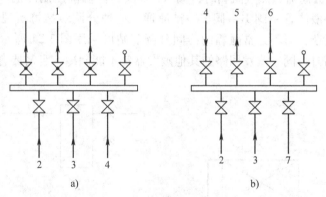

图 3-19　单级压缩系统总调节站

a）节流阀设在调节站上　b）节流阀不设在调节站上

1—供液　2—高压贮液器来液　3—排液桶来液　4—加氨站来液

5、6—不同蒸发温度的气液分离器供液　7—备用

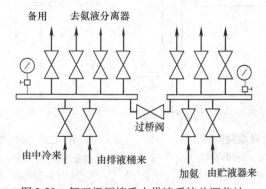

图 3-20　氨双级压缩重力供液系统总调节站

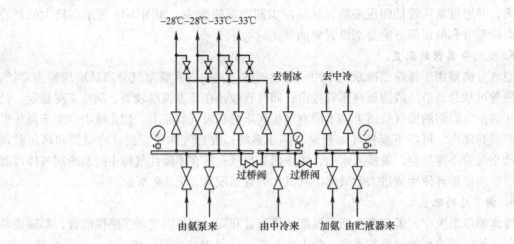

图 3-21　氨双级压缩液泵供液系统总调节站

（2）分调节站　将同一蒸发温度的多个冷间或多组蒸发器的供液阀和回气阀集中装设，由液体分调节站和气体分调节站组成，如图 3-22 所示。带热气融霜的制冷系统分调节站如图 3-23 所示，其工艺流程为：正常降温时，阀 B、D 关，液体经阀 A→液体管→蒸发器→回气管→阀 C→气液分离器；热气融霜时，阀 A、C 关，高温高压制冷剂气体由阀 E→阀 D→回气管→蒸发器→液体管→阀 B→阀 F→排液桶。这种分调节站可实现制冷和融霜同时进行，但设置较为复杂，对不经常融霜的冷间分调节站可采用图 3-24 所示的简化设置，但任何一个蒸发器融霜时，同一蒸发回路的其他蒸发器都不能制冷，且需要有另一个蒸发回路存在，以提供热源。

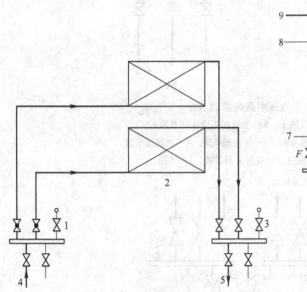

图 3-22　不带热气融霜的分调节站
1—液体分调节站　2—蒸发器
3—气体分调节站　4—供液　5—回气

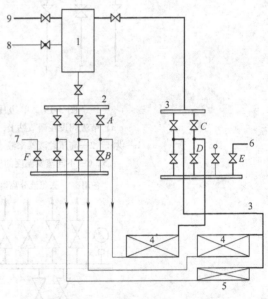

图 3-23　带热气融霜的分调节站
1—气液分离器　2—液体分调节站　3—气体分调节站
4、5—蒸发器　6—热气　7—排液
8—供液　9—回气

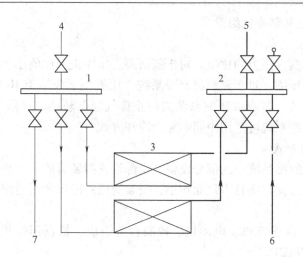

图 3-24　简化的分调节站

1—液体分调节站　2—气体分调节站　3—蒸发器　4—供液　5—回气　6—热气　7—排液

3.2　方案设计

制冷系统方案是设计的初步设想，关系到冷库及其制冷装置的运行效率，对后期设计工作具有重要的指导意义，因此应考虑几个不同的方案进行分析比较，权衡利弊，选出最佳的方案。

3.2.1　确定制冷剂

制冷剂的选用是一个比较复杂的技术经济问题，需要考虑的因素很多，选择时应根据具体情况，进行全面的技术分析。

1. 考虑环保的要求

制冷剂的臭氧消耗潜能值（ODP）与全球变暖潜能值（GWP）应尽可能小，以减小对臭氧层的破坏及引起全球气候变暖。必须选用符合国家环保法规的制冷剂。

2. 考虑制冷工况的要求

根据制冷剂温度和冷却条件的不同，选用高温（低压）、中温（中压）、低温（高压）制冷剂。通常选择制冷剂的标准蒸发温度要低于制冷温度 10℃。选择制冷剂还应考虑制冷装置的冷却条件、使用环境等。运行中的冷凝压力不应超过压缩机安全使用条件的规定值。

3. 考虑制冷剂的性质

根据制冷剂的热力学性质、物理性质和化学性质，选用无毒、不爆炸、不燃烧的制冷剂；选用的制冷剂应传热好、阻力小、与制冷系统所用材料的相容性好。

4. 考虑压缩机的类型

不同的制冷压缩机的工作原理有所不同。体积式压缩机是通过缩小制冷剂蒸气的体积提高其压力的，一般选用单位体积制冷量大的制冷剂，如 R717、R134a、R22 等。

另外，考虑到经济性，选用的制冷剂应尽可能价格低廉，易于获得。总之制冷剂的种类很多，随着科学技术的进步，新工质会不断出现，以适宜于不同的制冷装置。

3. 2. 2 确定压缩级数和制冷机组形式

1. 确定压缩级数

根据冷凝压力和蒸发压力的比值，对于氨活塞式压缩机，比值小于或等于 8 时采用单级压缩，否则采用双级压缩；对于氟利昂制冷系统，比值小于或等于 10 时采用单级压缩，否则应考虑双级压缩形式。氨双级压缩系统为防止排气温度较高，一般采用中间完全冷却方式，而氟利昂双级压缩系统可采用中间不完全冷却方式。

2. 确定制冷机组形式

制冷机组就是将制冷系统中的部分设备或全部设备组装成的一个整体。这种机组结构紧凑，使用灵活，管理方便，而且占地面积小，安装简便。冷库常用的制冷机组有压缩机组和压缩-冷凝机组等。

（1）压缩机组　由压缩机、电动机、控制台等组成，根据压缩机的类型分为活塞式、螺杆式、离心式压缩机组。

活塞式压缩机组的优点是结构紧凑、占地面积小、安装快、操作简单；缺点是零部件、易损件多，维修比较麻烦。

螺杆式压缩机组的优点是结构简单、体积小、质量小、易损件少，运行稳定可靠、周期长，应用较为普遍，尤其适用于空间有限、需要移动的制冷系统，如船舶制冷、机车制冷等；缺点是加工精度较高、噪声大。

离心式压缩机组的优点是质量小、机械磨损小、易损件少、结构紧凑、运转平稳，可实现自动控制和无油压缩；缺点是制造和加工精度较高，较难维护，且由于其单机制冷量较大，仅适用于制冷量在 630 ~ 1160kW 的大型制冷系统。

（2）压缩-冷凝机组　由压缩机、油分离器、冷凝器等组成，可与节流装置及各种类型的蒸发器组成制冷系统，一般适用于小型冷库制冷系统。

3. 2. 3 确定冷凝器类型

应根据制冷装置所处的环境、冷却水质、水量和水温等因素确定冷凝器的类型。

1. 水冷却式冷凝器

这种形式的冷凝器用水作为冷却介质，带走制冷剂冷凝时放出的热量。冷却水可以一次性使用，也可以循环使用。用作循环水时，必须配有冷却塔或冷水池，保证水不断得到冷却。冷库常用冷凝器有立式壳管式和卧式壳管式两种。

1）立式壳管式冷凝器。可以露天安装，节省厂房面积，其冷却水所需压头低，水泵耗能少，传热管是直管，清洗水垢比较方便，对水质要求不高；但由于冷却水温升小（一般为 2 ~ 4℃），因而冷却水的循环量大。立式壳管式冷凝器一般用于水源充足但水质较差地区的大、中型氨制冷系统。

2）卧式壳管式冷凝器。卧式壳管式冷凝器传热系数高，冷却用水比立式壳管式冷凝器少，占用空间小，结构紧凑、有利于有限空间的利用，便于机组化、运行可靠、操作方便；但泄漏不易被发现、对水质要求比较高、水温要低、不易清洗。卧式壳管式冷凝器一般多用于水源丰富和水质较好的地区，以及操作狭窄的场所（如船舶）。

2. 空气冷却式冷凝器

这种形式的冷凝器以空气为冷却介质，制冷剂在管内冷凝，空气在管外流动，吸收管内制冷剂蒸气放出的热量。但其冷凝压力和温度受到环境温度影响较大，因而一般用于水源匮乏地区的中、小型氟利昂制冷系统。

3. 水和空气联合冷却式冷凝器

这种形式的冷凝器以水和空气作为冷却介质，主要利用冷却水的汽化潜热来吸收制冷剂的热量，因而冷却效果好，且冷却水用量远少于水冷却式冷凝器，特别适用于缺水干燥的地区，其中以蒸发式冷凝器在冷库中的应用最为广泛。

3.2.4　确定供液方式和蒸发回路

1. 确定供液方式

冷库常用的供液方式为直接膨胀、重力和液泵供液三种，它们的特点和适用范围如下：

（1）直接膨胀供液　系统简单，工程费用低；但节流后的闪发气体进入蒸发器会使制冷效率下降，无气液分离设备，容易使压缩机发生液击现象，且膨胀阀调节较困难。因此，该供液方式只适用于小型氨系统、负荷稳定的系统和氟利昂系统。

（2）重力供液　气液分离器的设置既提高了蒸发器的换热效率，又降低了压缩机发生液击的可能性；但气液分离器中静液柱会影响蒸发温度，且润滑油不易被排出，系统不便于集中控制；同时，为保证重力供液高度，需加建阁楼等措施放置气液分离器，提高了土建造价。因此，该供液方式适用于 500t 以下的中、小型氨系统和盐水制冰系统。

（3）液泵供液　低压循环贮液桶和液泵组成的动力供液系统的优点是：①数倍于蒸发量的供液量，使蒸发器管内润湿充分，流速较大，保证换热面积的同时还能够削弱油膜，因此换热效率高；②低压循环贮液桶有足够大的容积进行气液分离，使系统制冷效率高、安全性好；③低压循环贮液桶兼顾贮液器和排液桶功能，使融霜操作简便，易于实现系统控制的集中化和自动化。但液泵的设置增加了系统的维修量和耗电量；同时，气液两相回气又使回气管管径和低压循环贮液桶体积增大，使整个装置投资较其他两种供液方式高。因此，该供液方式适用于 500t 及以上的大、中型制冷系统。

2. 确定蒸发回路

蒸发回路以蒸发温度来划分，一个蒸发温度应为一个蒸发回路，如图 3-25 所示。当两个蒸发回路的蒸发温度之差不大于 5℃，且负荷波动不大时，可合并成一个蒸发回路，为防止串气，必须在蒸发压力高的回气管上设置气体降压阀，在蒸发压力低的回气管上设置止回阀，如图 3-26 所示。食品冷库的蒸发回路常划分为四个：①冻结回路，−33℃ 或更低，为冻结间提供冷量；②冻藏回路，−33 ~ −28℃，为冻结物冷藏间提供冷量；③制冷和冷却回

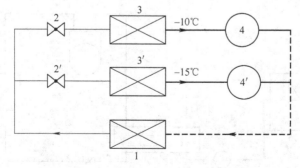

图 3-25　两个蒸发回路示意图

1—冷凝器　2、2′—节流阀　3、3′—蒸发器　4、4′—压缩机

路，-15℃左右，为制冰间、贮冰间和冷却间提供冷量；④冷藏回路，-12～-8℃，为冷却物冷藏间提供冷量。当制冰和冷却、冷藏负荷不大时，可合并为一个回路。

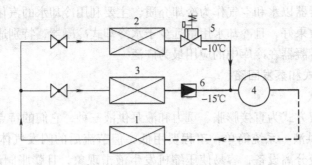

图 3-26　两个蒸发回路合并示意图
1—冷凝器　2、3—蒸发器　4—压缩机　5—电磁恒压主阀　6—止回阀

3.2.5　确定冷却方式

1. 直接冷却方式

　　直接冷却方式下，制冷剂直接在蒸发器内吸收被冷却物体或冷间内热量而蒸发，如图3-27所示。其传热温差只有一次，能量损失小，系统简单、操作方便，初投资和运行费用均较低，因此被广泛用于冷库系统，但是要加强安全和防护措施，防止制冷剂泄漏危及人身安全和污染食品。

2. 间接冷却方式

　　载冷剂吸收被冷却物体或冷间内热量，并通过蒸发器将热量传递给制冷剂，如图3-28所示。由于被冷却对象不与制冷剂直接接触，具有安全、卫生、无污染以及可蓄冷、实现冷量的远距离运输等优点，但二次传热增加了能量损失，换热效率较低，在冷库制冷系统中较少采用。

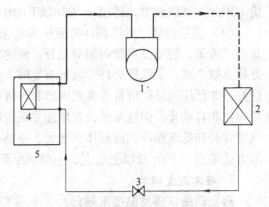

图 3-27　直接冷却方式示意图
1—压缩机　2—冷凝器
3—节流阀　4—蒸发器　5—冷间

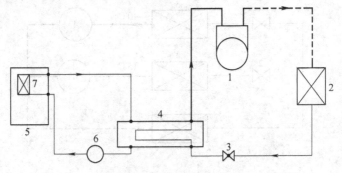

图 3-28　间接冷却方式示意图
1—压缩机　2—冷凝器　3—节流阀　4—蒸发器　5—冷间　6—载冷剂泵　7—冷却设备

3.2.6　确定融霜和排液方式

1. 确定融霜方式

蒸发器结霜会导致热阻增加，传热系数下降，还会造成冷风机空气流动阻力增大，风量减少，从而影响制冷效率和冷藏品质。因此，应定期清除蒸发器表面的积霜。融霜方式主要有以下四种：

（1）热气融霜　将压缩机排出的过热蒸气送入蒸发器，利用其冷凝放出的热量来融化蒸发器表面的霜层。热气融霜时间较长，对库温有一定影响，但除霜较为彻底，且融霜排液可冲刷蒸发器内的积油和污物，因此是冷库主要的融霜方式，应用时常辅以其他融霜方式。在设计和使用时需注意：①用于融霜的制冷剂过热蒸气不能直接从压缩机排气口引出，应从油分离器后的排气管接出；②融霜前，必须将蒸发器内剩余的制冷剂液体排除，并切断该蒸发器的制冷循环，进入融霜循环；③系统需设置用于融霜和制冷转换的分调节站，如图 3-23 所示。

（2）人工扫霜　简单易行，对库温影响小，并避免了融霜滴水影响冷藏品质的问题，但劳动强度大，且除霜不彻底，一般与热气融霜方式相结合用于冻结物冷藏间排管的除霜。

（3）水冲霜　将水喷淋在蒸发器表面使霜层融化。该融霜方式操作简单，库温波动小，但容易造成冷间内起雾，并在围护结构表面产生凝结水，进而影响冷库建筑的隔热和强度。因此，该融霜方式主要用于冷风机的除霜，单独或与热气融霜方式相结合使用。

（4）电热融霜　利用电热元件发热来融霜。其系统简单，操作方便，易于实现自动化，但耗电量大，因此只用于小型冷冻机组。

2. 确定热气融霜排液方式

采用热气融霜方式，蒸发器需将制冷剂冷凝液体（即融霜回液）排出。收集融霜回液的方式如下：

（1）排液桶收集　排液桶的作用就是收集热气融霜回液，再向制冷系统供液。这种专一的收集方式对系统中其他设备和管道影响很小，一般用于重力供液方式。

（2）低压循环贮液桶收集　在液泵供液方式中，低压循环贮液桶可替代排液桶，直接将融霜回液节流降压后排入其中。

（3）直接使用　不设置专门的设备收集融霜回液，直接将其排入其他正在进行制冷循环的蒸发器中参与工作。当融霜回液量较大时，直接使用容易影响系统运行的稳定性，因此，只适用于小型制冷装置。

3.2.7　确定自动控制程度

冷库制冷系统的自动控制主要表现为安全和防护。

1. 压缩机安全保护

为防止制冷压缩机的排气温度过高或吸气压力过低，一般应在其高、低压侧设置高、低压压力继电器。当制冷压缩机排气压力超过设定值，或吸气压力低于规定压力时，相应继电器将自动切断电源，停止压缩机运转。

为避免在制冷压缩机供油系统发生故障时，使转动部件因缺少油的润滑而烧坏，一般还要装设油压继电器。油压继电器的高压端接油泵出口侧油压，低压端接制冷压缩机吸气侧压力。当压缩机润滑油压力与吸气压力之差，经一定时间后仍小于某一设定值时，油压继电器将自动切断电源，停止压缩机运转。

2. 液位自动控制

为防止气液分离器、中间冷却器等设备中液位过高带来的安全问题，或液位过低造成的运行故障，必须对这些设备中的液位进行自动控制。浮球液位控制器是冷库制冷设备常用的液位自控装置，它可自动检测液位，并根据检测结果指令电磁主阀开启或关闭，以控制设备内液位的高低，如图 3-29 所示。

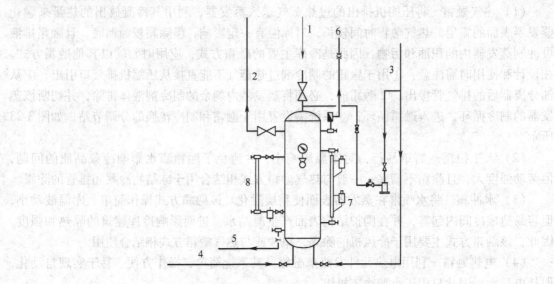

图 3-29　中间冷却器接管和液位控制示意图

1—进气　2—出气　3—进液　4—出液　5—放油　6—放空气　7—自动液位控制器　8—液位指示器

3. 自动放空气

当系统中不凝性气体较多时，会造成冷凝压力过高，因此在大型制冷系统中，常选用自动空气分离器进行自动放空气，如图 3-30 所示。放空气电磁阀 7 的开启和关闭由压力式温度控制器 9 控制。

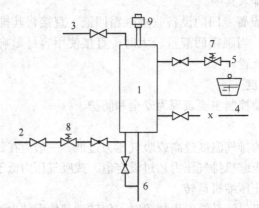

图 3-30　自动放空气接管示意图

1—空气分离器　2—进液　3—出气　4—不凝性气体　5—放空气

6—分离出的高温高压回液　7—放空气电磁阀　8—供液电磁阀　9—压力式温度控制器

第4章 制冷负荷计算

4.1 冷间容量计算

4.1.1 冷却间和冻结间生产能力计算

1. 设有吊轨的冷却间和冻结间

每日冷加工能力可按下式计算：

$$G_{d} = \frac{lg}{1000} \frac{24}{\tau} \qquad (4-1)$$

式中　G_d——设有吊轨的冷却间、冻结间每日冷加工能力，单位为 t；

　　　　l——冷间内吊轨的有效总长度，单位为 m；

　　　　g——吊轨单位长度净载货量，单位为 kg/m；

　　　　τ——冷间货物冷加工时间，单位为 h；

　　　　24——每日小时数，单位为 h。

吊轨单位长度净载货量 g 可按表 4-1 所列取值。

表 4-1　吊轨单位长度净载货量

货物名称	输送方式	吊轨单位长度净载货量/（kg/m）
猪胴体	人工推送	200~265
	机械传送	170~210
牛胴体	人工推送（1/2 胴体）	195~400
	人工推送（1/4 胴体）	130~265
羊胴体	人工推送	170~240

注：水产品可按照加工企业的习惯装载方式确定。

2. 设有搁架式冻结设备的冻结间

冷加工能力可按下式计算：

$$G_{g} = \frac{NG'_{g}}{1000} \frac{24}{\tau} \qquad (4-2)$$

式中　G_g——搁架式冻结间每日的冷加工能力，单位为 t；

　　　　N——搁架式冻结设备设计摆放冷冻食品容器的件数；

　　　　G'_g——每件食品的净质量，单位为 kg；

　　　　τ——货物冷加工时间，单位为 h；

　　　　24——每日小时数，单位为 h。

4.1.2 冷藏间容量计算

冷藏间的容量计算可按下式进行计算：

$$G_{c} = \frac{V_{1}\rho_{s}\eta}{1000} \tag{4-3}$$

式中 G_{c}——冷藏间的计算吨位,单位为 t;

$\quad\quad V_{1}$——冷藏间的公称容积,单位为 m^{3};

$\quad\quad \rho_{s}$——食品的计算密度,单位为 kg/m^{3};

$\quad\quad \eta$——冷藏间的容积利用系数。

4.1.3 冷库的计算吨位

冷库的设计规模以冷藏间或贮冰间的公称容积为计算标准。公称容积应按冷藏间或贮冰间的室内净面积(不扣除柱、门斗和制冷设备所占的面积)乘以房间净高确定。

冷库计算吨位和冷藏间公称容积的换算可按下式计算:

$$G = \frac{\sum V_{1}\rho_{s}\eta}{1000} \tag{4-4}$$

式中 G——冷库的计算吨位,单位为 t;

$\quad\quad V_{1}$——冷藏间的公称容积,单位为 m^{3};

$\quad\quad \rho_{s}$——食品的计算密度,单位为 kg/m^{3};

$\quad\quad \eta$——冷藏间的容积利用系数。

冷藏间容积利用系数不应小于表4-2中的规定值。贮藏块冰贮冰间的容积利用系数不应小于表4-3中的规定值。采用货架或有特殊使用要求时,冷藏间的容积利用系数可根据具体情况确定。

表4-2 冷藏间容积利用系数

公称容积/m^{3}	容积利用系数 η
500 ~ 1000	0.40
1001 ~ 2000	0.50
2001 ~ 10 000	0.55
10 001 ~ 15 000	0.60
>15 000	0.62

注:1. 对于仅储存冻结加工食品或冷却加工食品的冷库,表内公称容积应为全部冷藏间公称容积之和;对于同时储存冻结加工食品和冷却加工食品的冷库,表内公称容积应分别为冻结物冷藏间或冷却物冷藏间各自的公称容积之和。

2. 蔬菜冷库的容积利用系数应按表中的数值乘以修正系数0.8。

表4-3 贮藏块冰贮冰间的容积利用系数

贮冰间净高/m	容积利用系数 η
≤4.20	0.40
4.21 ~ 5.00	0.50
5.01 ~ 6.00	0.60
>6.00	0.65

食品计算密度应按表4-4的规定采用。

表4-4 食品计算密度

序号	食品类别	密度/（kg/m³）
1	冻肉	400
2	冻分割肉	650
3	冻鱼	470
4	篓装、箱装鲜蛋	260
5	鲜蔬菜	230
6	篓装、箱装鲜水果	350
7	冰蛋	700
8	机制冰	750
9	其他	按实际密度采用

注：同一冷库同时存放猪、牛、羊肉（包括禽兔）时，密度可按400 kg/m³确定；当只存冻羊腔时，密度应按250 kg/m³确定；只存冻牛、羊肉时，密度应按330 kg/m³确定。

4.2 冷间热流量计算

冷库冷间热流量包括围护结构热流量 Q_1、货物热流量 Q_2、通风换气热流量 Q_3、电动机运转热流量 Q_4 和操作热流量 Q_5 五项。

4.2.1 围护结构热流量 Q_1

冷间围护结构热流量 Q_1 应按下式计算：

$$Q_1 = K_W A_W \alpha (t_w - t_n) \tag{4-5}$$

式中　Q_1——围护结构热流量，单位为W；

　　　K_W——围护结构的传热系数，单位为W/（m²·℃）；

　　　A_W——围护结构的传热面积，单位为m²；

　　　α——围护结构两侧温差修正系数，应按表1-6的规定采用；

　　　t_w——围护结构外侧的计算温度，单位为℃；

　　　t_n——围护结构内侧的计算温度，单位为℃，应根据各类食品的冷藏工艺要求确定，也可按表4-5的规定选用。

表4-5 冷间的设计温度和相对湿度

序　号	冷间名称	室温/℃	相对湿度（%）	适用食品范围
1	冷却间	0～4	—	肉、蛋等
2	冻结间	−23～−18	—	肉、禽、兔、冰蛋、蔬菜等
		−30～−23	—	鱼、虾等
3	冷却物冷藏间	0	85～90	冷却后的肉、禽
		−2～0	80～85	鲜蛋
		−1～+1	90～95	冰鲜鱼
		0～+2	85～90	苹果、鸭梨等
		−1～+1	90～95	大白菜、蒜薹、葱头、菠菜、香菜、胡萝卜、甘蓝、芹菜、莴苣等
		+2～+4	85～90	土豆、橘子、荔枝等

（续）

序　号	冷间名称	室温/℃	相对湿度（%）	适用食品范围
3	冷却物 冷藏间	+7 ~ +13	85 ~ 95	柿子椒、菜豆、黄瓜、番茄、菠萝、柑橘等
		+11 ~ +16	85 ~ 90	香蕉等
4	冻结物 冷藏间	-20 ~ -15	85 ~ 90	冻肉、禽、副产品、冰蛋、冻蔬菜、冰棒等
		-25 ~ -18	90 ~ 95	冻鱼、虾、冷冻饮品等
5	贮冰间	-6 ~ -4	—	盐水制冰的冰块

注：冷却物冷藏间设计温度宜取0℃，储藏过程中应按照食品的产地、品种、成熟度和降温时间等调节其温度与相对湿度。

1. 围护结构传热系数 K_W 的计算

当围护结构的构造确定之后，K_W 可按下式计算：

$$K_W = \cfrac{1}{\cfrac{1}{\alpha_W} + \sum_{i=1}^{n} \cfrac{d_i}{\lambda_i} + \cfrac{1}{\alpha_n}} \tag{4-6}$$

式中　α_W——围护结构外表面传热系数，单位为 W/（m^2·℃），按表 1-4 的规定选用；

　　　α_n——围护结构内表面传热系数，单位为 W/（m^2·℃），按表 1-4 的规定选用；

　　　d_i——围护结构各层材料的厚度，单位为 m；

　　　λ_i——围护结构各层材料的导热系数，单位为 W/（m·℃），见附录 A-1、A-2。

2. 围护结构传热面积 A_W 的确定

围护结构的传热面积 A_W 计算应符合下列规定：

1）屋面、地面和外墙的长、宽度应自外墙外表面至外墙外表面，或外墙外表面至内墙中，或内墙中至内墙中计算，如图 4-1 所示的 l_1、l_2、l_3、l_4。

2）楼板和内墙长、宽度应自外墙内表面至外墙内表面，或外墙内表面至内墙中，或内墙中至内墙中计算，如图 4-1 所示的 l_5、l_6、l_7、l_8。

3）外墙的高度：地下室或底层，应自地坪的隔热层下表面至上层楼面计算，如图 4-2 所示的 h_1、h_2、h_3；中间层应自该层楼面至上层楼面计算，如图 4-2 所示的 h_4、h_5；顶层应自该层楼面至顶部隔热层上表面计算，如图 4-2 所示的 h_6、h_7。

4）内墙的高度：地下室、底层和中间层，应自该层地面、楼面至上层楼面计算，如图 4-2 所示的 h_8、h_9；顶层应自该层楼面至顶部隔热层下表面计算，如图 4-2 所示的 h_{10}、h_{11}。

3. 围护结构外侧计算温度 t_W 的确定

围护结构外侧的计算温度应按下列规定取值：

1）计算外墙、屋面和顶棚时，围护结构外侧的计算温度应采用夏季空气调节室外计算日平均温度，见附录 A-3。

2）计算内墙和楼面时，围护结构外侧的计算温度应取其邻室的室温。当邻室为冷却间或冻结间时，应取该类冷间空库保温温度。空库保温温度：冷却间应按10℃、冻结间应按-10℃计算。

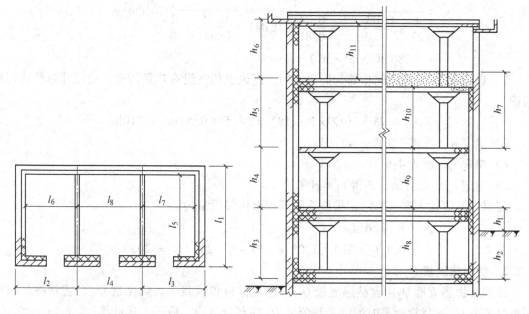

图 4-1 屋面、地面、楼面、
外墙和内墙长、宽度例图

图 4-2 外墙和内墙高度例图

3）冷间地面隔热层下设有加热装置时，其外侧温度按 1～
2℃计算；地面下部无加热装置或地面隔热层下为自然通风架空层
时，其外侧的计算温度应采用夏季空气调节日平均温度。

例 4-1 图 4-3 所示为上海市某冷库一间肉类冻结物冷藏间的
平面图，该冷间处于中间层，内设冷却排管，净高为 4.5m，楼板
层厚度为 0.5m，上、下层为同温度冷间，试计算这个冷间的围护
结构热流量。其中外墙结构（由外向内）为：20mm 水泥砂浆抹
面，240mm 砖墙，20mm 水泥砂浆找平，二毡三油隔汽层，
150mm 聚氨酯泡沫塑料喷涂。

解 1）确定 K_W。根据已知条件，查表 1-4 得 $\alpha_W = 23$ W/
（$m^2 \cdot$ ℃），$\alpha_n = 8$W/（$m^2 \cdot$ ℃）。查附录 A-2 得外墙各层材料导
热系数汇总如下：

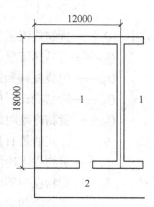

图 4-3 例 4-1 附图
1—冷藏间 2—常温穿堂

材料	水泥砂浆（抹面）	砖	水泥砂浆（找平）	聚氨酯泡沫塑料
d/m	0.02	0.24	0.02	0.15
$\lambda/$ [W/（m·℃）]	0.93	0.81	0.93	0.031

查附录 A-1 得二毡三油热阻 $R = 0.041$ $m^2 \cdot$ ℃/ W，
将各值代入式（4-6）

$$K_W = \cfrac{1}{\cfrac{1}{\alpha_W} + \sum_{i=1}^{n} \cfrac{d_i}{\lambda_i} + \cfrac{1}{\alpha_n}}$$

$$= \frac{1}{\frac{1}{23} + \frac{0.02 \times 2}{0.93} + \frac{0.24}{0.81} + 0.041 + \frac{0.15}{0.031} + \frac{1}{8}} \text{W/(m}^2 \cdot \text{℃)}$$

$$= 0.186 \text{ W/(m}^2 \cdot \text{℃)}$$

2）确定 A_w。因该冷间相邻为同温冷间，理论上相互没有热量传递，故仅计算外墙传热面积。

$$A_\text{w} = lh = (12 \times 2 + 18) \times (4.5 + 0.5) \text{m}^2 = 210 \text{m}^2$$

3）确定 α。查表4-5得 $\alpha = 1.05$。

4）确定 t_n。查表4-6取 $t_\text{n} = 20$℃。

5）确定 t_w。查附录 A-3 得 $t_\text{w} = 30$℃。

将以上各值代入式（4-5），得该冷间围护结构热流量为

$$Q_1 = K_\text{w} A_\text{w} \alpha (t_\text{w} - t_\text{n})$$

$$= 0.186 \times 210 \times 1.05 \times [30 - (-20)] \text{W} = 2050.65 \text{W}$$

4.2.2　货物热流量 Q_2

冷间货物热流量 Q_2 由食品热流量 Q_{2a}、包装材料和运载工具热流量 Q_{2b}、货物冷却时的呼吸热流量 Q_{2c}、货物冷藏时的呼吸热流量 Q_{2d} 四部分组成，应按下式计算：

$$Q_2 = Q_{2a} + Q_{2b} + Q_{2c} + Q_{2d}$$

$$= \frac{1}{3.6} \times \left[\frac{G'(h_1 - h_2)}{\tau} + G'B_\text{b} \frac{C_\text{b}(t_1 - t_2)}{\tau} \right] + \frac{G'(q_1 + q_2)}{2} + (G_\text{n} - G')q_2 \qquad (4\text{-}7)$$

式中　Q_2——货物热流量，单位为 W；

Q_{2a}——食品热流量，单位为 W；

Q_{2b}——包装材料和运载工具热流量，单位为 W；

Q_{2c}——货物冷却时的呼吸热流量，单位为 W；

Q_{2d}——货物冷藏时的呼吸热流量，单位为 W；

G'——冷间的每日进货量，单位为 kg；

h_1——货物进入冷间初始温度时的比焓，单位为 kJ/kg，见附录 A-4；

h_2——货物在冷间内终止降温时的比焓，单位为 kJ/kg，见附录 A-4；

τ——货物冷却时间，单位为 h，对冷藏间取 24h，对冷却间、冻结间取设计冷加工时间；

B_b——货物包装材料或运载工具质量系数，按表4-6的规定选用；

C_b——包装材料或运载工具的比热容，单位为 kJ/（kg·℃），按表4-7的规定选用；

t_1——包装材料或运载工具进入冷间时的温度，单位为℃；

t_2——包装材料或运载工具在冷间内终止降温时的温度，单位为℃，宜取该冷间设计温度；

q_1——货物冷却初始温度时单位质量的呼吸热流量，单位为 W/kg，按表4-8的规定选用；

q_2——货物冷却终止温度时单位质量的呼吸热流量，单位为 W/kg，按表4-8的规定选用；

G_n——冷却物冷藏间的冷藏质量，单位为 kg；

注：1. 仅鲜水果、鲜蔬菜冷藏间计算 Q_{2c}、Q_{2d}。

2. 冻结过程中需加水时，应把水的热量加入上式。

表 4-6　货物包装材料或运载工具质量系数 B_b

序　号	食品类别与加工方式		质量系数 B_b
1	肉类、鱼类、冰蛋类	冷藏	0.1
		肉类冷却或冻结（猪单轨叉档式）	0.1
		肉类冷却或冻结（猪双轨叉档式）	0.3
		肉类、鱼类、冰蛋类（搁架式）	0.3
		肉类、鱼类、冰蛋类（吊笼式或架子式手推车）	0.6
2	鲜蛋类		0.25
3	鲜水果		0.25
4	鲜蔬菜		0.35

表 4-7　包装材料或运载工具的比热容 C_b

名　　称	$C_b/$（kJ/kg·℃）
木板类	2.51
黄铜	0.39
铁皮类	0.42
铝皮	0.88
玻璃容器类	0.84
马粪纸、瓦纸类	1.47
黄油纸类	1.51
布类	1.21
竹器类	1.51

表 4-8　一些主要水果和蔬菜的单位质量呼吸热流量

品　种	不同温度下的单位质量呼吸热流量/（w/t）						
	0℃	2℃	5℃	10℃	15℃	20℃	25℃
杏	17	27	56	102	155	199	—
香蕉（青）	—	—	52	98	131	155	—
香蕉（熟）	—	—	58	116	164	242	—
甜樱桃	21	31	47	97	165	219	—
橙	10	13	19	35	56	69	96
西瓜	19	23	27	46	70	102	—
梨（早熟）	20	28	47	63	160	278	—
梨（晚熟）	10	22	41	56	126	219	—
苹果（早熟）	19	21	31	60	92	121	149
苹果（晚熟）	10	14		31	58	73	—
李	21	35	65	126	184	233	—
葡萄	9	17	24	36	49	78	102

（续）

品 种	不同温度下的单位质量呼吸热流量/（w/t）						
	0℃	2℃	5℃	10℃	15℃	20℃	25℃
香瓜	20	23	28	43	76	102	—
桃	19	22	41	92	131	181	236
菠萝	—	—	45	70	80	87	
酸樱桃	22	34	53	107	184	242	—
草莓	47	63	92	175	242	300	453
菜花	63	17	88	138	259	402	
卷心菜	33	36	51	78	121	194	
马铃薯	20	22	24	26	36	44	—
胡萝卜	28	34	38	44	97	135	
黄瓜	20	24	34	60	121	174	
甜菜	20	28	34	60	116	213	
西红柿	17	20	28	41	87	102	
蒜	22	31	47	71	128	152	
葱头	20	21	26	34	46	58	
青豆	70	82	121	206	412	577	721
莴苣	39	44	51	102	189	339	
蘑菇	121	131	160	252	485	635	
豌豆	104	143	189	267	460	645	872
芹菜	20	—	29		102		
青椒	33	—	64	96	114	131	
芦笋	65		85	160	279	363	
菠菜	82		199	313	523	897	—

（1）冷间的每日进货量 G' 应按下列规定取值：

1）冷却间或冻结间应按设计冷加工能力计算。

2）存放果蔬的冷却物冷藏间，计算时取值不应大于该间计算吨位的10%。

3）存放鲜蛋的冷却物冷藏间，计算时取值不应大于该间计算吨位的5%。

4）无外库调入货物的冷库，其冻结物冷藏间每间每日进货量，宜按该库每日冻结加工量计算。

5）有从外库调入货物的冷库，其冻结物冷藏间每间每日进货量，可按该间计算吨位的5%～15%计算。

6）冻结量大的水产冷库，其冻结物冷藏间的每日进货质量可按具体情况确定。

（2）货物进入冷间时的温度 应按下列规定确定：

1）未经冷却的屠宰鲜肉温度应取39℃，已经冷却的鲜肉温度取4℃。

2）从外库调入的冻结货物温度取 –15℃ ～ –10℃。

3）无外库调入货物的冷库，进入冻结物冷藏间的货物温度，应按该冷库冻结间终止降温时或包装产品包装后的货物温度确定。

4）冰鲜鱼虾整理后的温度应取15℃。

5）鲜鱼虾整理后进入冷加工间的温度，按整理鱼虾用水的水温确定。

6）鲜蛋、水果、蔬菜的进货温度，按冷间生产旺月气温的月平均温度确定。

（3）包装材料或运载工具进入冷间时的温度 t_1　应按下列规定确定：

1）在本库进行包装的货物，应取夏季空气调节室外计算日平均温度乘以生产旺月的温度修正系数，该系数可按表 4-9 的规定选用。

2）自外库调入已包装的货物，其包装材料的温度应取该货物进入冷间时的温度，其运载工具的温度应取夏季空气调节室外计算日平均温度乘以生产旺月的温度修正系数。

表 4-9　包装材料或运载工具进入冷间时的温度修正系数

进入冷间月份	1	2	3	4	5	6	7	8	9	10	11	12
温度修正系数	0.10	0.15	0.33	0.53	0.72	0.86	1.0	1.0	0.83	0.62	0.41	0.20

例 4-2　武汉市某 1000t 单层冷库，其中贮藏白条肉的冻结物冷藏间和贮藏水果的冷却物冷藏间容量各为 500t，请分别计算每个冷间的货物热流量。

解　1）计算冻结物冷藏间的货物热流量。只需计算 Q_{2a} 和 Q_{2b}，由于无包装，仅计算 Q_{2a}，计算参数如下：

参　数	出处及计算结果
G'	从外库调入按 5% 计算，$G' = 500 \times 5\% \, t = 25t$
h_1	从外库调入货物进入冷间温度取 $-10℃$，查附录 A-4，得 $h_1 = 28.9 \, kJ/kg$
h_2	查表 4-6，取冷间温度为 $-20℃$；查附录 A-4，得 $h_2 = 0kJ/kg$
τ	冷藏间取 24h

将以上各值代入式（4-7），得冻结物冷藏间的货物热流量为

$$Q_2 = Q_{2a} = \frac{1}{3.6} \times \frac{G'(h_1 - h_2)}{\tau} = \frac{25 \times (28.9 - 0) \times 1000}{3.6 \times 24} W = 8362.27W$$

2）计算冷却物冷藏间的货物热流量。水果采用纸箱包装，生产旺月为十月，计算参数如下：

参　数	出处及计算结果
G'	按 8% 计算，$G' = 500 \times 8\% \, t = 40t$
t_1	查表 4-11，温度修正系数为 0.62，$t_1 = 32 \times 0.62℃ = 19.84℃$
t_2	取冷间温度，$t_2 = 2℃$
h_1	根据 $t_1 = 19.84℃$ 查附录 A-4，得 $h_1 = 347.4kJ/kg$
h_2	查表 4-6，取冷间温度为 2℃；查附录 A-4，得 $h_2 = 279.5kJ/kg$
τ	冷藏间取 24h
B_b	查表 4-8，取 $B_b = 0.25$
C_b	查表 4-9，取 $C_b = 1.47 \, kJ/kg \cdot ℃$
q_1	根据 $t_1 = 19.84℃$ 查表 4-10，得 $q_1 = 73 \, W/t$
q_2	根据 $t_2 = 2℃$ 查表 4-10，得 $q_2 = 14W/t$
G_n	根据已知，$G_n = 500t$

将以上各值代入式（4-7），得冷却物冷藏间的货物热流量为

$$Q_2 = \frac{1}{3.6} \times \left[\frac{G'(h_1 - h_2)}{\tau} + G'B_b \frac{C_b(t_1 - t_2)}{\tau} \right] + \frac{G'(q_1 + q_2)}{2} + (G_n - G')q_2$$

$$= \frac{1}{3.6} \times \left[\frac{40 \times 1000 \times (347.4 - 279.5)}{24} + 40 \times 1000 \times 0.25 \times \frac{1.47 \times (19.84 - 2)}{24} \right] W$$

$$+ \frac{40 \times (73 + 14)}{2} W + (500 - 40) \times 14W$$

$$= 42650.46W = 42.65kW$$

4.2.3 通风换气热流量 Q_3

用于贮藏水果、蔬菜和鲜蛋等食品的冷藏间，根据食品冷加工要求需定期通风换气，以供食品呼吸和消除储藏间中的异味。兼做生产车间的冷间时，应按照现行国家标准 GBZ 1—2010《工业企业设计卫生标准》的要求更换新鲜空气，以满足操作人员呼吸需要。因此，通风换气热流量 Q_3 由冷间换气热流量 Q_{3a} 和操作人员需要的新鲜空气热流量 Q_{3b} 两部分组成，应按下式计算：

$$Q_3 = Q_{3a} + Q_{3b}$$

$$= \frac{1}{3.6} \times \left[\frac{(h_W - h_n) n V_n \rho_n}{24} + 30 n_r \rho_n (h_W - h_n) \right] \tag{4-8}$$

式中 Q_3 ——通风换气热流量，单位为 W；

Q_{3a} ——冷间换气热流量，单位为 W；

Q_{3b} ——操作人员需要的新鲜空气热流量，单位为 W；

h_W ——冷间外空气的比焓，单位为 kJ/kg，见附录 A-5；

h_n ——冷间内空气的比焓，单位为 kJ/kg，见附录 A-5；

n ——每日换气次数，可取 2~3 次；

V_n ——冷间内净体积，单位为 m^3；

ρ_n ——冷间内空气密度，单位为 kg/m^3，按表 4-10 的规定选用；

24——每日小时数；

30——每个操作人员每小时需要的新鲜空气量，单位为 m^3/h；

n_r ——操作人员数量。

注：1. 本式只适用于贮存有呼吸的食品的冷间。

2. 有操作人员长期停留的冷间如加工间、包装间等，应计算操作人员需要新鲜空气的热量 Q_{3b}，其余冷间可不计。

3. 本式室外计算温度应采用夏季通风室外计算温度，室外相对湿度应采用夏季通风室外计算相对湿度。

表 4-10 干空气的密度 （压力为 101.325kPa）

温度/℃	密度/（kg/m³）
-50	1.584
-40	1.515
-30	1.453
-20	1.359
-10	1.342
0	1.293
10	1.247

4.2.4 电动机运转热流量 Q_4

电动机运转热流量 Q_4 应按下式计算:

$$Q_4 = 1000 \sum P_d \xi b \qquad (4-9)$$

式中 Q_4——电动机运转热流量,单位为 W;

P_d——电动机额度功率,单位为 kW;

ξ——热转化系数,电动机在冷间内时应取 1,在冷间外时应取 0.75;

b——电动机运转时间系数,冷风机配用的电动机应取 1,冷间内其他设备配用的电动机可按实际情况取值,如果按每昼夜操作 8h 计,则 $b = 8/24$。

计算这项热量时,冷却设备所有电动机功率往往是未知的,可先参照同类冷库或通过估算方法确定电动机功率,利用上式计算 Q_4;当冷却设备选型完成后,再根据实际配备的电动机功率重新对电动机运转热流量 Q_4 进行计算,结果应不小于先前的估算值。

4.2.5 操作热流量 Q_5

操作热流量 Q_5 由照明热流量 Q_{5a}、开门热流量 Q_{5b} 和操作人员热流量 Q_{5c} 三部分组成,应按下式计算:

$$Q_5 = Q_{5a} + Q_{5b} + Q_{5c} = Q_d A_d + \frac{1}{3.6} \times \frac{n_k' n_k V_n (h_W - h_n) M \rho_n}{24} + \frac{3}{24} n_r Q_r \qquad (4-10)$$

式中 Q_5——操作热流量,单位为 W;

Q_{5a}——照明热流量,单位为 W;

Q_{5b}——每扇门的开门热流量,单位为 W;

Q_{5c}——操作人员热流量,单位为 W;

Q_d——每平方米地板面积照明热流量,单位为 W/m^2,冷却间、冻结间、冷藏间、贮冰间和冷间内穿堂可取 2.3 W/m^2,操作人员长时间停留的加工间和包装间可取 4.7 W/m^2;

A_d——冷间地面面积,单位为 m^2;

n_k'——门樘数;

n_k——每日开门换气次数,可按图 4-4 所示取值,对需经常开门的冷间,每日开门换气次数可按实际情况确定;

M——空气幕效率修正系数,按每日操作 3h 计;

3/24——每日操作时间系数,按每日操作 3h 计;

n_r——操作人员数量;

Q_r——每个操作人员产生的热流量,单位为 W,冷间设计温度高于或等于 −5℃时,宜取 279W,冷间设计温度低于 −5℃时,宜取 395W;

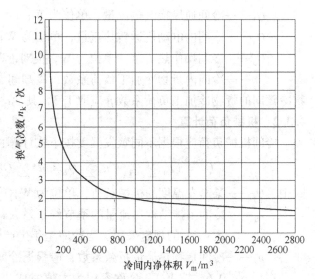

图 4-4 冷间开门换气次数

h_W、h_n、V_n、ρ_n——取值同式（4-8）。

注：1. 冷却间、冻结间不计 Q_5 这项热流量。

2. 本式中室外计算温度应采用夏季通风室外计算温度，室外相对湿度应采用夏季通风室外计算相对湿度。

4.3 制冷负荷计算

制冷负荷包括冷间冷却设备负荷和机械负荷。冷却设备负荷是指为维持冷间在某一温度，需从该冷间移走的热流量值；机械负荷是指为维持制冷系统正常运转，制冷压缩机负载所带走的热流量值。冷却设备负荷以冷间为单位进行汇总，而机械负荷以蒸发温度为单位进行汇总。前者是选择蒸发器的依据，后者是选择压缩机的依据。

4.3.1 冷间冷却设备负荷计算

冷间冷却设备负荷应按下式计算：

$$Q_\mathrm{s} = Q_1 + pQ_2 + Q_3 + Q_4 + Q_5 \tag{4-11}$$

式中　Q_s——冷间冷却设备负荷，单位为 W；

Q_1——冷间围护结构热流量，单位为 W；

Q_2——冷间内货物热流量，单位为 W；

Q_3——冷间通风换气热流量，单位为 W；

Q_4——冷间内电动机运转热流量，单位为 W；

Q_5——冷间操作热流量，单位为 W，但对冷却间及冻结间则不计算该热流量；

p——冷间内货物冷加工负荷系数；冷却间、冻结间和货物不经冷却而直接进入冷却物冷藏间的货物冷加工负荷系数 p 应取 1.3，其他冷间 p 取 1。

4.3.2 机械负荷计算

冷间机械负荷应根据不同蒸发温度按下式计算：

$$Q_\mathrm{j} = \left(n_1 \sum Q_1 + n_2 \sum Q_2 + n_3 \sum Q_3 + n_4 \sum Q_4 + n_5 \sum Q_5 \right) R \tag{4-12}$$

式中　Q_j——某蒸发温度的机械负荷，单位为 W；

n_1——冷间围护结构热流量的季节修正系数，一般可根据冷库生产旺季出现的月份按表 4-11 的规定采用，当冷库全年生产无明显淡、旺季区别时应取 1；

n_2——冷间货物热流量折减系数，应根据冷间的性质确定，冷却物冷藏间宜取 0.3 ~ 0.6，按表 4-2 公称容积为大值时取小值，公称容积为小值时取大值；冻结物冷藏间宜取 0.5 ~ 0.8，按表 4-2 公称容积为大值时取大值，公称容积为小值时取小值；冷加工间和其他冷间应取 1；

n_3——同期换气系数，宜取 0.5 ~ 1.0（同期最大换气量与全库每日总换气量的比数大时取大值）；

n_4——冷间内电动机同期运转系数，应按表 4-12 规定采用；

n_5——冷间同期操作系数，应按表 4-12 规定采用；

R——制冷装置和管道等冷损耗补偿系数，一般直接冷却系统宜取 1.07，间接冷却系统宜取 1.12。

小型服务性冷库的冷间机械负荷应分别根据不同蒸发温度按下式计算：

$$Q'_j = \left(\sum Q_1 + n_2 \sum Q_2 + n_4 \sum Q_4 + n_5 \sum Q_{5a} + n_5 \sum Q_{5b} \right) \frac{24}{\tau} R \qquad (4\text{-}13)$$

式中　Q'_j——同一蒸发温度的冷间的机械负荷，单位为 W；

　　　n_2——冷间货物热流量折减系数，冷却物冷藏间宜取 0.6，冻结物冷藏间宜取 0.5，其他冷间取 1；

　　　n_4——冷间内电动机同期运转系数，取值见表 4-12；

　　　n_5——冷间同期操作系数，取值见表 4-12；

　　　τ——制冷机组每日工作时间，宜取 12～16h；

　　　R——冷库制冷系统和管道等冷损耗补偿系数，直接冷却系统宜取 1.07，间接冷却系统宜取 1.12。

注：利用该式计算冻结间机械负荷时，不计算 Q_{5a} 和 Q_{5b} 这两项热流量。

表 4-11　季节修正系数 n_1

纬度 \ 库温/℃	月份 1	2	3	4	5	6	7	8	9	10	11	12
纬度 40° 以上（含 40°） 0	-0.70	-0.50	-0.10	0.40	0.70	0.90	1.00	1.00	0.70	0.30	-0.10	-0.50
-10	-0.25	-0.11	0.19	0.59	0.78	0.92	1.00	1.00	0.78	0.49	0.19	-0.11
-18	-0.02	0.10	0.33	0.64	0.82	0.93	1.00	1.00	0.82	0.58	0.33	0.10
-23	-0.08	0.18	0.40	0.68	0.84	0.94	1.00	1.00	0.84	0.62	0.40	0.18
-30	0.19	0.28	0.47	0.72	0.86	0.95	1.00	1.00	0.86	0.67	0.47	0.28
纬度 35°~40°（含 35°） 0	-0.30	-0.20	0.20	0.50	0.80	0.90	1.00	1.00	0.70	0.50	0.10	-0.20
-10	0.05	0.14	0.41	0.65	0.86	0.92	1.00	1.00	0.78	0.65	0.35	0.14
-18	0.22	0.29	0.51	0.71	0.89	0.93	1.00	1.00	0.82	0.71	0.38	0.29
-23	0.30	0.36	0.56	0.74	0.90	0.94	1.00	1.00	0.84	0.74	0.40	0.36
-30	0.39	0.44	0.61	0.77	0.91	0.95	1.00	1.00	0.86	0.77	0.47	0.44
纬度 30°~35°（含 30°） 0	0.10	0.15	0.33	0.53	0.72	0.86	1.00	1.00	0.83	0.62	0.41	0.20
-10	0.31	0.36	0.48	0.64	0.79	0.86	1.00	1.00	0.88	0.71	0.55	0.38
-18	0.42	0.46	0.56	0.70	0.82	0.88	1.00	1.00	0.88	0.76	0.62	0.48
-23	0.47	0.51	0.60	0.73	0.84	0.91	1.00	1.00	0.89	0.78	0.65	0.53
-30	0.53	0.56	0.65	0.76	0.85	0.92	1.00	1.00	0.90	0.81	0.69	0.58
纬度 25°~30°（含 25°） 0	0.18	0.23	0.42	0.60	0.80	0.88	1.00	1.00	0.87	0.65	0.45	0.26
-10	0.39	0.41	0.56	0.71	0.85	0.90	1.00	1.00	0.90	0.73	0.59	0.44
-18	0.49	0.51	0.63	0.76	0.88	0.92	1.00	1.00	0.92	0.78	0.65	0.53
-23	0.54	0.56	0.67	0.78	0.89	0.93	1.00	1.00	0.92	0.80	0.67	0.57
-30	0.59	0.61	0.70	0.80	0.90	0.93	1.00	1.00	0.93	0.82	0.72	0.62
纬度 25° 以下 0	0.44	0.48	0.63	0.79	0.94	0.97	1.00	1.00	0.93	0.81	0.65	0.40
-10	0.58	0.60	0.73	0.85	0.95	0.98	1.00	1.00	0.95	0.85	0.75	0.63
-18	0.65	0.67	0.77	0.88	0.96	0.98	1.00	1.00	0.96	0.88	0.79	0.69
-23	0.68	0.70	0.79	0.89	0.96	0.98	1.00	1.00	0.96	0.89	0.81	0.72
-30	0.72	0.73	0.82	0.90	0.97	0.98	1.00	1.00	0.97	0.90	0.83	0.75

表 4-12 冷间内电动机同期运转系数 n_4 和冷间同期操作系数 n_5

冷间总间数	n_4 或 n_5
1	1
2 ~ 4	0.5
≥5	0.4

注：1. 冷却间、冷却物冷藏间、冻结间 n_4 取 1，其他冷间按本表取值。

2. 冷间总间数应按同一蒸发温度且用途相同的冷间间数计算。

例 4-3 南京某冷库各冷间热流量计算数值如下表，该冷库生产旺月为十月，请为该冷库汇总冷却设备负荷和机械负荷。

序号	冷间名称	冷间温度/℃	Q_1/W	Q_2/W	Q_3/W	Q_4/W	Q_5/W
1	冻结间	−23	3400	86 800	—	13 200	—
2	冻结间	−23	3200	87 700	—	13 200	—
3	冻结物冷藏间	−18	9500	18 200	—	—	3300
4	冻结物冷藏间	−18	9000	18 200	—	—	3300
5	冷却物冷藏间	0	6500	12 500	4200	8500	2680

解 1）冷却设备负荷汇总如下：

序号	冷间名称	冷间温度/℃	Q_1/W	P	Q_2/W	Q_3/W	Q_4/W	Q_5/W	Q_s/kW
1	冻结间	−23	3400	1.3	86 800	—	13 200	—	129.4
2	冻结间	−23	3200	1.3	87 700	—	13 200	—	130.4
3	冻结物冷藏间	−18	9500	1	18 200	—	—	3300	31
4	冻结物冷藏间	−18	9000	1	18 200	—	—	3300	30.5
5	冷却物冷藏间	0	6500	1.3	12 500	4200	8500	2650	38.1

2）5 个冷间根据冷间温度分成三个蒸发温度系统，1、2 号冻结间为 −33℃ 蒸发回路，3、4 号冻结物冷藏间为 −28℃ 蒸发回路，5 号冷却物冷藏间为 −15℃ 蒸发回路，机械负荷汇总见下表（单位为 kW）。

蒸发温度/℃	n_1	ΣQ_1	n_2	ΣQ_2	n_3	ΣQ_3	n_4	ΣQ_4	n_5	ΣQ_5	R	Q_j/kW
−33	0.78	6.6	1	174.5			0.5	26.4			1.07	206.3
−28	0.76	18.5	0.6	36.4					0.5	6.6	1.07	41.9
−15	0.62	6.5	0.4	12.5	1	4.2	1	8.5	1	2.65	1.07	26.1

4.4 制冷负荷估算

估算法是依据经验数据来快速确定制冷系统负荷的方法，该法简便实用，在制冷系统设计初期接受咨询和洽谈业务时，常被工程技术人员采用。制冷负荷估算的方法较多，其中利用单位制冷负荷乘以冷加工量或冷藏容量求得冷却设备负荷和机械负荷的方法应用较为广泛。表 4-13 ~表 4-16 分别为肉类冷加工、鱼类冷加工、冷藏间和制冰、小型冷库单位制冷负荷表。

表 4-13 肉类冷加工单位制冷负荷

冷加工方式	冷间温度/℃	肉类入库温度/℃	肉类出库温度/℃	冷加工时间/h①	冷却设备负荷/（W/t）	机械负荷/（W/t）
冷却加工	-2	+35	+4	20	3000	2300
	-7/-2②	+35	+4	11	5000	4000
	-10	+35	+12	8	6200	5000
	-10	+35	+10	3	13 000	10 000
冷冻加工	-23	+4	-15	20	5300	4500
	-23	+12	-15	12	8200	6900
	-23③	+35	-15	20	7600	5800
	-30	+4	-15	11	9400	7500
	-30	-10	-18	16	6700	5400

注：1. 本表内冷却设备负荷已包括货物冷加工负荷系数 P 的数值。

2. 本表内机械负荷已包括总管道等7%冷耗损数值。

① 冷冻加工时间不包括肉类进库、出库的搬运时间。

② 此处指库温先为 -7℃，待肉体表面温度降到 ±0℃ 时，改用 -2℃ 继续降温。

③ 一次冻结（即肉类不经过冷却），氨系统蒸发温度需低于 -33℃。

表 4-14 鱼类冷加工单位制冷负荷

库 房 名 称	冷间温度/℃	肉类入库温度/℃	肉类出库温度/℃	冷加工时间/h①	冷却设备负荷/（W/t）	机械负荷/（W/t）
准备间	0	+20	+4	10	4700	3500
冻结间	-25	+4	-15	10	9300	7500
冻结间	-25	+20	-15	16	7000	5600

注：1. 本表内冷却设备负荷已包括货物冷加工负荷系数 P 的数值。

2. 本表内机械负荷已包括总管道等7%冷耗损数值。

① 冷冻加工时间不包括肉类进库、出库的搬运时间。

表 4-15 冷藏间和制冰单位制冷负荷

类别	冷间名称	冷间温度/℃	冷却设备负荷/（W/t）	机械负荷/（W/t）
冷藏间	一般冷却物冷藏间	±0、-2	88	70
	250t 以下冷库冻结物冷藏间	-15、-18	82	70
	500~1000t 冷库冻结物冷藏间	-18	53	47
	1000~3000t 单层库冻结物冷藏间	-18、-20	41~47	30~35
	1500~3500t 多层库冻结物冷藏间	-18	41	30~35
	4500~9000t 多层库冻结物冷藏间	-18	30~35	24
制冰	盐水制冰方式			7000
	桶式快速制冰			7800
	贮冰间			25

注：本表中机械负荷已包括总管道等冷损耗数值。

表 4-16 小型冷库单位制冷负荷

冷加工食品	冷间名称	冷间温度/℃	冷却设备负荷/（W/t）	机械负荷/（W/t）
肉、禽、水产品	50t 以下冷藏间	−15 ~ −18①	195	160
	50 ~ 100t 冷藏间		150	130
	100 ~ 200t 冷藏间		120	95
	200 ~ 300t 冷藏间		82	70
水果、蔬菜	100t 以下冷藏间	0 ~ 2	260	230
	100 ~ 300t 冷藏间		230	210
鲜蛋	100t 以下冷藏间	0 ~ 2	140	110
	100 ~ 300t 冷藏间		115	90

注：本表中机械负荷已包括总管道等 7% 冷损耗数值。

① 进货温度按 −15 ~ −12℃，进货量按 5% 计算。如果进货温度为 −5℃，需适当增大表中数值。

第5章 制冷机器设备选型

制冷系统机器设备的选型包括制冷压缩机、冷凝器、冷却设备、节流阀，以及中间冷却器、油分离器、气液分离器、高压贮液器、低压循环贮液桶等辅助设备的选型。

5.1 制冷压缩机选型

5.1.1 制冷压缩机的选型原则

1）压缩机的制冷量应能满足冷库生产旺季高峰负荷的要求，即压缩机制冷量应大于或等于机械负荷。一般在选择压缩机时，按一年中最热季节的冷却水温度（或气温）确定冷凝温度，由冷凝温度和蒸发温度确定压缩机的运行工况。但是，冷库生产的高峰负荷并不一定恰好就在气温最高的季节，秋、冬、春三季冷却水温（气温）比较低（深井水除外），冷凝温度也随之降低，压缩机的制冷量会有所提高。因此，选择压缩机应考虑季节修正系数。

2）对于小型冷库，如生活服务性冷库，压缩机可选用单台。对于较大容量的冷库和较大冷加工能力的冻结间，压缩机台数不宜少于两台。总的制冷量以满足生产要求为准，一般不考虑备用。

3）制冷压缩机的系列不宜超过两种，如仅有两台压缩机时，应选用同一系列，便于控制、管理及零配件互换。

4）为不同的蒸发温度系统配备的压缩机，也应适当考虑机组之间互相备用的可能性。

5）如果压缩机带有能量调节装置，可以对单机制冷量作较大幅度的调节，但只适应于运行中负荷波动的调节，不宜用作季节性负荷变化的调节。季节性负荷或生产能力变化的负荷调节，应另行配置与制冷能力相适应的机器，才能取得较好的节能效果。

6）为满足生产工艺的要求，往往需要制冷循环能获得较低的蒸发温度，为提高压缩机的输气系数和指示效率，保障压缩机的运行安全，应采用双级压缩制冷循环。氨制冷系统的压力比 p_k/p_0 大于8时采用双级压缩；氟利昂系统压力比 p_k/p_0 大于10时，采用双级压缩。

7）制冷压缩机的工作条件，不得超过制造厂家给定运行工况或国家标准规定的压缩机使用条件。

5.1.2 制冷压缩机的选型计算

1. 基本参数的确定

（1）蒸发温度 t_0 的确定　蒸发温度主要取决于被冷却对象的温度要求、制冷剂与被冷却对象之间的传热温差，而传热温差与所采用的蒸发器形式以及冷却方式有关。

1）以空气为冷媒：

$$t_0 = t - \Delta t \tag{5-1}$$

式中　t——冷媒的温度，单位为℃；

Δt——传热温差，单位为℃，一般取 8~12℃。在采用排管式蒸发器的冷间中，可取10℃；在采用冷风机的冷间中，可取8℃。

2）以水或盐水为冷媒：

$$t_0 = t - \Delta t \tag{5-2}$$

式中　t——冷媒的温度，单位为℃；

　　　Δt——传热温差，单位为℃，一般取 $4 \sim 8$℃。

目前，一些要求较高或有特殊要求的冷库，例如高温库或气调库，为保证食品质量，减小干耗，大多趋向于减小温差，有的只有 $1 \sim 2$℃，但这要以增大蒸发面积为代价。为此，蒸发器的设计温差可根据库房相对湿度的要求来确定，见表 5-1。

表 5-1　蒸发器平均设计温差

库内相对湿度（%）	设计温差/℃	
	自然对流	吹风冷却
$95 \sim 91$	$7 \sim 8$	$4.5 \sim 5.5$
$90 \sim 86$	$8 \sim 9$	$5.5 \sim 7$
$85 \sim 81$	$9 \sim 10$	$7 \sim 8$
$80 \sim 76$	$10 \sim 11$	$8 \sim 9$
$75 \sim 70$	$11 \sim 12$	$9 \sim 10$

（2）冷凝温度 t_k 的确定　冷凝温度取决于制冷系统所处地的当地气象、水文条件、制冷剂与环境冷却介质之间的传热温差以及冷凝器形式。GB 50072—2010《冷库设计规范》规定：水冷式冷凝器，冷凝温度不应超过 39℃；采用蒸发式冷凝器时，其冷凝温度不应超过 36℃。

1）水冷式冷凝器。此种冷凝器包括立式、卧式、淋浇式三种。这三种冷凝器的冷却介质主要为冷却水，考虑到冷却水在流过冷凝器的整个过程中温度是变化的，为了简化计算，可采用算术平均温差，其冷凝温度常以下式确定：

$$t_k = \frac{t_1 + t_2}{2} + \Delta t \tag{5-3}$$

式中　t_1、t_2——冷却水进、出口的温度，单位为℃，立式壳管式冷凝器的 $t_2 = t_1 + (1.5 \sim 3)$℃，卧式壳管式冷凝器的 $t_2 = t_1 + (4 \sim 6)$℃，淋浇式冷凝器的 $t_2 = t_1 + (2 \sim 3)$℃，一般情况下，$t_1 \geqslant 30$℃时取较小值，$t_1 \leqslant 20$℃时取较大值；

　　　Δt——温差，单位为℃，水冷式氨制冷系统中，Δt 一般取 $5 \sim 7$℃；氟利昂系统中，Δt 一般取 $7 \sim 8$℃，t_1 高时取较小值，t_1 低取较大值。

2）空气冷却式冷凝器。空气冷却式（或称风冷式）冷凝器是以空气为冷却介质的冷凝器，特别适用于供水困难的地区，近年来中、小型氟利昂制冷系统采用空冷式冷凝器比较多。

$$t_k = t + \Delta t \tag{5-4}$$

式中　t——进口空气的干球温度，单位为℃；

　　　Δt——冷凝温度与冷却空气平均温度之差，单位为℃，一般取 $8 \sim 15$℃。

3）蒸发式冷凝器。在蒸发式冷凝器中，由于光滑管或翅片管润湿表面的水分蒸发而引起的换热约占全部换热的 80% 左右。因此，水分蒸发的快慢直接与冷凝温度有关。在一定风速下，水分蒸发速度取决于室外空气的相对湿度，故以湿球温度为基准（高湿地区不宜采用蒸发式冷凝器），考虑适当温差而确定。

$$t_k = t + \Delta t \qquad (5-5)$$

式中　t——进口空气的湿球温度，单位为℃；

Δt——冷凝温度与夏季空气调节室外计算湿球温度之差，单位为℃，一般取 $5 \sim 10$℃。

（3）吸气温度 t_1' 的确定　吸气温度即进入制冷压缩机的温度，它取决于回气的过热度，主要受下列几个因素的影响：

① 由于吸入管受周围气温的影响，压缩机吸入气体的温度较蒸发温度都有不同程度的提高（过热），其幅度随吸入管道的长短和环境温度的高低以及蒸发温度的高低而不同。

② 与制冷系统供液方式有关。在氨泵供液系统中，从气体调节站至低压循环贮液桶的回气管为气液两相流体，正常情况下不会产生过热，只有在低压循环贮液桶至压缩机的吸入管上才产生过热。在氨重力供液系统中，气体调节站至气液分离器的回气管内可能会出现过热。

③ 直接膨胀供液对管道过热的要求。在氟利昂制冷系统中，大多采用内平衡热力膨胀阀，膨胀阀靠回气过热度调节其流量，因此，要求回气管有适当的过热度，一般应有 5℃ 以上过热度。外平衡热力膨胀阀的要求过热度可小些。

1）对于用氨作制冷剂的制冷循环，过热温度见表 5-2。

表 5-2　氨压缩机允许吸气温度　（单位：℃）

t_0	5	0	−5	−10	−15	−20	−25	−28	−30	−35	−40	−45
t_1'	10	1	−4	−7	−10	−13	−16	−18	−19	−22	−25	−28

2）对于用氟利昂作制冷剂的制冷循环，过热温度应按下列规定取值：

① 采用热力膨胀阀时，蒸发器出口气体的过热度一般为 $3 \sim 8$℃。

② 单级氟利昂系统，t_1' 应不大于 15℃，但不能太低。

③ 采用回热器循环时，过热度可达到 $30 \sim 40$℃。

（4）排气温度 t_2 的确定　排气温度取决于制冷剂的蒸发压力、冷凝压力以及吸入气体的干度、压缩机的性能和压缩机运行工况等。排气温度同吸入压力与排出压力之比（即压缩比）成正比，同吸气温度过热度成正比。压力比越大，吸气时过热度越高，则排气温度就越高。通常氨压缩机排气温度应低于 150℃，正常运行时一般在 $100 \sim 130$℃ 之间。设计时，可根据冷凝压力和过热度，通过压焓图近似确定。

（5）过冷温度 t_4' 的确定　制冷剂液体在冷凝压力下冷却到低于冷凝温度的温度称为过冷温度，其与冷凝温度之差称为过冷度。一般情况下，过冷温度应比冷凝温度低 $3 \sim 5$℃，即过冷度为 $3 \sim 5$℃。

（6）中间压力 p_m 和中间温度 t_m 的确定　双级压缩制冷循环的中间压力 p_m 和中间温度 t_m 对循环的制冷系数和压缩机的制冷量、耗功率以及结构有直接的影响，因此合理地选择它们是双级压缩制冷循环的一个重要问题。

在选定了循环的形式和使用的制冷剂，确定了 t_k 和 t_0 的情况下，不同的中间压力，其制冷系数是不同的，其中必有一个最大值。这个最大制冷系数所对应的中间压力，称之为最佳中间压力，此时循环具有较高的经济性。

确定中间压力 p_m 和中间温度 t_m 的常用方法有以下几种：

1）比例中项计算法。用比例中项确定中间压力：

$$p_m = \sqrt{p_0 p_k} \tag{5-6}$$

式中 p_m——中间压力，单位为 Pa；

p_0——蒸发压力，单位为 Pa；

p_k——冷凝压力，单位为 Pa。

用此式求出的中间压力与最佳中间压力有一定的偏差，只适用于初步估算。

2）经验公式计算法。对于氨的双级压缩制冷循环，拉塞提出了较为简单的最佳中间温度计算公式：

$$t_m = 0.4t_k + 0.6t_0 + 3 \tag{5-7}$$

式中 t_m——中间温度，单位为℃；

t_0——蒸发温度，单位为℃；

t_k——冷凝温度，单位为℃。

式（5-7）不仅适用于氨在 $-40\sim40$℃的温度范围内，对于 R12、R40 也同样适用。

3）经验查图法。在工程中经常遇到已知高压级和低压级压缩机的理论输气量以及 t_0、t_k，需要确定中间温度。对于这种情况，可以较方便地直接查图解决问题。如图 5-1 所示，根据 t_0、t_k 和高、低级理论输气量比 ξ 来确定中间温度 t_m。

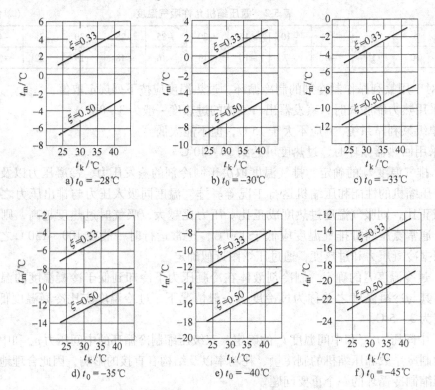

图 5-1 确定氨双级压缩制冷循环中间温度的线图

2. 单级制冷压缩机选型计算

（1）以压缩机的理论输气量选型 单级压缩制冷循环在压焓图上的表示如图 5-2 所示。

在选配压缩机时，压缩机制冷量和计算所得的机械负荷 Φ_j 相匹配。因此，利用制冷量和需冷量的平衡关系，可求出压缩机理论输气量：

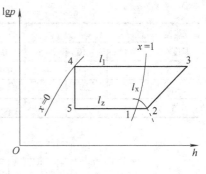

$$V_P = \frac{3.6\Phi_j v_2}{(h_1 - h_5)\lambda} = \frac{3.6\Phi_j}{q_v\lambda} \qquad (5\text{-}8)$$

式中　V_P——压缩机理论输气量，单位为 m^3/h；

　　　Φ_j——该蒸发温度下系统的机械负荷，单位为 W；

图 5-2　单级压缩制冷循环压焓图

　　　v_2——吸入气体的比体积，单位为 m^3/kg；

　　　h_1——蒸发器出口干饱和蒸汽的比焓，单位为 kJ/kg；

　　　h_5——节流阀后制冷液体的比焓，单位为 kJ/kg；

　　　q_v——制冷剂单位容积制冷量，单位为 kJ/m^3，可按表 5-3、表 5-4 查取，也可通过热力计算求得；

　　　λ——压缩机输气系数，活塞式制冷压缩机可查图 5-3、图 5-4（以制造厂家的产品样本提供为准）；螺杆式制冷压缩机由制造厂家提供，一般在 $0.75\sim0.9$ 之间。

求得理论输气量后，可结合选型原则从产品样本选取压缩机的型号和台数。

表 5-3　R717 单级压缩机单位容积制冷量 q_v　　　　（单位：kJ/m^3）

蒸发温度/℃	冷凝温度或过冷温度/℃											
	20	25	26	28	30	32	34	35	36	37	38	39
5	4568.2	4475.5	4459.2	4422.6	4386.0	4349.3	4312.4	4294.0	4275.5	4257.0	4238.4	4219.8
0	3962.4	3883.3	3867.5	3835.6	3803.7	3771.7	3739.6	3723.5	3707.4	3691.2	3675.1	3658.8
−5	3324.0	3257.4	3244.0	3217.1	3190.3	3163.3	3136.2	3122.7	3109.1	3095.5	3081.9	3068.2
−10	2756.0	2700.5	2689.3	2666.2	2644.5	2622.0	2599.5	2588.2	2576.9	2565.6	2554.2	2542.8
−15	2172.3	2128.3	2119.4	2101.7	2084.0	2066.1	2048.0	2039.2	2030.2	2021.4	2012.4	2003.5
−20	1761.2	1725.3	1718.1	1703.6	1689.1	1674.6	1660.0	1652.7	1645.4	1638.1	1630.8	1623.4
−25	1422.4	1393.2	1387.3	1375.6	1363.8	1352.0	1340.2	1334.3	1328.3	1322.4	1316.4	1310.4

表 5-4　R22 单位容积制冷量 q_v　　　　（单位：kJ/m^3）

蒸发温度/℃	节流阀前液体的温度/℃											
	−15	−10	−5	0	5	10	15	20	25	30	35	40
−40	1005	980	950	925	892	858	830	796	762	729	695	602
−35	1264	1231	1193	1160	1122	1084	1043	1005	963	921	879	833
−30	1562	1520	1478	1436	1386	1294	1244	1193	1143	1089	1038	—
−25	1901	1851	1800	1750	1696	1673	1578	1520	1457	1398	1336	1273
−20	2320	2357	2198	2135	2068	1997	1930	1859	1784	1708	1633	1558
−15	—	2721	2650	2575	2495	2416	2328	2244	2156	2068	1980	1888
−10	—	—	3190	3102	3006	2910	2809	2709	2600	2495	2391	2286

（续）

蒸发温度/℃	节流阀前液体的温度/℃											
	−15	−10	−5	0	5	10	15	20	25	30	35	40
−5	—	—	—	3697	3584	3471	3354	3236	3107	2985	2860	2734
0	—	—	—	—	4262	4228	3990	3848	3701	3555	3408	3257
5	—	—	—		4873	4710	4547	4375	4204	4032	3860

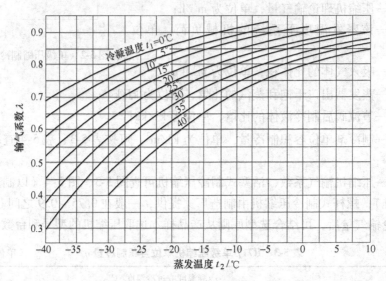

图 5-3 R717 压缩机输气系数 λ 值

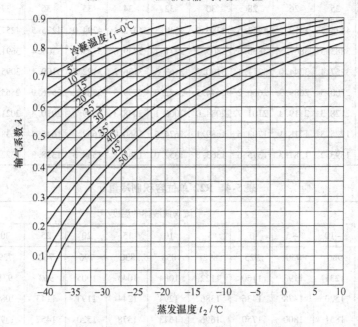

图 5-4 R22 压缩机输气系数 λ 值

（2）以压缩机的标准工况制冷量选型 压缩机的制冷量随运行工况变化而不同，为了以统一的工况表示压缩机的制冷量，国家规定了标准工况。表 5-5 ~ 表 5-7 为活塞式压缩机的基本参数，供选型时参考。

表 5-5　制冷压缩机标准工况

工作温度/℃	制冷剂		
	R717	R12	R22
冷凝温度	30	30	30
蒸发温度	−15	−15	−15
过冷温度	25	25	25
吸气温度	−10	15	15

表 5-6　半封闭式、开启式单级制冷压缩机基本参数表（GB/T 10079—2001）

类别	缸径/mm	行程/mm	转速范围/(r/min)	缸数/个	容积排量（8 缸）			
					最高转速/(r/min)	排量/(m³/h)	最低转速/(r/min)	排量/(m³/h)
半封闭式	70	70	1000~1800	2、3、4、6、8	1800	232.6	1000	129.2
		55				182.6		101.5
开启式	100	100	750~1500	2、4、6、8	1500	565.2	750	282.6
		80				452.2		226.1
	125	110	600~1200		1200	777.2	600	388.6
		100				706.5		353.3
	170	140	500~1000		1000	1524.5	500	762.3

表 5-7　氨活塞式制冷压缩机基本参数表

缸径/mm	活塞行程/mm	缸数/个	转速/(r/min)	活塞行程容积/(m³/h)	制冷量/kW	轴功率/kW	气缸布置形式
70	55	2	1440	36.3	15.28	4.522	V
		3		54.9	22.891	6.75	W
		4		73.2	30.561	8.88	S
		6		109.8	45.282	13.40	W
		8		146.4	61.122	17.80	S
100	70	2	960	63.4	27.075	8.12	V
		4		126.8	54.056	16.00	V
		6		190.2	81.224	23.80	W
		8		253.6	108.298	31.00	S
125	100	2	960	141.5	61.005	18.30	V
		4		283.0	122.01	36.10	V
		6		424.5	183.596	53.90	W
		8		566.0	244.02	71.20	S
170	140	2	720	275.0	127.81	36.40	V
		4		550.0	255.64	71.90	V
		6		820.0	383.46	107.10	W
		8		1100.0	511.28	142.0	S

压缩机产品样本中的制冷量为标准工况下的制冷量，而由冷负荷计算所求得的机械负荷 Φ_j 是设计工况下所需的制冷量。因此，不能用 Φ_j 直接选取压缩机，而应把 Φ_j 折算成标准工况下的制冷量。

压缩机在标准工况和设计工况下制冷量可分别按照 $\Phi_b = V_P\lambda_b q_{vb}$ 和 $\Phi_j = V_P\lambda_j q_v$ 求出。由于同一压缩机的理论输气量 V_P 是一定的，因此可得出设计制冷量和标准制冷量的换算公式：

$$\Phi'_b = \frac{\lambda_b q_{vb}}{\lambda_j q_{vj}}\Phi_j \tag{5-9}$$

式中　　Φ'_b ——折算成的标准工况制冷量，单位为 W；

　　　　Φ_j ——设计工况下的制冷量，单位为 W；

　　λ_b、λ_j ——标准、设计工况下的压缩机输气系数，单位为 m^3/kg；

　　q_{vb}、q_{vj} ——标准、设计工况下的单位容积制冷量，单位为 kJ/m^3。

作为制冷量换算，也可直接按式（5 - 10）进行：

$$\Phi'_b = \frac{\Phi_j}{A} \tag{5-10}$$

式中　A——制冷量的换算系数，见表5-8。

这样，把设计工况下的制冷量换成标准工况下的制冷量，再从产品样本或其他技术资料中选配压缩机。

表 5-8　单级氨压缩机冷量换算系数

蒸发温度/℃	冷凝温度或过冷温度/℃										
	-10	-5	0	5	10	15	20	25	30	35	40
-35	0.546	0.505	0.472	0.430	0.392	0.350	0.308	0.266	0.244	—	—
-30	0.737	0.692	0.646	0.595	0.553	0.496	0.442	0.388	0.352	0.331	—
-25	0.970	0.920	0.863	0.805	0.753	0.700	0.630	0.563	0.505	0.453	0.406
-23	1.064	1.022	0.960	0.900	0.851	0.785	0.725	0.640	0.610	0.538	0.475
-22	1.110	1.076	1.006	0.950	0.895	0.825	0.787	0.703	0.635	0.575	0.516
-20	1.230	1.180	1.120	1.064	1.010	0.930	0.865	0.777	0.720	0.650	0.580
-18	1.340	1.300	1.250	1.180	1.110	1.040	0.870	0.890	0.813	0.750	0.672
-15	1.550	1.490	1.430	1.370	1.304	1.235	1.154	1.057	0.980	0.890	0.818
-13	1.680	1.630	1.570	1.510	1.430	1.350	1.270	1.190	1.080	1.030	0.950
-12	1.770	1.770	1.640	1.580	1.523	1.430	1.345	1.265	1.180	1.128	1.005
-10	—	1.860	1.780	1.718	1.650	1.560	1.470	1.380	1.300	1.205	1.115
-8	—	1.999	1.950	1.870	1.790	1.720	1.625	1.540	1.430	1.300	1.243
-6	—	2.184	2.112	2.050	1.965	1.864	1.770	1.670	1.585	1.460	1.390
-4	—	—	2.210	2.230	2.140	2.060	1.855	1.870	1.789	1.650	1.540
-3	—	—	2.384	2.322	2.250	2.165	1.980	1.970	1.860	1.740	1.620
-2	—	—	2.494	2.452	2.340	2.250	2.055	2.040	1.930	1.820	1.700
-1	—	—	2.592	2.560	2.447	2.350	2.160	2.130	2.015	1.900	1.785
0	—	—	—	2.620	2.540	2.470	2.330	2.210	2.115	2.000	1.885

（3）根据压缩机性能曲线选型 压缩机厂对其制造的各种压缩机都要在实验台上针对其某种制冷剂和一定的工作转速，测出不同工况下的制冷量和轴功率，并据此作出压缩机的性能曲线，附在产品说明书中。在压缩机选型时，先确定设计参数，然后根据设计参数和压缩机性能曲线，可确定压缩机的型号和台数。

图 5-5 和图 5-6 所示为 8 缸系列氨压缩机的性能曲线。更多机型的性能曲线可从制造厂家的产品手册中查取。

（如求 2、4、6 缸单级制冷压缩机制冷量及轴功率，可将该曲线中数值按缸数加以折算）

（如求 212.5、412.5、612.5 压缩机制冷量及轴功率，可将该曲线中数值按缸数加以折算）

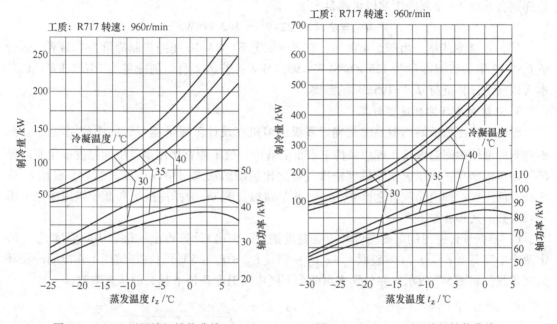

图 5-5　8AS10 型压缩机性能曲线　　　　图 5-6　8AS12.5 型压缩机性能曲线

例 5-1 已知某氨制冷系统蒸发温度为 −10℃，冷凝温度为 35℃，机械负荷 $\Phi_j = 195\,000\text{W}$，试对制冷压缩机进行选型计算。

解 （1）理论输气量法

1）确定设计工况下的 q_v 和 λ 值。

根据蒸发温度 $t_z = -10℃$，冷凝温度 $t_1 = 35℃$，查表 5-3 和图 5-2 分别得 $q_v = 2588.2\text{kJ/m}^3$（假定系统不设再冷却器），$\lambda = 0.74$。

2）确定压缩机理论输气量 V_P。

$$V_P = \frac{3.6\Phi_j}{q_v\lambda} = \frac{3.6 \times 195\,000}{0.74 \times 2588.2}\text{m}^3/\text{h} = 366.5\text{m}^3/\text{h}$$

3）确定压缩机的型号和台数。

由表 5-7 查出，一台 6AW10 型制冷压缩机的理论输气量为 190.2m³/h，结合选型原则，选择两台 6AW10 型制冷压缩机可满足需要，即

$$V_P = 2 \times 190.2 \mathrm{m^3/h} = 380.4 \mathrm{m^3/h}$$

（2）标准工况制冷量法

1）确定标准工况下的 q_{vb} 和 λ_b 值。

查表 5-5，得出标准工况下的蒸发温度 $t_z = -15 \mathrm{℃}$，冷凝温度 $t_1 = 30 \mathrm{℃}$，再根据图 5-2 得 $\lambda_b = 0.73$；再根据蒸发温度 $t_z = -15 \mathrm{℃}$，过冷温度 $t_g = 25 \mathrm{℃}$，查表 5-3，得 $q_{vb} = 2128.3 \mathrm{kJ/m^3}$。

2）计算压缩机标准工况制冷量 Φ'_b 值。

$$\Phi'_b = \frac{\lambda_b q_{vb}}{\lambda_j q_{vj}} \Phi_j = \frac{0.73 \times 2128.3}{0.74 \times 2588.2} \times 195\,000 \mathrm{W} = 158\,183 \mathrm{W}$$

3）确定压缩机的型号和台数。

由表 5-7 中查出，一台 6AW10 型制冷压缩机的标准产冷量为 81 224W，根据选型原则，选择两台 6AW10 型制冷压缩机可满足需要，即

$$\Phi'_b = 2 \times 81\,224 \mathrm{W} = 162\,448 \mathrm{W}$$

（3）性能曲线法　由图 5-4 可知，在设计工况下，8AS10 压缩机制冷量为 125kW，折合成 6AW10 压缩机制冷量为 $125 \times 6/8 \mathrm{kW} = 93.75 \mathrm{kW}$；若选 2 台，制冷量为 187.5 kW，也基本可以满足计算负荷 $\Phi_j = 195 \mathrm{kW}$ 的需要。

3. 双级制冷压缩机选型计算

配组双级压缩机的选型关键是确定双级压缩机在设计工况下运行时的中间温度 t_m。前面提到的最佳中间温度是在理想条件下求得的数值，故不能直接用最佳中间温度确定制冷循环，而应根据高、低压级压缩机理论排气量之比用图解法求出中间温度。然后，根据 t_m 确定高、低压级的理论输气量之比 q_{vg}/q_{vd}，再据机械负荷 Φ_j 选择高压级和低压级压缩机的型号和台数。其步骤如下：

1）根据设计工况的蒸发温度和冷凝温度按式（5-7）计算得出的最佳中间温度 t'_m，假定两个中间温度 t_{m1}、t_{m2}（一般取 $t_{m1} = t'_m - 5\mathrm{℃}$、$t_{m2} = t'_m + 5\mathrm{℃}$），在压熔图上作出制冷循环的过程线，如图 5-7 所示，并分别查出两个不同中间温度条件下相关的状态参数。

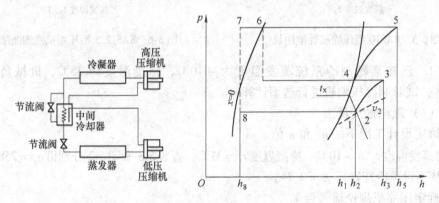

图 5-7　双级压缩机制冷循环原理图及压熔图

2）分别求出高低压级的输气系数 λ_g、λ_d。先计算当中间温度为 t_{m1}、t_{m2} 时各自的高、低压级的输气系数 λ_{g1}、λ_{d1} 与 λ_{g2}、λ_{d2}，再根据单级压缩机输气系数的方法进行计算（此时，低压级的冷凝温度和高压级的蒸发温度为中间温度）。

3）按表 5-9 分别求出两个中间温度下组成的制冷循环的高、低压级的压缩机的质量流

量、理论输气量及理论输气量之比。

表 5-9　双级压缩机试算表

序　号	计　算　项　目	假定的中间温度	
		$t_{m1} = t'_m - 5℃$	$t_{m2} = t'_m + 5℃$
1	低压级质量流量 q_{md}	$q_{md1} = \left(\dfrac{\Phi_j}{h_1 - h_8}\right)_1$	$q_{md2} = \left(\dfrac{\Phi_j}{h_1 - h_8}\right)_2$
2	高压级质量流量 q_{mg}	$q_{mg1} = q_{md1}\left(\dfrac{h_3 - h_7}{h_4 - h_6}\right)_1$	$q_{mg2} = q_{md2}\left(\dfrac{h_3 - h_7}{h_4 - h_6}\right)_2$
3	低压级理论输气量 V_{Pd}	$V_{Pd1} = \dfrac{q_{md1} v_2}{\lambda_{d1}}$	$V_{Pd2} = \dfrac{q_{md2} v_2}{\lambda_{d2}}$
4	高压级理论输气量 V_{Pg}	$V_{Pg1} = \dfrac{q_{mg1} v_4}{\lambda_{g1}}$	$V_{Pg2} = \dfrac{q_{mg2} v_4}{\lambda_{g2}}$
5	高、低压级理论输气量之比 ξ	$\xi_1 = \dfrac{V_{Pg1}}{V_{Pd1}}$	$\xi_2 = \dfrac{V_{Pg2}}{V_{Pd2}}$

4）以中间温度为纵坐标，以压缩机的理论输气量之比为横坐标作坐标图。根据假定中间温度和表 5-9 中计算所得到的数据，在坐标图中可确定出相应的两个点，通过这两点作一直线，此直线反映了中间温度与理论输气量之比的关系，如图 5-8 所示。

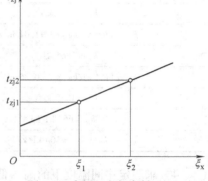

图 5-8　中间温度与高低压级
理论输气量之比的关系图

5）根据最佳中间温度 t'_m，在坐标图上找出相应的理论输气量之比 ξ'，参照高、低压级的输气量的大致范围，选择高、低压级压缩机，并使所选压缩机的理论输气量之比尽量与 ξ' 接近。然后，按所选定的压缩机的理论输气量之比由坐标图上查出相应的中间温度 t_m，这个中间温度是与所选压缩机相配的最适中间温度。

6）通过试算求得中间温度 t_m 后，结合冷凝温度和蒸发温度作出实际制冷循环图，查出各有关参数进行热力计算，以便验算所选压缩机在设计工况条件下的制冷量。如果制冷量大于系统的机械负荷 Φ_j，那么所选压缩机满足设计要求。但若超过量太大，则应选较小制冷量的压缩机重新核算。如果压缩机在设计工况下的制冷量小于系统的机械负荷 Φ_j，则必须重新选型，直至满足设计要求。

以上的选型计算实际更着重于配组双级机的选型计算。在选用单机双级压缩机时，因为高、低压缸的容积比（即两级压缸的输气量之比）已为确定的值，有时也可直接由产品样本选型。我国生产的单机双级压缩机的产品样本制冷量的工况条件是：蒸发温度为 $-35 \sim -30℃$，冷凝温度为 $35 \sim 40℃$，设计工况条件一般不会超出此范围，所以在选型时可省略繁琐的中间温度计算，直接根据系统的机械负荷和设计工况以及选型原则，由产品样本确定所选机器的型号和台数，一般可满足设计要求。

在进行双级机组的选型计算时，还可以先假定高、低级的输气量之比 ξ，因为我国通常采用 $\xi = 0.33 \sim 0.5$（即 $1/3 \sim 1/2$），按假定值和工况参数确定中间温度后，进行循环的热力计算，先计算（或查图表）出低压级的理论输气量，选出低压级的型号和台数，再按假定的配比选定高压级的型号和台数，最后进行制冷量和输气量之比的校核。这种方法对两类机组选型都适用。

例 5-2 已知某氨制冷系统蒸发温度为 $-30℃$，冷凝温度为 $35℃$，机械负荷 $\Phi_j = 93000W$，试为该双级制冷系统选配高、低压级压缩机。

解 1）求最佳中间温度：

$$t'_m = 0.4t_k + 0.6t_0 + 3℃ = 0.4 \times 35℃ + 0.6 \times (-30)℃ + 3℃ = -1℃$$

2）假定两个中间温度分别为：

$$t_{m1} = (-1-5)℃ = -6℃，t_{m2} = (-1+5)℃ = 4℃$$

3）确定过冷温度、吸气温度，作出制冷循环压焓图，如图 5-7 所示，查出各相关状态参数为：

过冷温度为 $t_{g1} = (-6+5)℃ = -1℃$，$t_{g2} = (4+5)℃ = 9℃$

吸气温度查表 5-2，得 $t_x = -19℃$

$t_{m1} = -6℃$	$t_{m2} = 4℃$
$h_1 = 1723$ kJ/kg	$h_1 = 1723$ kJ/kg
$h_2 = 1760$ kJ/kg、$v_2 = 1.01$ m³/kg	$h_2 = 1760$ kJ/kg、$v_2 = 1.01$ m³/kg
$h_3 = 1865$ kJ/kg	$h_3 = 1980$ kJ/kg
$h_4 = 1754$ kJ/kg、$v_4 = 0.35$ m³/kg	$h_4 = 1765$ kJ/kg、$v_4 = 0.24$ m³/kg
$h_5 = 1835$ kJ/kg	$h_5 = 1880$ kJ/kg
$h_6 = 663$ kJ/kg	$h_6 = 663$ kJ/kg
$h_7 = h_8 = 500$ kJ/kg	$h_7 = h_8 = 535$ kJ/kg

4）求假定中间温度下的高、低压缩机的输气系数（查图 5-3）。

当 $t_{m1} = -6℃$ 时，$\lambda_{d1} = 0.80$、$\lambda_{g1} = 0.73$。

当 $t_{m2} = 4℃$ 时，$\lambda_{d2} = 0.73$、$\lambda_{g2} = 0.79$。

5）按表 5-9 所列项目及公式计算，求得两组数据。

序号	计算项目	假定的中间温度	
		$t_{m1} = t'_m - 5℃$	$t_{m2} = t'_m + 5℃$
1	低压级质量流量 q_{md}（kg/h）	$q_{md1} = \left(\dfrac{\Phi_j}{h_1 - h_8}\right)_1$ $= \dfrac{3.6 \times 93000}{1723 - 500} = 274$	$q_{md2} = \left(\dfrac{\Phi_j}{h_1 - h_8}\right)_2$ $= \dfrac{3.6 \times 93000}{1723 - 535} = 282$
2	高压级质量流量 q_{mg}（kg/h）	$q_{mg1} = q_{md1}\left(\dfrac{h_3 - h_7}{h_4 - h_6}\right)_1$ $= 274 \times \dfrac{1865 - 500}{1754 - 663} = 343$	$q_{mg2} = q_{md2}\left(\dfrac{h_3 - h_7}{h_4 - h_6}\right)_2$ $= 282 \times \dfrac{1980 - 535}{1765 - 663} = 367$
3	低压级理论输气量 V_{Pd}（m³/h）	$V_{Pd1} = \dfrac{q_{md1} v_2}{\lambda_{d1}} = \dfrac{274 \times 1.01}{0.8} = 346$	$V_{Pd2} = \dfrac{q_{md2} v_2}{\lambda_{d2}} = \dfrac{282 \times 1.01}{0.73} = 390$
4	高压级理论输气量 V_{Pg}（m³/h）	$V_{Pg1} = \dfrac{q_{mg1} v_4}{\lambda_{g1}} = \dfrac{343 \times 0.35}{0.73} = 164$	$V_{Pg2} = \dfrac{q_{mg2} v_4}{\lambda_{g2}} = \dfrac{367 \times 0.24}{0.79} = 111$
5	高、低压级理论输气量之比 ξ	$\xi_1 = \dfrac{V_{Pg1}}{V_{Pd1}} = \dfrac{164}{346} = 0.47$	$\xi_2 = \dfrac{V_{Pg2}}{V_{Pd2}} = \dfrac{111}{390} = 0.28$

6）作坐标图。由 $t_{m1} = -6℃$ 和 $\xi_1 = 0.47$、$t_{m2} = 4℃$ 和 $\xi_2 = 0.28$ 两组数据可作出如图 5-8 所示的直线，从本题所作图中可找出最佳中间温度 $t'_m = -1℃$ 时所对应的 $\xi' = 0.286$。参照此 ξ' 及低压级理论输气量 346 ～ 390m³/h 选用高、低压级压缩机。

7）本例中选用三台 4AV10 型压缩机作为低压级压缩机，$V_{pd} = 126.6 \times 3\,m^3/h = 397.8\,m^3/h$；一台 4AV10 型压缩机作为高压级压缩机，$V_{pg} = 126.6\ m^3/h$。此时，$\xi = 0.33$，由坐标图可得出相应的中间温度 $t_m = 0.13℃$。

8）以中间温度 $t_m = 0.13℃$ 作制冷循环压焓图，并查取有关状态参数及压缩机的输气系数，校核选配的低压级压缩机的制冷量 $\varPhi'_j$。

$$h_1 = 1723kJ/kg \quad h_8 = 500\ kJ/kg \quad v_2 = 1.01\ m^3/kg \quad \lambda_d = 0.758 \quad V_{pd} = 379.8\ m^3/h$$

$$\varPhi'_j = \frac{V_{pd}\lambda_d}{3.6v_2}(h_1 - h_8) = \frac{379.8 \times 0.758}{3.6 \times 1.01}(1723 - 500)W = 96834W$$

$\varPhi'_j$ 稍大于 $\varPhi_j$，选型是合适的。

以上压缩机选型计算是以活塞式压缩机为原型来考虑的。如果是螺杆式压缩机的选型，其基本计算过程相同，可以选择理论输气量为选型参数，并根据厂家提供的技术参数进行选型；也可根据压缩机的性能表选型，按厂家提供的螺杆压缩机性能表根据设计工况和计算所需冷负荷进行选型，选型时需注意所选压缩机的工作条件不得超过其规定范围；还可利用厂家提供的压缩机的性能曲线进行选型。

螺杆式压缩机带有油冷却系统，其冷却方式和冷却介质与设备制造特点和系统的设计特点有关，螺杆式压缩机没有气缸水冷却系统，由于其机型具有不同特色，所以在选型时应特别注意以下几点：

① 单级螺杆式制冷压缩机的经济压缩比为 4.7 ～ 5.5，在此范围内经济性最佳。

② 单级螺杆式制冷压缩机不宜用于我国南方地区的低温工况。

③ 蒸发温度在 -20℃ 以下时，单级螺杆式压缩机的运行经济性差。蒸发温度越低，效率越低，能耗越大，长期运行会带来能源的过量消耗，并使压缩机过早损坏。

④ 优先选择带经济器的螺杆式压缩机。带经济器的螺杆式压缩机有较宽的运转条件，单级压缩比大，比双级螺杆式制冷系统容易控制，系统简单，占地面积小；与单级螺杆式压缩机相比，优越性更加明显。

5.2　冷凝器选型

5.2.1　冷凝器选型的一般原则

冷凝器是制冷系统中的主要换热设备之一。冷凝器种类有很多，选型时主要考虑建库地区的水温、水质、水量及气候条件，也与机房的布置要求有关，一般根据下列原则来选择：

1）立式水冷却冷凝器适用于水源丰富、水质较差、水温较高的地区，一般布置在机房外面。

2）卧式水冷却冷凝器适用于水量充足、水质较好、水温较低的地区，广泛应用于中、小型氨和氟利昂系统中，一般布置在机房设备间内。

3）淋浇式冷凝器适用于空气湿球温度较低，水源不足或水质较差的地区，一般布置在室外通风良好的地方。

4）蒸发式冷凝器适用于空气相对湿度较低和缺水地区，一般布置在室外通风良好的地方。

5）空气冷却式冷凝器适用于水源比较紧张的地区和小型氟利昂制冷系统。在氨制冷系统中一般不采用。

此外，在满足系统要求的条件下，还要考虑提高换热效率、方便维护、降低设备初投资等因素。

5.2.2 冷凝负荷计算

1. 单级压缩制冷循环

单级压缩循环压焓图如图 5-9 所示。冷凝器的负荷为

$$\Phi_k = q_m(h_3 - h_4)/3.6 \tag{5-11}$$

式中　Φ_k——冷凝器负荷，单位为 W；

　　　q_m——制冷剂质量流量，单位为 kg/h；

　　　h_3、h_4——制冷剂进、出冷凝器的比焓，单位为 kJ/kg。

2. 双级压缩制冷循环

双级压缩循环压焓图如图 5-10 所示。冷凝器的负荷为

$$\Phi_k = q_{mg}(h_5 - h_6)/3.6 \tag{5-12}$$

式中　Φ_k——冷凝器负荷，单位为 W；

　　　q_{mg}——高压级压缩机制冷剂质量流量，单位为 kg/h；

　　　h_5、h_6——制冷剂进、出冷凝器的比焓，单位为 kJ/kg。

对于既有单级压缩又有双级压缩的制冷循环，冷凝负荷为单、双级压缩回路冷凝负荷之和。

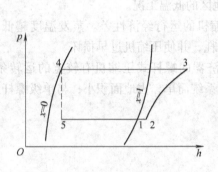

图 5-9　单级压缩循环压焓图

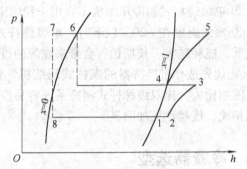

图 5-10　双级压缩循环压焓图

5.2.3 冷凝面积计算

$$A = \frac{\Phi_k}{K\Delta t_m} = \frac{\Phi_k}{q_1} \tag{5-13}$$

式中　A——冷凝器面积，单位为 m^2；

　　　Φ_k——冷凝器负荷，单位为 W；

　　　K——冷凝器的传热系数，单位为 W/（$m^2 \cdot \text{℃}$），见表 5-10；

　　　q_1——冷凝器单位面积热负荷，单位为 W/m^2，见表 5-10；

　　　Δt_m——对数平均温度差，单位为℃，可按下式来计算。

$$\Delta t_{\mathrm{m}} = \frac{t_{s2} - t_{s1}}{2.3\lg\dfrac{t_{\mathrm{k}} - t_{s1}}{t_{\mathrm{k}} - t_{s2}}} \qquad (5\text{-}14)$$

式中 t_{s1}、t_{s2}、t_{k} ——冷却水的进水温度、出水温度和冷凝温度，单位为℃。

表5-10 冷凝器的传热系数 *K* 和单位面积热负荷 q_1 的推荐值

制冷剂	形式		传热系数 K/ [W/ (m²·℃)]	单位面积热负荷 q₁/ (W/m²)	应用条件
氨	立式冷凝器		700～900	3500～4000	1) 冷却水温升为 2～3℃ 2) 传热温差为 4～6℃ 3) 单位面积冷却水量为 1～1.7m³/ (m²·h) 4) 传热管用光钢管
	卧式冷凝器		800～1100	4000～5000	1) 冷却水温升为 4～6℃ 2) 传热温差为 4～6℃ 3) 单位面积冷却水量为 0.5～0.9 m³/ (m²·h) 4) 传热管用光钢管 5) 水流速为 0.8～1.5m/s
	淋浇式冷凝器		600～750	3000～3500	1) 进口湿球温度为 24℃ 2) 补充水量为循环水量的 10%～12% 3) 单位面积冷却水量为 0.8～1.0 m³/ (m²·h) 4) 传热管用光钢管
	蒸发式冷凝器		600～800	1800～2500	1) 补充水量为循环水的 5%～10% 2) 传热温差为 2～3℃ 3) 单位面积冷却水量为 0.12～0.16 m³/ (m²·h) 4) 传热管用光钢管 5) 单位面积通风量为 300～340 m³/ (m²·h)
氟利昂	卧式冷凝器		800～1200 (R22、R134a、R404a) (以传热管外表面积计算)	5000～8000	1) 流速为 1.5～2.5m/s 2) 低肋铜管，肋化系数≥3.5 3) 冷却水温升为 4～6℃ 4) 传热温差为 7～9℃
	套管式冷凝器		800～1200 (R22、R134a、R404a) (以传热管外表面积计算)	7500～10000	1) 流速为 1～2m/s 2) 低肋铜管，肋化系数≥3.5 3) 传热温差为 8～11℃
	空气冷却式冷凝器	自然对流	6～10 (以传热管内表面积计算)	45～85	
		强制对流	30～40 (以翅片管外表面积计算)	250～300	1) 迎面风速为 2.5～3.5m/s 2) 传热温差为 8～12℃ 3) 铝平翅片套铜管 4) 冷凝温度与进风温差≥15℃
	蒸发式冷凝器 (R22)		500～700	1600～2200	1) 补充水量为循环水量的 5%～10% 2) 传热温差为 2～3℃ 3) 单位面积冷却水量为 0.12～0.16 m³/ (m²·h) 4) 传热管用光钢管 5) 单位面积通风量为 300～340 m³/ (m²·h)

冷凝器在选型计算时，考虑到投产后油垢和污垢的影响，单位面积热负荷要比表中数据取得低一些；同时，由于不同的厂家同一类换热器的性能有一定的差别，在选型时最好根据产品样本或说明书确定有关参数，再进行型号和台数的确定。

5.2.4 冷却水量计算

$$q_v = \frac{3.6\Phi_k}{1000c\Delta t} \text{ 或 } q_v = Aq_1 \tag{5-15}$$

式中　　q_v——冷却水用量，单位为 m^3/h；

$\quad\quad\Phi_k$——冷凝器负荷，单位为 W；

$\quad\quad c$——水的比热容 $[c = 4.187kJ/(kg \cdot ℃)]$；

$\quad\quad\Delta t$——冷却水进、出温差，单位为℃，见表 5-11；

$\quad\quad q_1$——冷凝器单位面积用水量，单位为 $m^3/(m^2 \cdot h)$，见表 5-11；

$\quad\quad A$——冷凝器面积，单位为 m^2。

表 5-11　冷凝器单位面积用水量和进出水温差

序　号	型　号	$q_1/[m^3/(m^2 \cdot h)]$	$\Delta t/℃$
1	立式冷凝器	1.0 ~ 1.7	2 ~ 3
2	卧式冷凝器	0.5 ~ 0.9	4 ~ 6
3	淋浇式冷凝器	0.8 ~ 1.0	—
4	蒸发式冷凝器	0.15 ~ 0.20	—

5.3　冷却设备选型

5.3.1　冷却设备选型的一般原则

冷却设备是在制冷系统中产生冷效应的低温低压换热设备，它利用制冷剂液体经节流阀节流后在较低温度下蒸发，吸收被冷却介质（如盐水、空气）的热量，使被冷却介质的温度降低。

冷却设备的选型应根据食品冷加工、冷藏或其他工艺要求确定，一般应按下列原则选型。

1）所选用冷却设备的使用条件和技术条件应符合现行的制冷装置用冷却设备标准的要求。

2）冷却间、冻结间和冷却物冷藏间的冷却设备应采用冷却风机。

3）冻结物冷藏间的冷却设备可选用顶排管、墙排管和冷风机。一般当食品有良好的包装时，宜选用冷风机；食品无良好包装时，可采用顶排管、墙排管。

4）根据不同食品的冻结工艺要求选用合适的冻结设备，如隧道冻结、平板冻结器、螺旋冻结装置、液态化冻结装置及搁架式排管冻结装置等。

5）包装间的冷却设备在室温高于 -5℃ 时宜选用冷风机，室温低于 -5℃ 时宜选用排管。

6）贮冰间采用光滑顶排管。

5.3.2　冷却设备选型计算

1. 冷却面积计算

冷却设备的选型计算是根据各冷间冷却设备负荷 Φ_s 分别选配冷却设备,不论选择哪种冷却设备(主要有冷却排管、冷风机、搁架排管),都需先计算出冷却面积 A,再根据冷却面积 A 来选型,其计算公式如下

$$A = \frac{\Phi_s}{K\Delta t} \tag{5-16}$$

式中　A——外表面传热面积,单位为 m^2;

　　　Φ_s——冷却设备负荷,单位为 W;

　　　K——传热系数,单位为 W/($m^2 \cdot ℃$);

　　　Δt——库房空气温度与蒸发温度之差,单位为℃,其值可参考表 5-12。

表 5-12　蒸发器计算温度差　　　　　　　　　　(单位:℃)

蒸发器类型＼冷间名称	冷却间	冻结间	冷却物冷藏间	冻结物冷藏间	贮冰间
光滑排管	—	10 ~ 12	—	8 ~ 10	10
翅片排管	—	—	—	10 ~ 12	—
光滑管冷风机	8 ~ 10	8 ~ 10	6 ~ 8	—	—
翅片管冷风机	10 ~ 12	8 ~ 10	8 ~ 10	8 ~ 10	10
搁架排管	12 ~ 15				

2. 冷却排管选型

冷却排管一般由设计单位提供图样,由施工单位现场加工或在工厂预制加工,其包括顶排管和墙排管两种形式。

冷却光滑排管传热系数的计算公式为

$$K = K'C_1C_2C_3 \tag{5-17}$$

式中　K——光滑管在设计条件下的传热系数,单位为 W/($m^2 \cdot ℃$);

　　　K'——光滑管在标准条件下的传热系数,单位为 W/($m^2 \cdot ℃$),见表5-13 ~ 表5-15(氟利昂光滑管 K' 按氨光滑管 K' 的85%计);

C_1、C_2、C_3——排管的构造换算系数(管子间距与管子外径之比)、管径换算系数和供液方式换算系数,见表5-16。

表 5-13　氨单排光滑蛇形墙排管的传热系数 K' 值　[单位:W/($m^2 \cdot ℃$)]

根数	温差/℃	冷间内的空气温度/℃									
		0	−4	−10	−12	−15	−18	−20	−23	−25	−30
4	6	8.84	8.02	7.68	7.44	7.21	6.89	6.86	6.63	6.51	6.28
	8	9.30	8.72	8.02	7.79	7.56	7.33	7.21	6.98	6.86	6.63
	10	9.65	8.96	8.26	8.02	7.79	7.56	7.44	7.21	7.09	6.86
	12	9.89	9.19	8.49	8.26	7.91	7.68	7.56	7.44	7.33	7.09
	15	10.12	9.42	8.61	8.49	8.14	7.91	7.79	7.68	7.56	7.33

（续）

根数	温差/℃	冷间内的空气温度/℃									
		0	-4	-10	-12	-15	-18	-20	-23	-25	-30
6	6	9.19	8.49	7.79	7.68	7.44	7.09	6.98	6.86	6.75	6.51
	8	9.54	8.96	8.14	8.02	7.68	7.44	7.33	7.21	7.09	6.86
	10	9.89	9.19	8.49	8.26	7.91	7.08	7.56	7.44	7.33	7.09
	12	10.12	9.42	8.61	8.49	8.14	7.91	7.79	7.56	7.44	7.21
	15	10.35	9.65	8.84	8.61	8.37	8.14	8.02	7.79	7.68	7.44
8	6	9.42	8.84	8.14	7.91	7.68	7.44	7.33	7.09	6.98	6.75
	8	9.89	9.30	8.49	8.26	8.02	7.79	7.56	7.44	7.33	7.09
	10	10.23	9.54	8.72	8.49	8.26	8.02	7.79	7.68	7.56	7.33
	12	10.47	9.77	8.96	8.72	8.37	8.14	8.02	7.79	7.68	7.44
	15	10.58	10.00	9.19	8.96	8.61	8.37	8.26	8.02	7.91	7.68
10	6	10.00	9.42	8.61	8.37	8.02	7.91	7.68	7.56	7.44	7.09
	8	10.47	9.77	8.96	8.72	8.37	8.14	8.02	7.79	7.68	7.44
	10	10.82	10.00	9.19	8.96	8.61	8.37	8.26	8.02	7.91	7.68
	12	10.93	10.23	9.42	9.19	8.84	8.61	8.49	8.26	8.14	7.91
	15	11.16	10.47	9.54	9.42	9.07	8.84	8.61	8.49	8.37	8.41
12	6	10.70	10.00	9.19	8.96	8.61	8.37	8.26	8.02	7.91	7.56
	8	11.16	10.35	9.54	9.30	8.96	8.72	8.49	8.26	8.14	7.91
	10	11.40	10.70	9.77	9.54	9.19	8.96	8.72	8.49	8.37	8.14
	12	11.63	10.82	9.89	9.65	9.42	9.07	8.96	8.72	8.61	8.37
	15	11.75	11.05	10.12	9.89	9.54	9.30	9.19	8.96	8.84	8.61
14	6	11.28	10.58	9.65	9.42	9.19	8.84	8.72	8.49	8.37	8.14
	8	11.75	10.93	10.00	9.77	9.42	9.19	8.96	8.84	8.61	8.37
	10	12.10	11.28	10.35	10.00	9.65	9.42	9.19	9.07	8.84	8.61
	12	12.21	11.40	10.47	10.23	9.89	9.54	9.42	9.19	9.07	8.84
	15	12.44	11.63	10.70	10.47	10.12	9.47	9.65	9.42	9.30	9.07
16	6	12.10	11.28	10.35	10.12	9.77	9.42	9.30	9.07	8.96	8.61
	8	12.56	1175	10.70	10.47	10.12	9.77	9.54	9.30	9.19	8.96
	10	12.79	11.98	10.93	10.70	10.35	10.00	9.77	9.54	9.42	9.19
	12	13.03	12.10	11.16	10.82	10.47	10.12	10.00	9.77	9.65	9.30
	15	13.14	12.33	11.28	11.05	10.70	10.35	10.23	10.00	9.89	9.54
18	6	12.91	12.10	11.05	10.70	10.47	10.12	9.89	9.65	9.54	9.30
	8	13.37	12.44	11.40	11.16	10.82	10.47	10.23	10.00	9.89	9.54
	10	13.72	12.79	11.63	11.40	11.05	10.70	10.47	10.23	10.12	9.77
	12	13.84	12.91	11.86	11.51	11.16	10.82	10.70	10.35	10.23	10.00
	15	14.07	13.03	11.98	11.75	11.04	11.05	10.82	10.58	10.47	10.23

（续）

根数	温差/℃	冷间内的空气温度/℃									
		0	−4	−10	−12	−15	−18	−20	−23	−25	−30
20	6	13.84	12.91	11.75	11.51	11.16	10.70	10.58	10.35	10.23	9.77
	8	14.30	13.26	12.21	11.86	11.40	11.16	10.93	10.70	10.47	10.12
	10	14.54	13.61	12.44	12.10	11.63	11.28	11.16	10.82	10.70	10.35
	12	14.77	13.72	12.56	12.21	11.86	11.51	11.28	11.05	10.93	10.58
	15	14.89	13.84	12.79	12.44	12.10	11.75	11.51	11.28	11.16	10.82

注：表列数值为外径 38mm、管间距与管外径之比为 4、冷间相对湿度为 90%、霜层厚度为 6mm 时的传热系数。

表 5-14　氨单层光滑蛇形顶排管的 K' 值　[单位：W/（m²·℃）]

冷间温度/℃	计算温度差/℃				
	6	8	10	12	15
0	8.60	9.07	9.42	9.65	9.88
−4	8.14	8.49	8.72	8.96	8.19
−10	7.44	7.79	8.02	8.26	8.49
−12	7.21	8.56	7.79	8.02	8.26
−15	6.98	7.33	7.56	7.79	8.02
−18	6.75	7.09	7.33	7.56	7.79
−20	6.63	6.98	7.21	7.44	7.68
−23	6.51	6.74	6.98	7.21	7.44
−25	6.40	6.63	6.86	7.09	7.32
−30	6.16	6.51	6.74	6.86	7.09

注：表列数值为外径 38mm、管间距与管外径之比为 4、冷间相对湿度为 90%、霜层厚度为 6mm 时的传热系数。

表 5-15　氨光滑 U 形顶排管和氨双层光滑蛇形排管的 K' 值

[单位：W/（m²·℃）]

冷间温度/℃	计算温度差/℃				
	6	8	10	12	15
0	8.14	8.61	8.96	9.19	9.42
−4	7.79	8.02	8.26	8.49	8.72
−10	7.09	7.44	7.68	7.91	8.02
−12	6.86	7.21	7.44	7.68	7.91
−15	6.63	6.98	7.21	7.44	7.68
−18	6.40	6.75	6.98	7.21	7.44
−20	6.28	6.63	6.86	7.09	7.33
−23	6.16	6.40	6.98	6.86	7.09
−25	6.05	6.28	6.51	6.75	6.89
−30	5.82	6.16	6.40	6.51	6.75

注：表列数值为外径 38mm、管间距与管外径之比为 4、冷间相对湿度为 90%、霜层厚度为 6mm 时的传热系数。

表 5-16 各种排管换算系数表

排管形式 \ 换算系数	C_1		C_2	C_3	
	$S/D_W = 4$	$S/D_W = 2$		非氨泵供液	氨泵供液
单排光滑蛇形墙排管	1.0	0.9873	$\left(\dfrac{0.038}{d_W}\right)^{0.16}$	1.0	1.1
单层光滑蛇形顶排管	1.0	0.9750	$\left(\dfrac{0.038}{d_W}\right)^{0.18}$	1.0	1.1
双层光滑蛇形顶排管	1.0	1.0	$\left(\dfrac{0.038}{d_W}\right)^{0.18}$	1.0	1.1
光滑 U 形顶排管	1.0	1.0	$\left(\dfrac{0.038}{d_W}\right)^{0.18}$	1.0	1.0

3. 冷风机选型

冷风机是强制空气循环的冷却设备, 按其安装位置可分为落地式与吊顶式两大类, 吊顶式风机装在库房平顶之下, 不占用冷间面积, 常用于冻结间与冷却间。影响冷风机传热系数的因素有很多, 如风速、温差、蒸发温度、霜层厚度及相对湿度等, 其传热系数 K 值根据实测由有关标准给出。表 5-17、表 5-18 为我国标准规定冷风机的考核工况。

(1) 氨冷风机传热系数 对落地式、吊顶式翅片管冷风机, 在表 5-17 的考核工况下, $K \geq 12W/(m^2 \cdot ℃)$ (JB/T 7658.6—2006)。在按质量分等中规定: 合格品, $K \geq 12W/(m^2 \cdot ℃)$; 一等品, $K \geq 14W/(m^2 \cdot ℃)$。翅片管冷风机的传热系数见表 5-19。

(2) 氟吊顶式冷风机 对于热力膨胀阀供液的氟吊顶式冷风机, 在表 5-18 的考核工况下的 K 值, 见表 5-20 (JB/T 7659.3—2011 纯铜管、铝翅片)。

表 5-17 翅片式蒸发器的考核工况

冷凝温度/℃	进风温度/℃	进、出风温差/℃	迎面风速/(m/s)	出口过冷度/℃
50	35	10	2 ~ 3	≥23

表 5-18 冷风机的考核工况

制冷剂	冷藏间	冻藏间	冻结间	库温与蒸发温度差/℃	迎面风速/(m/s)	进出风温差/℃	相对湿度(%)	霜层厚度/mm	标准
	蒸发温度/℃								
氨	-10	-28	-33	10	3	—	—	1	JB/T 7658.6—2006
氟利昂	库温/℃			10	2.5	2 ~ 4	85 ~ 95	1	JB/T 7659.3—2011
	0	-18	-23						

表 5-19 翅片管冷风机的传热系数 K 值 [单位: W/(m² · ℃)]

蒸发温度/℃	最小流通截面上空气流速/(m/s)	K 值
-40	3 ~ 5	11.6
-20	3 ~ 5	12.8
-15	3 ~ 5	14.0
≥0	3 ~ 5	17.0

表 5-20　氟吊顶式冷风机在考核工况下的传热系数 *K* 值（JB/T 7659.3—2011）

[单位：W/（m² · ℃）]

制 冷 剂	冷 藏 间	冻 藏 间	冻 结 间
R12（R134a）	≥22	≥20	≥16
R22、R502	≥25	≥22	≥18

4. 搁架排管选型

氨搁架排管传热系数的确定方法是根据空气流动情况由表 5-21 中查取。

表 5-21　氨搁架排管的传热系数 *K* 值　　[单位：W/（m² · ℃）]

空气流动状态	自 然 对 流	风速为 1.5m/s	风速为 2.0m/s
传热系数	17.5	21	23.3

5.4　辅助设备选型

为了保证制冷系统的正常工作，改善制冷压缩机的运行指标及运行条件，以及便于操作、维护管理和检修等技术经济要求，在制冷装置中除完成制冷循环所必需的制冷压缩机、冷凝器、蒸发器和节流装置等主要制冷设备的选型外，还要完成辅助设备的选型。辅助设备的种类繁多，按其工作性质可分为：

（1）**热交换设备**　包括中间冷却器、过冷却器、氟利昂制冷装置中的回热器等。

（2）**贮存设备**　包括高压贮液器、低压循环贮液桶、排液桶等。

（3）**分离以及收集设备**　包括油分离器、集油器、空气分离器、气液分离器、干燥器及过滤器等。

（4）**制冷剂液体输送设备**　包括液泵等。

5.4.1　中间冷却器选型

中间冷却器用于双级压缩制冷系统，它的作用是使低压级排出的过热蒸气被冷却到与中间压力相对应的饱和温度，使冷凝后的饱和液体被冷却到设计规定的过冷温度，分离低压级压缩机排气所夹带的润滑油。为了达到上述目的，需要向中间冷却器供液，使之在中间压力下蒸发，吸收低压级排出的过热蒸气与高压饱和液体所需要移去的热量。

中间冷却器的供液方式有两种：一是从容器侧部壁面进液；二是从中间冷却器的进气管以喷雾状与低压排气混合后一起进入容器。目前常用的是后一种供液方式。

1. 常用的技术数据

中间冷却器内蛇形盘管出口处制冷剂液体温度较中间冷却器内温度高 3～5℃；中间冷却器内横截面上蒸气流速一般不大于 0.5m/s；蛇形盘管内制冷剂流速一般取 0.4～0.7m/s。

当制冷剂为氨时，考虑蛇形盘管的外侧面油膜的影响，传热系数 $K = 582 \sim 698$ W/（m² · ℃）；当制冷剂为氟利昂时，传热系数 $K = 349 \sim 4015$ W/（m² · ℃）。计算时应按产品规定取值。

中间冷却器的选型计算是根据其横截面上允许的蒸气流速（$\omega = 0.5$m/s）确定其所需的桶径 d，必要时也核算蛇形盘管换热器的传热面积。

2. 中间冷却器桶径 d 的计算

$$d = \sqrt{\frac{4\lambda_g V_{pg}}{3600\pi\omega}} = 0.0188\sqrt{\frac{\lambda_g V_{pg}}{\omega}} \tag{5-18}$$

式中　d——中间冷却器内径，单位为 m；

　　　λ_g——高压级压缩机输气系数；

　　　V_{pg}——高压级压缩机理论输气量，单位为 m^3/h；

　　　ω——中间冷却器内的气体流速，单位为 m/s，一般取 0.5m/s。

3. 蛇形盘管传热面积 A 的计算

$$A = \frac{\Phi_{zj}}{K\Delta t} \tag{5-19}$$

式中　A——蛇形盘管所需的传热面积，单位为 m^2；

　　　Φ_{zj}——蛇形盘管的热负荷，单位为 W；

　　　Δt——蛇形盘管的对数平均温度差，单位为℃；

　　　K——蛇形盘管的传热系数，单位为 W/（$m^2 \cdot$ ℃）。

蛇形盘管的热负荷　$\Phi_{zj} = q_{md}(h_6 - h_7)/3.6$

式中　q_{md}——低压级压缩机制冷剂循环量，单位为 kg/h；

　　　h_6、h_7——冷凝温度、过冷温度所对应的制冷剂的比焓，单位为 kJ/kg，如图 5-10
　　　　　　所示。

蛇形盘管的对数平均温度差　$\Delta t = \dfrac{t_k - t_g}{2.3\lg\dfrac{t_k - t_{zj}}{t_g - t_{zj}}}$

式中　t_k、t_g、t_{zj}——冷凝温度、过冷温度、中间温度，单位为℃。

4. 中间冷却器选型

根据计算求得的 d、A，从产品样本中选取同时满足 d、A 的中间冷却器的型号、台数。

5.4.2　油分离器选型

润滑油在制冷机内起润滑、冷却和密封作用。制冷系统在运行过程中，润滑油往往会随压缩机排气进入冷凝器甚至蒸发器，在传热壁面上凝成一层油膜，使冷凝器或蒸发器的传热效果变差。所以要在压缩机和冷凝器之间设置油分离器，把压缩机排出的过热蒸气中夹带的润滑油在进入冷凝器之前分离出来。常用的油分离器有洗涤式、离心式、填料式及过滤式等。

油分离器的选型计算主要是确定油分离器的直径，以保证制冷剂在油分离器内的流速符合分油的要求，从而达到良好的分油效果，其计算公式为

$$d = \sqrt{\frac{4\lambda V_p}{3600\pi\omega}} = 0.0188\sqrt{\frac{\lambda V_p}{\omega}} \tag{5-20}$$

式中　d——油分离器的直径，单位为 m；

　　　λ——压缩机输气系数（双级压缩时，取高压级的输气系数）；

　　　V_p——压缩机理论输气量（双级压缩时，取高压级的输气量），单位为 m^3/h；

　　　ω——油分离器内的气体流速，单位为 m/s；填料式油分离器宜取 0.3～0.5m/s，其
　　　　　　他形式的油分离器宜采用不大于 0.8m/s。

5.4.3 高压贮液器选型

高压贮液器一般位于冷凝器之后，它的作用是：①储存冷凝器流出的制冷剂液体，使冷凝器的传热面积充分发挥作用；②保证供应和调节制冷系统中有关设备需要的制冷剂液体循环量；③起到液封作用，即防止高压制冷剂蒸气窜至低压系统管路中去。

高压贮液器的选型计算主要是根据系统制冷剂的总循环量确定其体积，其计算式为

$$V = \frac{\varphi}{\beta} v \sum q_m \qquad (5-21)$$

式中 V——贮液器体积，单位为 m^3；

$\sum q_m$——制冷装置中每小时制冷剂液体的总循环量，单位为 kg；

v——冷凝温度下液体的比体积，单位为 m^3/kg；

φ——贮液器的体积系数，根据表 5-22 取值；

β——贮液器的液体充满度，宜取 70% 。

表 5-22　贮液器体积系数 φ 表

序　号	冷库公称体积/m^3	φ
1	≤2000	1.20
2	2001 ~ 10 000	1.00
3	10 001 ~ 20 000	0.80
4	>20 000	0.5

当冷库有部分蒸发器因生产淡季或检修而常需抽空时，体积系数可酌情增大一些。对于一些简易小冷库，当系统发生故障时会造成全部停产，因此，选择贮液器应考虑能否将系统全部制冷剂回收。船舶制冷装置，为了保证安全，往往设计成能将全部制冷剂抽回到贮液器贮存。因此，贮液器的总体积应在不大于 80% 充注量的情况下可容纳整个制冷系统的充注量。

贮液器的台数应根据体积的大小、外形尺寸及布置等因素确定，小系统可选 1 台贮液器，大系统可选多台贮液器并联使用，并联时应选用相同型号的贮液器。

5.4.4 低压贮液器选型

低压贮液器是用来收集压缩机总回气管路上氨液分离器所分离出来的低压氨液的容器。在不同蒸发温度的制冷系统中，应按各蒸发压力分别设置低压贮液器。低压贮液器一般设在压缩机总回气管路上的氨液分离器下部，进液管和均压管分别与氨液分离器的出液管和均压管相连通，以保持两者压力平衡，并利用重力使分离器中分离出的氨液自动流入低压贮液器。当需要从低压贮液器排出氨液时，则从加压管送进高压氨气，使容器内压力升高到一定值，将氨液排到其他低压设备中。

在大中型冷藏库的制冷系统中常采用低压贮液器，各蒸发系统中一般配用 0.4 m^3 的低压贮液器，容器允许容纳氨液为其本身容积的 80% 。

5.4.5 氨液分离器选型

氨液分离器是将制冷剂蒸气与液体制冷剂进行分离的气液分离设备，用于重力供液系统。它可分为机房用气液分离器和库房用气液分离器。

氨液分离器一般具有两方面的作用：一是用来分离由蒸发器来的低压蒸气中的液滴，以

保证压缩机吸入的是干饱和蒸气，实现运行安全，即机房用气液分离器；二是使经节流阀供来的气液混合物分离，只让氨液进入蒸发器中，兼有分配液体的作用，即库房用气液分离器。氨液分离器以桶径选型，其计算如下。

1. 机房的氨液分离器

$$d = \sqrt{\frac{4\lambda V_p}{3600\pi\omega}} = 0.0188\sqrt{\frac{\lambda V_p}{\omega}} \qquad (5\text{-}22)$$

式中　d ——机房氨液分离器的直径，单位为 m；

　　　λ ——压缩机输气系数（双级压缩时，取低压级的输气系数）；

　　　V_p ——压缩机理论输气量（双级压缩时，取低压级的输气量），单位为 $\mathrm{m^3/h}$；

　　　ω ——氨液分离器内的气体流速，一般采用 0.5m/s。

2. 库房的氨液分离器

$$d = \sqrt{\frac{4q_m v}{3600\pi\omega}} = 0.0188\sqrt{\frac{q_m v}{\omega}} \qquad (5\text{-}23)$$

式中　d ——库房氨液分离器的直径，单位为 m；

　　　v ——蒸发温度相对应的饱和蒸气比体积，单位为 $\mathrm{m^3/kg}$；

　　　q_m ——通过氨液分离器的氨液量，单位为 kg/h；

　　　ω ——氨液分离器内的气体流速，一般采用 0.5m/s。

对工况波动较大的蒸发系统，按设计工况选出的氨液分离器一般不能满足系统在高蒸发温度下工作时的要求，容易发生湿冲程。因此，在此类系统选型时，建议按计算结果加大一档选择氨液分离器。

对于不设机房氨液分离器的系统，在库房氨液分离器选型时，建议按机房氨液分离进行选型计算。

5.4.6 低压循环贮液桶选型

低压循环贮液桶是液泵供液系统的关键设备，其作用是保证充分供应液泵所需的低压制冷剂液体，同时又能对回气进行气液分离，以保证压缩机的干行程。低压循环贮液桶有立式、卧式之分，一般陆上冷库采用立式，在冷藏船等制冷装置上，由于受到高度的限制，一般采用卧式。

低压循环桶的计算包括确定其所需的桶径和体积。

1. 桶径的计算

为了保证良好的气液分离效果，桶径应使桶内气体流速较小，一般不大于 0.5m/s，并保证最高液位与出气口之间的距离不小于 600mm，进、出气管口之间的距离也不小于 600mm，其计算式为

$$d_d = \sqrt{\frac{4\lambda V_p}{3600\pi\omega\xi n}} = 0.0188\sqrt{\frac{\lambda V_p}{\omega\xi n}} \qquad (5\text{-}24)$$

式中　d_d ——低压循环贮液桶的直径，单位为 m；

　　　V_p ——压缩机理论输气量（双级压缩时，取低压级压缩机理论输气量），单位为 $\mathrm{m^3/h}$；

　　　λ ——压缩机输气系数（双级压缩时，取低压级压缩机输气系数）；

ω——低压循环贮液桶内的气体流速，立式低压循环贮液桶不大于 0.5 m/s，卧式低压循环贮液桶不大于 0.8 m/s；

ξ——截面积系数；立式低压循环贮液桶取 1.0，卧式低压循环贮液桶取 0.3；

n——低压循环贮液桶气体进气口的个数；立式低压循环贮液桶取 1，卧式低压循环贮液桶取 2。

2. 体积的计算

应根据氨泵供液方式的不同，分别进行计算

（1）上进下出式供液系统

$$V = \frac{1}{0.5}(\theta_q V_q + 0.6 V_h) \qquad (5\text{-}25)$$

式中　V——低压循环贮液桶的体积，单位为 m^3；

θ_q——冷却设备设计注氨量体积的百分比（%），见表 5-23；

V_q——冷却设备的体积，单位为 m^3；

V_h——回气管的体积，单位为 m^3。

表 5-23　制冷设备的设计注氨量

设备名称	注氨量体积百分比（%）	设备名称	注氨量体积百分比（%）
冷凝器	15	下进上出式排管	50～60
洗涤式油分离器	20	下进上出式冷风机	60～70
贮氨器	70	重力供液	
中间冷却器	30	排管	50～60
低压循环贮液桶	30	搁架式排管	50
氨液分离器	20	平板式蒸发器	50
氨泵强制供液		壳管式蒸发器	80
上进下出式排管	25	冷风机	70
上进下出式冷风机	40～50		

注：1. 注氨的氨液密度按 650kg/m³ 计算。

2. 洗涤式油分离器、中间冷却器、低压循环贮液桶的注氨量，如有产品规定时，按产品规定取值。

（2）下进上出式供液系统

$$V = \frac{1}{0.7}(0.2 V'_q + 0.6 V_h + t_b q_v) \qquad (5\text{-}26)$$

式中　V——低压循环贮液桶体积，单位为 m^3；

V'_q——各冷间中冷却设备注氨量最大一间蒸发器的总体积，单位为 m^3；

V_h——回气管体积，单位为 m^3。

t_b——氨泵由起动到液体自系统返回低压循环贮液桶的时间，单位为 h，一般可采用 0.15～0.2h；

q_v——1 台氨泵的流量，单位为 m^3/h；

若用低压循环贮液桶兼作排液桶使用，还应考虑容纳排液所需的体积。

5.4.7 氨泵选型

氨泵用于大、中型及多层冷库的氨泵供液系统，其作用是将低压循环贮液桶内低温低压的氨液送往各冷间的蒸发器。用液泵供液的氟利昂制冷系统，目前国内仅在个别的大型制冷系统的冷库中用到，因此在此只介绍氨泵的选型计算。

氨泵的选型计算主要包括确定氨泵的流量、扬程和吸入压头。

1. 流量的计算

氨泵的流量由下式计算：

$$q_v = n_x q_z v_z \tag{5-27}$$

式中　q_v——氨泵的体积流量，单位为 m^3/h；

　　　n_x——再循环倍数，n_x = 氨泵的流量/该系统中冷却设备的蒸发量；对负荷稳定、蒸发器组数较少、不易积油的蒸发器，下进上出供液方式可采用 3 ~ 4 倍；对负荷有波动、蒸发器组数较多、容易积油的蒸发器，下进上出供液方式可采用 5 ~ 6 倍，上进下出供液方式可采用 7 ~ 8 倍；

　　　q_z——氨泵所供同一蒸发温度的氨液蒸发量，单位为 kg/h；

　　　v_z——蒸发温度下饱和氨液的比体积，单位为 m^3/kg。

2. 扬程（排出压力）的确定

氨泵的排出压力除了克服制冷系统中所有阻力外，还应保留不小于 0.5m 制冷剂液柱的裕度。如果在一个系统内连接不同压力的蒸发器时，则该氨泵压力应按蒸发压力较高的蒸发器计算。它必须克服下列压力损失：

1）氨泵至蒸发器调节阀之间的输液管上的摩擦阻力及局部阻力。

2）氨泵中心至蒸发器调节阀前的静液柱高度。

3）蒸发器调节阀前应维持 10m 的自由压头，以调节各蒸发器的流量。

总压力损失的计算公式为

$$\Delta P = \Delta P_{沿} + \Delta P_{局} + \Delta P_{液柱} \tag{5-28}$$

式中　ΔP——总压力损失，单位为 kPa；

　　　$\Delta P_{沿}$——管道沿程阻力损失，单位为 kPa；

　　　$\Delta P_{局}$——阀门、管件等造成的局部阻力损失，单位为 kPa；

　　　$\Delta P_{液柱}$——输送液体高度产生的压力损失，单位为 kPa。

　　　其中　　　　　$\Delta P_{液柱} = H\rho g \tag{5-29}$

$$\Delta P_{沿} + \Delta P_{局} = \lambda \frac{l}{d} \frac{\omega^2}{2} g \tag{5-30}$$

式中　H——氨泵中心至最高蒸发器进液口的高度，单位为 m；

　　　ρ——氨液的密度，一般取 $680 kg/m^3$；

　　　g——重力加速度，单位为 m/s^2；

　　　λ——摩擦阻力系数，见表 5-24；

　　　ω——氨液在管道内的流速，单位为 m/s；

　　　l——管子总长度，单位为 m。

$$l = l_{当} + l_{直} = nAd + l_{直}$$

式中　$l_{直}$——管道中直线段的长度，单位为 m；

$l_当$——管件的当量长度，单位为 m，$l_当 = nAd$；

n——管件数量；

A——折算系数，见表 5-25；

d——管子内径，单位为 m。

表 5-24 流体摩擦阻力系数

序　号	流体种类	摩擦阻力系数 λ
1	饱和蒸气与过热蒸气	0.025
2	湿蒸气	0.033
3	氨液	0.035
4	水和盐水	0.04

表 5-25 管件折算系数

管　件	A	管　件	A
45°弯头	15	角阀全开	170
90°弯头	32	扩径 $d/D = 1/4$	30
180°弯头	75	扩径 $d/D = 1/2$	20
180°小型弯头	50	扩径 $d/D = 1/3$	17
三通├	60	缩径 $d/D = 1/4$	15
三通┬	90	缩径 $d/D = 1/2$	12
球阀全开	300	缩径 $d/D = 3/4$	7

有资料介绍，国产氨泵的扬程较高，一般氨泵的扬程对于五层以下的冷库都可以满足要求。因而，对于五层以下的冷库，选泵时只计算流量即可。而对于高于五层的冷库，选泵时一定要通过总的压力损失来计算所需扬程，选取合适的氨泵。

3. 吸入压力的确定

任何形式的泵都没有吸入压力，所以泵吸入口处必须保持有足够的液柱静压。当低压循环贮液桶内的液体以位差产生的静压克服阻力流入氨泵时，如果作用于泵吸入口处的压力低于氨液实际温度对应的饱和压力，氨液将沸腾产生气泡，破坏氨泵的正常工作，甚至损坏氨泵，这种现象称为气蚀。为了避免发生气蚀，氨泵的入口处必须保持一定的液柱静压即净正吸入压头，以补偿氨液在泵入口处因加速和涡流面引起的压力损失，保证氨泵正常的工作。净正吸入压头是氨泵性能参数中一个重要的数据，一般由氨泵制造厂给出。

氨泵入口处的净正吸入压头，通常靠氨泵吸入端的液柱高度，即低压循环贮液桶内正常液面与泵中心线之间保持一定的高度差 H 来保证。高度差产生的液柱静压克服氨泵吸入管段沿程的阻力损失和局部阻力损失后，还应大于氨泵所要求的净正吸入压头，即

$$9.8H\rho - \Delta P > 净正吸入压头$$

或　　　　　　$$9.8H\rho - \Delta P = 1.3 净正吸入压头 \tag{5-31}$$

式中　H——低压循环贮液桶正常液位至氨泵中心的高度，单位为 m；

ρ——蒸发压力下饱和氨液的密度，一般取 $680\text{kg}/\text{m}^3$；

ΔP——氨泵吸入管段的全部阻力损失，单位为 Pa（参照式 5-28）；

1.3——安全系数。

为了简化计算，氨泵吸入口的液柱高度 H 可以根据具体条件直接从表5-26中所列的经验数据中选取。

表5-26　氨泵吸入口的液柱高度 H

氨 泵 形 式	液柱高度 H/m
齿轮泵	1 ~ 1.5
离心泵蒸发温度 $t_z = -15℃$	1.5 ~ 2.5
离心泵蒸发温度 $t_z = -28℃$	2.0 ~ 2.5
离心泵蒸发温度 $t_z = -33℃$	2.5 ~ 3.0

注：上述数据使用的条件：氨泵吸入管段内氨液的流速为 0.4 ~ 0.5m/s；尽量减少阀门、弯头等的局部阻力损失。

5.4.8　排液桶选型

排液桶的作用是储存热氨融霜时由被融霜的蒸发器（如冷风机或冷却排管）内排出的氨液，并分离氨液中的润滑油，一般布置于设备间靠近冷库的一侧。排液桶以体积选型，应能容纳各冷间中排液量最多的一间的蒸发器排液量。其体积按下式计算：

$$V = V_1 \frac{\theta_q}{\beta} \tag{5-32}$$

式中　V——排液桶的体积，单位为 m^3；

　　　V_1——冷却设备制冷剂容量最大一间的冷却设备的总体积，单位为 m^3；

　　　θ_q——冷却设备注氨量的百分比，见表5-23；

　　　β——排液桶液体充满度，一般取 0.7。

5.4.9　空气分离器选型

空气分离器是排除制冷系统中空气及其他不凝性气体的一种专门设备。系统中如果有空气和其他不凝性气体存在，会使冷凝器的传热效果变差，压缩机的排气压力、温度升高，压缩机耗功增加，因此必须将它们及时分离出去。

对于中型及大型制冷装置，通常都是利用空气分离器来排放空气及其他不凝性气体，同时，将排出气体中的制冷剂蒸气冷凝下来并将其回收。

空气分离器共有两种形式：四重管式和直立盘管式。空气分离器可根据冷库的规模和使用要求选型，不需进行计算。一般情况下，压缩机总的标准制冷量在 1200kW 以下时，可选用冷却面积为 $0.45m^2$ 的空气分离器1台；压缩机总的标准制冷量在 1200kW 以上时，采用冷却面积为 $1.82\ m^2$ 的空气分离器1台。我国生产的几种空气分离器规格见表5-27。

表5-27　空气分离器规格

形　式	型　号	冷却面积/ m^2
四重套管式	KF - 32	0.45
四重套管式	KF - 50	1.82
立式	LKF - 20	0.80

5.4.10　集油器选型

集油器只用于氨制冷系统中。其作用是收集从油分离器、冷凝器、贮液器、中间冷却器、蒸发器和排液桶等设备放出的润滑油，并按一定的放油操作规程将制冷系统的积油在低压状态下排放出系统（这样既安全，又减少了氨的损耗）。

集油器的容量根据冷库规模进行选择。当压缩机的总标准制冷量在230kW以下时，可采用桶身直径为159mm的集油器1台；当压缩机的总标准制冷量在230～1200kW时，采用桶身直径为325mm的集油器1～2台；当压缩机的总标准制冷量在1200kW以上时，采用桶身直径为325mm的集油器2台。但由于桶身直径为159mm的集油器容量太小，放油操作不便，现已很少使用。

实践证明，选择规格大些的集油器比较好，可使油与制冷剂更易于分离；集油器规格过小容易将油抽至低压设备中，且放油操作的处理量较大。对于设备比较多的制冷系统，可对高、低压系统分别设置集油器。

5.4.11　紧急泄氨器选型

紧急泄氨器设置在氨制冷系统的高压贮液器、蒸发器等储氨量较大的设备附近，其作用是当制冷设备或制冷机房发生重大事故或情况紧急时，将制冷系统中的氨液与水混合后迅速排入下水道，以保护人员和设备的安全。

5.4.12　冷却塔选型

冷却塔的热力计算包括两个方面，一方面是已知水负荷及热负荷，在特定的气象条件下，根据冷却要求确定冷却塔所需要的面积；另一方面是已知冷却塔的各项条件，在特定的水负荷、热负荷和气象条件下计算冷却后的水温。在工程设计中选用成套供应的冷却塔时，是按冷却塔的填料高度、体积、风量及已知条件复核冷却后，看水温能否满足要求。

冷却塔的选型计算有很多方法。在实际应用中，有些方法虽然精确度高，但计算较繁琐，一般不予采用。机械通风冷却塔计算普遍采用平均焓差法或图解法。在冷库设备选型中，直接选用机械通风冷却塔时，可根据产品样本中的计算图表计算。具体方法可参照产品样本的图表使用说明。

5.5　节流阀选型

制冷系统的节流阀位于冷凝器（或贮液器）和蒸发器之间，从冷凝器来的高压制冷剂液体经节流阀后进入蒸发器中。它除了起节流降压作用外，还具有自动调节制冷剂流量的作用。

5.5.1　手动节流阀选型

手动节流阀是应用最早的一种节流机构，其优点是结构简单、价格便宜、故障少，缺点是在制冷装置运行过程中需经常调节其开度，以适应负荷的变化，因而工况较难保持稳定。目前，手动节流阀除在氨制冷系统中还在使用外，大部分已作为旁通阀门，供备用或维修自动控制阀时使用，也可用在油分离器至压缩机曲轴箱的回油管路上。

对于应用在直接膨胀供液系统的节流阀，可以根据每一通路供液管径确定节流阀规格；对于安装在中间冷却、油分离器、氨液分离器、低压循环贮液桶等设备上的节流阀，应根据各设备上进液管接头的公称直径确定节流阀的规格。

手动节流阀的常用公称直径有 $DN3mm$、$DN6mm$、$DN10mm$、$DN15mm$、$DN20mm$、$DN25mm$、$DN32mm$、$DN40mm$、$DN50mm$ 等规格，一般公称直径小于或等于 32mm 的手动

节流阀为螺纹联接，大于32mm的为法兰联接。

5.5.2 浮球阀选型

浮球阀用于具有自由液面的蒸发器、中间冷却器和气液分离器等设备供液量的自动调节。按液体在其中的流通方式不同，浮球阀可分为直通式和非直通式。直通式浮球阀的特点是液体经阀孔节流后进入浮球室，再通过连接管路进入相应的容器，其结构和安装比较简单，但浮球室液面波动较大；非直通式浮球阀的特点是液体经节流后不进入阀体，而是通过单独的管路送入相应的设备，因此，其结构和安装均较复杂，但浮球室液面稳定。

浮球阀用液体连接管和气体连接管分别与相应设备的液体及气体部分连通，因而浮球阀与相应的设备具有相同液位。当设备内液面下降时，浮球下落，阀孔开度增大，供液量增加；反之，当设备内液面上升时，浮球上升，阀孔开度减小，供液量减少。

浮球阀一般根据制冷系统制冷量的大小来选用。表5-28列出了某国产浮球阀的型号与主要技术性能参数，供选型参考。

表5-28　某国产浮球阀的型号与主要技术性能参数

产品型号	通道面积/mm²	制冷量/kW	进液	接管通径/mm	
				出液	气液平衡
FQ₁-10	10	40 ~ 80	32	32	32
FQ₁-20	20	80 ~ 160	32	32	32
FQ₁-50	50	160 ~ 320	32	32	32
FQ₁-100	100	320 ~ 640	32	32	32
FQ₁-200	200	640 以上	50	50	32

5.5.3 热力膨胀阀选型

热力膨胀阀普遍用于氟利昂制冷系统中。它能根据蒸发器出口处制冷剂蒸发过热度的大小自动调节阀门的开度，达到调节制冷剂供液量的目的，使制冷剂的流量与蒸发器的负荷相匹配。

热力膨胀阀适用于没有自由液面的蒸发器。它有内平衡式和外平衡式之分，内平衡式的膜片下方控制着蒸发器的进口压力；外平衡式的膜片下方控制着蒸发器的出口压力。外平衡式热力膨胀阀用于蒸发器管路较长、管内流动阻力较大及带有分液器的场合。

热力膨胀阀选配主要根据制冷量大小、制冷剂种类、节流前后的压差、蒸发器管内制冷剂的流动阻力等因素进行。其选型步骤如下。

1）根据蒸发器中压力降的大小及有无分液器来确定热力膨胀阀的形式。当带有分液器或压降超过表5-29所规定的数值时，建议采用外平衡式热力膨胀阀。

表5-29　无分液器的热力膨胀阀形式

蒸发温度/℃	R22（ΔP/MPa）	R502（ΔP/MPa）
10	0.025	0.030
0	0.020	0.025
−10	0.015	0.020
−20	0.010	0.015
−30	0.007	0.010
−40	0.005	0.007

2）确定膨胀阀两端的压差。膨胀阀两端的压差可按下式计算：

$$\Delta P = P_k - \Delta P_1 - \Delta P_2 - \Delta P_3 - \Delta P_4 - P_0 \qquad (5\text{-}33)$$

式中 ΔP——膨胀阀两端的压差，单位为 kPa；

P_k——冷凝压力，单位为 kPa；

ΔP_1——液管阻力损失，单位为 kPa；

ΔP_2——安装在液管上的弯头、阀门、干燥过滤器等总的阻力损失，单位为 kPa。

ΔP_3——液管出口与进口间高度差引起的压力损失，单位为 kPa；

ΔP_4——分液头及分液毛细管的阻力损失，单位为 kPa。

P_0——蒸发压力，单位为 kPa。

3）选择膨胀阀的型号和规格。选配时，应使阀的容量与蒸发器的制冷量相匹配。如果过冷度偏离4℃，需先对蒸发器的制冷量进行修正，用所需制冷量除以修正系数，见表5-30；再用修正后的制冷量来选择膨胀阀的形式和规格型号（应考虑20%～30%的余量），见表5-31。

表5-30 不同过冷度修正系数

过冷度	4℃	10℃	15℃	20℃	25℃	30℃
修正系数	1.00	1.07	1.13	1.19	1.25	1.32

表5-31 Danfoss 热力膨胀阀 TDEX 系列制冷量表

型号和名义制冷量（kW）	流口号	膨胀阀两端压降 ×10⁵Pa						膨胀阀两端压降 ×10⁵Pa					
		4	6	8	10	12	14	4	6	8	10	12	14
		蒸发温度5℃						蒸发温度0℃					
TDEX3	10	8.7	10.1	11.1	11.7	12.1	12.5	8.0	9.2	10.0	10.6	11.0	11.3
TDEX4	20	11.7	13.6	14.8	15.7	16.3	16.7	10.7	12.3	13.5	14.2	14.8	15.2
TDEX6	30	17.5	20.2	22.1	23.4	24.3	25.0	16.0	18.4	20.1	21.2	22.0	22.6
TDEX7.5	40	21.8	25.1	27.4	29.0	30.1	30.9	19.8	22.8	24.8	26.2	27.2	27.9
TDEX8	10	23.4	27.0	29.5	31.2	32.4	33.3	22.0	25.3	27.6	29.2	30.6	31.1
TDEX11	20	32.1	37.0	40.4	42.8	44.5	45.6	29.9	34.3	37.4	39.6	41.1	42.2
TDEX12.5	30	36.7	42.3	46.3	48.9	50.8	52.1	34.1	39.2	42.7	45.1	46.9	48.0
TDEX16	40	47.0	54.1	59.0	62.4	64.8	66.5	43.4	49.9	54.3	57.4	59.5	61.3
TDEX19	50	55.9	64.3	69.9	74.2	77.0	79.0	51.5	59.2	64.3	68.1	70.7	72.3
		蒸发温度 -15℃						蒸发温度 -20℃					
TDEX3	10	5.8	6.6	7.2	7.6	7.8	8.0	5.1	5.8	6.3	6.7	6.9	7.0
TDEX4	20	7.8	8.9	9.6	10.1	10.5	10.7	6.9	7.8	8.5	8.9	9.2	9.4
TDEX6	30	11.6	13.3	14.4	15.1	15.7	16.0	10.3	11.7	12.6	13.3	13.7	14.0
TDEX7.5	40	14.2	16.3	17.6	18.5	19.2	19.6	12.2	14.3	15.5	16.3	16.8	17.2
TDEX8	10	18.0	20.6	22.3	23.5	24.3	24.9	16.8	19.2	20.7	21.8	22.5	23.0
TDEX11	20	23.5	26.8	29.1	30.6	31.7	32.4	21.6	24.6	26.5	27.9	28.8	29.5
TDEX12.5	30	26.5	30.2	32.8	34.5	35.7	36.5	24.2	27.5	29.7	31.3	32.3	33.0

（续）

型号和名义	流口号	膨胀阀两端压降×10⁵Pa						膨胀阀两端压降×10⁵Pa					
制冷量（kW）		4	6	8	10	12	14	4	6	8	10	12	14
		蒸发温度−15℃						蒸发温度−20℃					
TDEX16	40	33.1	37.8	40.8	43.0	44.5	45.4	29.9	34.0	36.7	38.6	39.9	40.7
TDEX19	50	39.0	44.6	48.2	50.7	52.4	53.6	35.3	40.0	43.3	45.5	47.2	47.9
		蒸发温度−25℃						蒸发温度−30℃					
TDEX3	10	4.5	5.1	5.5	5.8	6.0	6.1	3.9	4.4	4.8	5.0	5.2	5.3
TDEX4	20	6.0	6.8	7.4	7.7	8.0	8.2	5.2	5.9	6.4	6.7	6.9	7.0
TDEX6	30	9.0	10.2	11.0	11.6	12.0	12.2	7.8	8.9	9.6	10.0	10.3	10.5
TDEX7.5	40	11.0	12.5	13.5	14.1	14.6	14.9	9.5	10.7	11.6	12.2	12.6	12.8
TDEX8	10	15.7	17.8	19.2	20.2	20.8	21.2	14.6	16.5	17.8	18.7	19.2	19.6
TDEX11	20	19.7	22.4	24.2	25.4	26.2	26.7	18.0	20.3	21.9	23.0	23.7	24.1
TDEX12.5	30	22.0	24.9	26.9	28.2	29.1	29.3	19.9	22.5	24.2	25.4	26.3	26.7
TDEX16	40	26.9	30.5	32.9	34.5	35.6	36.3	24.0	27.2	29.3	30.7	316	32.3
TDEX19	50	31.6	35.8	38.7	39.5	41.8	42.6	28.2	31.9	34.4	36.0	37.1	37.8
		蒸发温度−35℃						蒸发温度−40℃					
TDEX3	10	3.4	3.8	4.1	4.3	4.4	4.5	2.9	3.2	3.5	3.6	3.8	3.8
TDEX4	20	4.5	5.1	5.5	5.7	5.9	6.0	3.8	4.3	4.6	4.9	5.0	5.1
TDEX6	30	6.7	7.6	8.2	8.6	8.8	9.0	5.8	6.5	7.0	7.3	7.5	7.6
TDEX7.5	40	8.2	9.3	10.0	10.4	10.8	11.0	7.0	7.9	8.5	8.9	9.1	9.3
TDEX8	10	13.5	15.3	16.5	17.2	17.8	18.1	12.6	14.2	15.3	16.0	16.4	16.7
TDEX11	20	16.4	18.5	19.9	20.8	21.4	21.8	14.9	16.8	18.0	18.8	19.4	19.7
TDEX12.5	30	18.0	20.3	21.8	22.8	23.5	24.0	16.2	18.3	19.6	20.5	21.1	21.4
TDEX16	40	21.4	24.2	26.0	27.2	28.0	28.5	19.0	21.4	23.0	24.0	24.7	25.1
TDEX19	50	25.1	28.3	30.4	31.8	32.8	33.3	22.2	25.0	26.8	28.1	28.8	29.3

注：名义制冷量为过冷度4℃。

第6章　制冷机房设计

制冷机房是制冷机器间和设备间的总称，是冷库的心脏，是安装制冷压缩机（机器间）和制冷辅助设备（设备间）的场所。其设计布置是否合理关系到制冷系统运行的经济性以及操作管理人员的运行管理方便和安全可靠性。制冷机房设计涉及土木建筑要求、通风和供电照明要求、机器和设备的布置等方面，涉及范围广泛。

6.1　制冷机房设计的一般要求

6.1.1　土木建筑的要求

1）机房宜独立建筑，并布置在制冷负荷中心附近，靠近冷负荷最大的冷间，但不宜紧靠库区的主要交通干道。

2）在总平面布置上，机房宜在夏季主导风向的下风向，但在生产区内一般应布置在锅炉房、煤场等易发烟、发尘场所的上风向；同时，机房还应设在冷却塔的上风向，其间距不小于25m。

3）机房四邻不宜靠近人员密集场所（如宿舍、幼儿园、食堂、俱乐部等），氨管道亦不得通过上述房间，以免在发生重大事故时造成人员伤亡。

4）机房面积主要由机器、设备的布置及操作所需确定，一般可按冷库生产性建筑面积的5%左右考虑。机房建筑形式、结构、跨度、高度、门窗大小及其分布等具体问题应由制冷工艺设计人员与建筑有关设计人员共同商定。

5）机房的高度要考虑到压缩机检修时起吊设备和方便抽出活塞连杆等因素，并应兼顾通风采光的要求。一般大、中型冷库机房（跨度≤13m）的净高可取6.5~7m，中、小型机房（跨度<9m）的净高可取5~5.5m。对于利用旧厂房改建或设置小型机组的机房高度也不应低于4m。对于地处炎热地区的冷藏库，机房还宜适当加高。南方地区大、中型冷库机房应设置通风阁楼，并要注意朝向和周围开敞，使其获得良好的自然通风条件和天然采光条件。氨机房的屋面应设置通风间层和隔热层。

6）为保证操作人员的安全和方便，机房内通道不宜过长，以不超过12m为宜。但大型机房要超过12m时，需设两个以上互不邻近直接通向室外的出、入口。门洞宽度应不小于1.5m，其中一个门洞宽度应能进入最大的设备。

7）机房所有的门、窗均应设计成朝外开启，并采用平开门，禁止用侧拉门，以方便出现紧急情况时人员避险逃脱。氨机房的门不许直接通向生产性车间，其与配电间和控制室之间连通的门应为乙级防火门。机房必须有良好的自然采光，其窗孔投光面积应不小于地板面积的1/7~1/6，在炎热季节里应采取遮阳措施，避免阳光经常直射。

8）为防止油浸、便于清洗，机房地面、墙裙和机器机座等表面应为现浇水磨石面层。油泵、液泵、低压集油器等设备基座四周应设排水浅明沟。

9）根据国家颁布的 GB 50016—2006《建筑设计防火规范》，氨压缩机房属于乙类危险性生产建筑，应按二级耐火等级建筑物进行设计。

6.1.2 给水排水的要求

1. 制冷机房的给水应考虑以下几方面的情况

（1）水温　对进入设备的最高温度应满足表6-1的要求。

表 6-1　制冷设备冷却水进水温度量高允许值　　　　　　　　　（单位:℃）

名　称	进水温度	名　称	进水温度
立式冷凝器	30 ~ 32	淋浇式冷凝器	30 ~ 32
卧式冷凝器	27 ~ 29	制冷压缩机	30 ~ 32

注：其他用水冷却的设备，用水温度均不应超过32℃。

若水量充足，可以适当加大水量，减少水的传热温差。

（2）水质　冷却水的水质应考虑对机器设备和管道的腐蚀、结垢等方面的问题，水中的有机物和无机物含量应控制在一定数量之内，宜采用除垢、防腐及水质稳定的处理措施。

（3）水量　设备冷却水量应满足热负荷计算的要求，制冷压缩机冷却水量应满足产品样本中规定的数量。

（4）水压　冷却水应采用循环供水，循环冷却水系统宜采用敞开式。进入机房的水压一般情况下应保持在 15 ~ 20m 水柱，但不应大于 30m 水柱。

2. 排水

1）为了便于观察冷却水的供应情况，在制冷压缩机和设备的排水管道上必须装设排水漏斗或水流指示器，为了使冷却水系统小的存水能够全部放出，应在设备或管道最低处设放水阀门。

2）机房的地面应设地漏，地漏水封高度不应小于 50mm。

6.1.3 采暖通风的要求

采暖通风设施是为了保证生产正常进行和改善工作环境条件而设置的。制冷机房内严禁使用电炉、火炉等明火采暖；设置集中采暖的制冷机房，室内设计温度不宜低于16℃。

制冷机房日常运行时应保持通风良好，通风量应通过计算确定，通风换气次数不应小于3 次/h，当自然通风无法满足要求时应设置日常排风装置。

为了安全，制冷机房内需设置事故排风装置，夏季通风计算温度为30℃以上的地区，还应设机械降温排风装置。氟制冷机房的事故排风装置每小时排风换气应不少于 12 次。氨制冷机房事故排风装置应按事故排风量为 183m³/h 进行计算确定，且最小总的排风量不应小于 34 000 m³/h，事故排风机应选用防爆型的，排风口应位于侧墙高处或屋顶，开关应设在机房内、外易操作的地点。通风管应用不燃材料制作。双面开窗而穿堂风良好的机房可不设机械通风而仅设移动式轴流风扇。

6.1.4 供电照明的要求

大型冷库、高层冷库及有特殊要求的冷库应按二级负荷用户供电，中断供电会导致较大经济损失的中型冷库应按二级负荷用户供电，不会导致较大经济损失的中型冷库及小型冷库可按三级负荷用户供电。冷库宜设变、配电间，变、配电间应靠近机房。通常情况下将变电间、配电间和机房设计在同一建筑物内，并在机房外设有事故总开关。

仪表信号继电器、动力开关及配电设备应采用封闭型或浸油型。

制冷机房照明宜按正常环境设计，照明方式为一般照明，设计照明度不应低于 150lx。对仪表集中处或个别设备的测量仪表处照明度不足时，可采用局部照明。制冷机房及控制室应设置备用照明，当采用自带蓄电池的应急照明灯具时，应急照明持续时间不应小于 30min。

6.2　压缩机的布置

6.2.1　压缩机的布置原则

1）压缩机的进气、排气阀门应位于或接近主要操作通道，其手轮应设置在便于操作和观察的主要通道。

2）压缩机进气、排气阀门设置高度应在 1.2～1.5m，超出此高度时应考虑设计操作台。

3）压缩机的压力表及其他仪表应面向主要操作通道。

4）压缩机曲轴箱盖的下边缘应高于机房地坪 400mm 以上，以便于检修连杆大头等部件。

5）在布置大、中型制冷压缩机时，应考虑设置检修用起吊设备所需的空间。

6）压缩机突出部分到其他设备或分配站之间的距离不小于 1.5m，两台压缩机突出部位之间的距离不小于 1m，并应留出检修压缩机时抽出曲轴的距离。

7）对型号一致的机器，在布置上可相对集中于一个小型区域。

6.2.2　压缩机布置形式

制冷压缩机的布置根据压缩机的外形尺寸、台数和机器间的形式，本着合理、美观的指导思想进行总体布置，常见的有下列几种布置形式。

1. 单列式

如图 6-1 所示，压缩机在机房内成一直线排列，有关设备（如压缩机电动机的起动开关柜、中间冷却器等）可以在四周靠墙布置。这种布置形式适用于机房机器台数较少的中、小型冷库，其优点是工作人员操作管理以及对设置进行修理都较为方便，且管道走向整齐。

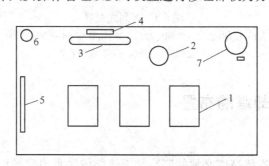

图 6-1　单列式布置

1—压缩机　2—中间冷却器　3—贮液器　4、5、6、7—其他辅助设备

2. 双列式

如图 6-2 所示，压缩机在机房内排成双列，压缩机可横排或纵排，机房中间为主要操作通道，在通道上空布置压缩机进气、排气总管道，其他设备均可靠墙布置。这种布置形式适用于压缩机台数较多的大、中型冷库，以充分利用机器间的面积，其优点是压缩机进气、排

气阀门位于主要操作通道，机器上的压力表及有关操作仪表亦面向主要操作通道。因此在平时操作中，特别是压缩机配组双级停、开车时，能清楚地观察仪表。

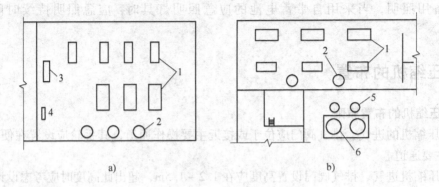

图 6-2　双列式布置

a) 横排　b) 纵排

1—压缩机　2—中间冷却器　3—调节站　4—远距离液面指示器

5—油分离器　6—冷凝器

3. 对列式

如图 6-3 所示，对列式布置形式与单列式相仿，但压缩机是按左型和右型成对地排列，在成对的两台压缩机之间留有较宽的操作通道。

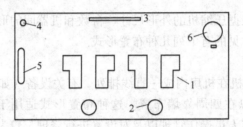

图 6-3　对列式布置

1—压缩机　2—中间冷却器　3—调节站　4—油分离器

5—贮液器　6—低压循环贮液桶及氨泵

6.3　冷凝器和冷却塔的布置

6.3.1　冷凝器的布置

布置冷凝器时，其安装高度必须使制冷剂液体能借助重力顺畅地流入贮液器。根据其结构形式的不同，对应有不同的布置方式。

卧式壳管式冷凝器宜布置在室内，其布置位置应考虑其管簇清洗以及更换管子的距离；为节省建筑面积，也可将其一端对准门或窗布置，以便通过门或窗来进行维修。另外，在冷凝器两端必须留有装卸端盖的距离。为保证出液顺畅，其出液管的截止阀至少应低于出液口300mm。靠墙安装的卧式壳管式冷凝器的布置尺寸，以及卧式壳管式冷凝器与高压贮液器的垂直布置如图 6-4 所示，供设计时参考。

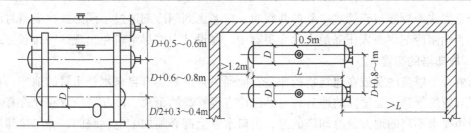

图6-4 卧式壳管式冷凝器的布置

立式壳管式冷凝器应安装在室外距离机房出、入口较近的地方。如果利用冷却水池作为立式壳管式冷凝器的安装基础，则水池壁与机房等建筑物的外墙墙面距离应大于3m，以防止水滴外溅损坏建筑物。其安装高度必须使氨液能借助重力流入高压贮液器，并且室外夏季通风温度高于32℃的地区要附有遮阳设施。立式壳管式冷凝器上方应留有清洗冷却管的空间，其冷却水池呈敞开式或设人孔。为了便于操作和清除水垢，立式壳管式冷凝器应设有钢结构的操作平台，如图6-5所示。

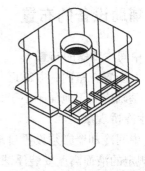

图6-5 立式壳管式冷凝器操作平台

淋浇式冷凝器宜布置在室外通风良好的地方或安装在机房屋顶上。布置时应注意其方位，尽量要使其排管垂直于该地区夏季主导风向；风速较大的地区，冷凝器四周应设百叶挡风板，防止水滴大量被风吹散。

蒸发式冷凝器一般也布置在室外或机房屋顶之上，周围通风良好。由于其内部阻力较大，制冷剂通过后压力损失较大，因此必须考虑一定的静压液柱，以使冷却后的液体制冷剂能较通畅地流入贮液器，且贮液器的均压管应尽量接近冷凝器进气部位。图6-6所示为两台蒸发式冷凝器的并联连接方案，布置时应注意以下事项：

1）出液管应有足够长的垂直立管，如图6-6中 h 应不小于1.2~1.5m。

2）在立管下端应设存液弯，建立一定的液封，用以抵消冷凝管组之间出口压力的差别。如果不设存液弯，当一台冷凝器停止工作时，制冷剂液体会流入正在工作的冷凝管组，使工作冷凝器的有效换热面积减小，导致其运行不正常。

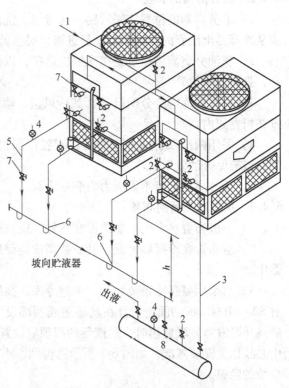

图6-6 蒸发式冷凝器的并联连接
1—压缩机排气 2—放空气阀 3—均压管 4—安全阀
5—下液管 6—存液弯 7—检修阀 8—贮液器

当蒸发式冷凝器与壳管式冷凝器并联时，应考虑到制冷剂通过不同形式冷凝器时压降的不同，否则制冷剂将充入压降最大的冷凝器中。在设计中应尽量避免出现这种布置方式。

6.3.2　冷却塔的布置

布置冷却塔应注意放在建筑物的非主立面通风条件好、有自来水补水管的地方，水塔不应放在有厨房等排风温度高的地方，与烟囱应有足够高的距离。冷却塔应放在允许有水滴飞溅、噪声要求不高的地方。冷却塔的进、出口水管上都必须加上电动蝶阀，并与冷却塔风机和冷却水泵联锁，供、回水管之间应有旁通管，并加电动二通调节阀。

6.4　辅助设备的布置

6.4.1　中间冷却器的布置

1）宜布置在室内，并靠近与之配连的高压和低压压缩机。

2）基础应高于地面不小于300mm，在其底下垫以经防腐处理过的50mm厚的木块，以避免产生冷桥现象。

3）中间冷却器必须设置自动液面控制器，液面高度应以淹没整个蛇形管为准。通常按制造厂规定的液面高度安装浮球阀，也可以采用液位计配合电磁阀来控制液面。

4）中间冷却器必须设压力表、安全阀和液面指示器。

6.4.2　油分离器的布置

1）油分离器的位置应同管路一起考虑。洗涤式油分离器应尽量靠近冷凝器，其进液管应从冷凝器出液管的底部接出，且进液口必须低于冷凝器出液总管250～300mm。

2）氨油分离器应尽可能离压缩机远些，以便使排气在进入氨油分离器前得到额外的冷却，提高分离效果。

3）专供冷库内冷分配设备（如冷风机、墙、顶管等）融霜用热氨的氨油分离器，可设置在机器间内。

4）采用两个以上油分离器时，配置压缩机至油分离器的排气管应尽量使排气分配均匀，以确保分油效果良好。

5）油分离器上可不设压力表和安全阀。

6.4.3　高压贮液器的布置

1）一般布置在室内。如果设在室外，应有遮阳装置。

2）应布置在冷凝器附近，其安装高度应保持冷凝器内液态制冷剂能利用重力流入贮液器中。

3）对采用氨制冷系统的大、中型冷库，高压贮液器应不少于两台，其相邻间的通道应有800～1000mm的间距，且在其底部或顶部设均压管相连接，并安装截止阀。当直径不同的高压贮液器并联使用时，贮液器的筒顶应设置在同一水平高度上，不能以贮液器的底部或中心线作为安装基准，如图6-7所示。否则，小筒径的贮液器将会充满液体，留下引起液爆事故的隐患。

4）高压贮液器上必须设置压力表、安全阀，并在显著位置装设液面指示器。

6.4.4　氨液分离器的布置

1）一般布置在设备间内。氨液分离器应设排液装置，其高度应使分离下来的氨液能借

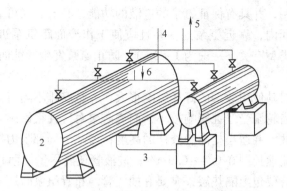

图 6-7　不同直径高压贮液器的布置

1—小直径高压贮液器　2—大直径高压贮液器

3—液相连通管　4—气相连通管　5—出液管　6—进液管

助重力自动流入下方的排液桶（或低压贮液器）。

2）氨液分离器与排液桶（或低压贮液器）之间应设气体均压管。

3）氨液分离器包隔热层后离墙面的距离不应小于 0.2m。

4）一般氨液分离器设置在高于冷间最高层蒸发排管的 0.5~2.0m 处。若安装标高过低，液面不能充分克服局部阻力，会影响供液量；若安装标高过高，蒸发排管内静压过大，会使蒸发温度升高。

5）必要时氨液分离器可设溢流管。

6）禁止在氨液分离器的气体进、出管上另设旁通管。

7）氨液分离器上应设置压力表。

6.4.5　低压贮液器和排液桶的布置

1. 低压贮液器的布置

1）低压贮液器是专为氨泵系统所设，应按不同蒸发温度分别装置。

2）应设在靠近氨泵处，其设置高度应使其内部贮存氨液的最低液面高于氨泵液体入口处 1.5~3.0m。

3）低压贮液器上应设压力表、安全阀和液面指示器。

2. 排液桶的布置

1）排液桶一般布置在设备间内，并应尽量使其靠近蒸发器的一侧。当设备间为两层时，应布置在底层。

2）排液桶的进液口必须低于机房氨液分离器的排液口，以保证氨液分离器的液体自动流入桶内。

3）排液桶的进液口不得靠近该容器降压用的抽气管，以免液体进入吸气管道系统而造成压缩机的液击。

4）排液桶应设高压加压管，并设隔热层。

5）排液桶应设压力表、安全阀和液面指示器及降压用的抽气管。

6.4.6　低压循环桶和氨泵的布置

1. 低压循环桶的布置

低压循环桶是氨泵供液系统专用设备，应按不同的蒸发温度分别设置。它兼有氨液分离器、低压贮液器的作用，并具有保证氨泵的进液的功能，必要时又可兼作排液桶用。低压循环桶一般布置在设备间内，靠近氨泵处，并且应使工作液面距氨泵进口保持一定高度（高度与蒸发温度和泵的类型有关，一般为 1~3m），防止氨泵发生气蚀而损坏。

2. 氨泵的布置

氨泵的布置情况对其使用效果的好坏影响很大，一旦安排不当将大大影响使用效果，通常要注意气蚀现象。齿轮泵受气蚀影响较小，而离心泵对气蚀很敏感。在布置时，要保证泵吸入口所要求的静液柱，并适当提高静液柱的高度；要减少局部阻力损失和摩擦损失，即加大进液管径，将氨液流速控制在 0.4~0.5m/s；进液管还要尽量短而直、少装阀门并减少弯头，泵体及进、出液管要包上隔热层，泵要有抽气管。布置氨泵时还应注意：

1）泵的基础四周应留有 0.5m 以上的间距。

2）氨泵基础四周应留有排水明沟。

3）进液管要装过滤器并尽量靠近泵体。

4）泵前需要装关闭阀，排出端须有压力表和止回阀。

5）应装自动控制元件，不上液时停泵报警。

6）每台泵均应有量程适宜的电流表。

6.4.7　空气分离器与集油器的布置

1. 空气分离器的布置

空气分离器有卧式四重管式和立式盘管式两种。立式盘管式空气分离器可以设在氨贮液器或排液桶上，也可以设在室外，但氨液入口须在下端。四重管式空气分离器通常布置在设备间的墙上，安装高度以距离地坪 1.2m 为宜，并使进氨液的一端稍高 30~50mm，以便被分离出来的氨液能流进旁通管。

2. 集油器的布置

集油器可设在室内，也可设在室外，靠近油多、放油频繁的设备。高、低压合用一台集油器时，应靠近低压设备设置。集油器的基础标高在 300~400mm，以便于放油操作。设在室内时，可将放油管引至室外。集油器四周应设排水沟。

6.4.8　调节站的布置

调节站应布置在机房内，调节站一般装有仪表屏，其上除装有调节阀、关闭阀、压力表之外，还有一些自动检测仪和信号器等，但对于小型系统则可以从简。可使有关控制阀及仪表分散布置并相对集中，尽量使操作人员无论在机房任何操作地点都应能看清调节站上的各种指示仪表。对附有控制屏的调节站，其后侧应留有 0.8m 以上的操作维修通道。调节阀手轮的高度不宜高于 1.2m。

6.5　制冷机房机器、设备布置示例

机器间、设备间内机器、设备的布置形式较多。当机器、设备台数较多时，常将机器间、设备间分别设置，机器间主要布置压缩机和中间冷却器等，设备间则主要布置其他辅助设备，如图 6-8 所示。当机器、设备台数较少时，可将机器、辅助设备布置在一起，如图 6-9 所示。

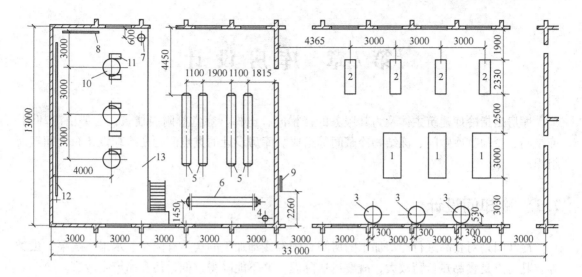

图 6-8 机房布置示例一

1—单机双级压缩机 2—单级压缩机 3—中间冷却器 4—油分离器

5—高压贮液器 6—冷凝器 7—集油器 8、12—分调节站 9—总调节站

10—低压循环贮液桶 11—氨泵 13—操作平台

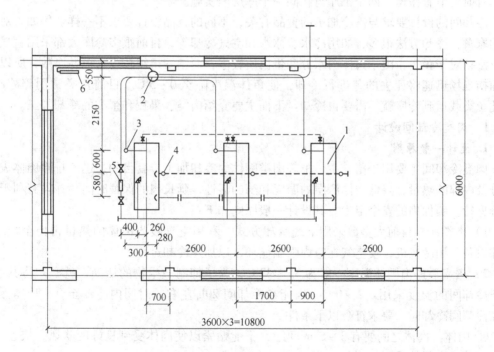

图 6-9 机房布置示例二

1—氟制冷压缩冷凝机组 2—气液分离器 3—气体过滤器

4—油分离器 5—干燥器 6—加氟站

第7章 库房设计

库房是指冷库建筑主体及为其服务的楼梯间、电梯、穿堂等附属建筑，主要由冷却间、冻结间、冷却物冷藏间、冻结物冷藏间等组成。库房设计的重点问题是冷却设备布置和气流组织。

7.1 冷却间设计

冷却间是对食品进行冷却加工的房间，需经冷却加工的食品有肉类、水果、蔬菜、蛋类等。其特点是食品热负荷较大，既要迅速降温，又不能降得过低，使食品产生冷害。

水产品是极易腐败的食品，原料进厂或捕捞后应尽快冷却或冻结；也可采用碎冰或冷水作为暂时保鲜。肉类冷加工可以分成冷却工序和冻结工序两部分，也可将冷却和冻结工艺作为一个冷加工工序处理。水果、蔬菜和蛋类的冷却和冷藏工艺的要求及所用设备没有什么区别，有时为节省搬运，两个工序可在同一个库房内实施。

冷却间的设计要求与需冷加工的食品有关，不同的食品设计要求不一样。例如，对于宰杀的家禽，冷却方法很多，如用冷水、冰水和空气冷却等，目前很多冷库大都采用直接冻结的方法；对于鱼类，由于鱼体内水分和蛋白质较多，而结缔组织较少，极易腐败，所以一般在捕捞现场迅速将死去的鱼进行冷却，使鱼体温度降至 0～5℃。目前鱼类常用碎冰冷却，因此鱼类载运到冷库就不需要再冷却。下面主要介绍肉类、果蔬和蛋类的冷却加工。

7.1.1 肉类冷却间设计

1. 设计一般原则

肉类冷却间主要用于猪、牛、羊等肉类胴体的冷却加工，其目的是迅速排除肉体表面的水分及内部的热量，降低肉体深层的温度和酶的活性，延长肉的保鲜时间，并且有利于肉体水分保持，确保肉的安全卫生。其设计一般原则如下：

1）肉类冷却目前大多数采用空气冷却方式，利用空气吸收肉体的热量再传至蒸发器。冷却设备采用冷风机，使空气在室内强制循环，以加速冷却过程。

2）屠宰后的肉胴体温度一般为 35～37℃，为了抑制微生物的活动，就必须将其冷却。一般冷却间的温度采用 -2～0℃，肉能在冷却间 20h 左右的时间内冷却至 0～4℃。因此，肉在冷却间冷却时，要求符合以下条件：

① 肉体与肉体之间要有 3～5cm 间距，不能贴紧以使肉体受到良好的吹风，快速散热，空气流动速度保持适当、均匀。

② 最大限度地利用冷却间的有效容积。

③ 在肉的最厚部位——大腿处附近要适当提高空气流动的速度。

④ 尽可能使每一片肉在同一时间内达到同一温度。

⑤ 保证肉在冷却过程中的质量。冷却终了时，如果大腿肌肉深处的温度达到 0～4℃，即达到了冷却质量要求。

在国际上，随着冷却肉消费量的不断增大，各国对肉类的冷却工艺方法加强了研究，重点围绕加快冷却速度、提高冷却肉质量等方面进行。其中应用较为广泛的是丹麦和欧洲一些国家提出的两段快速冷却工艺方法，其特点是先采用较低的温度和较高的风速，将肉体表面温度降低至 −2℃左右，迅速形成干膜，然后再用一般的冷却方法进行第二次冷却。其优点是肉品的干耗损失小，比一般冷却方法可减少 40% ~ 50%；肉的质量也好，表面干燥，外观良好。

两段冷却的工艺是：第一阶段，先把肉体放在 −15 ~ −10℃室温的冷却间内，空气流动速度一般为 1.5 ~ 3m/s，经过 2 ~ 4h 后，肉体表面温度为 −2℃左右，内部温度为 18 ~ 25℃；第二阶段，用一般的冷却方法，或放在冷却物冷藏间内，即将肉体放在 0 ~ −2℃室温下冷却 10 ~ 16h，当肉体内部温度达 3 ~ 6℃时即完成冷却。

两段冷却工艺的设备有两种形式：一种是先在有连续输送吊轨的冷却间中进行，然后再输送到一般冷间中；另一种是二次冷却都在同一冷却间中，但前后两个阶段中所用的风速和温度不同。

2. 冷却设备的布置

冷却间冷却设备采用空气冷却器，强制库内空气循环，其形式有多种。第一种为风管吹风，采用落地式冷风机，在其上装配风管，冷风从喷口射出，利用气流的引射作用加速空气循环，如图 7-1 所示；第二种为挡风板配风，设置吊顶冷风机，在挡风板一端吸风，从另一端吹出，使空气沿着墙面和地面流动，如图 7-2 所示；第三种为开孔挡风板配风，设置吊顶冷风机，冷风从孔口吹出，如图 7-3 所示，这种配风形

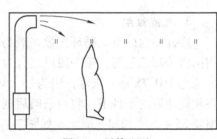

图 7-1　风管配风

式可以获得较均匀的风速。这三种配风形式除第一种形式占用库房面积外，其他两种不占库房面积，可尽量利用库房的空间。

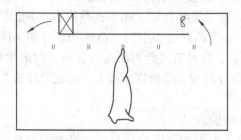

图 7-2　挡风板配风

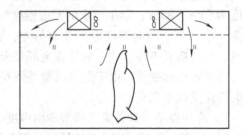

图 7-3　开孔挡风板配风

图 7-4 所示为风管配风冷却间设备布置图。冷风机设在库房的一端，风在长度方向循环，射程不宜大于 20m。常设计成长 12 ~ 18m、宽 6m、高 4.5 ~ 5m，面积为 72 ~ 108m²，每间可容纳 15 ~ 20t 猪白条肉。室内装设 65mm × 12mm 扁钢制吊轨时，每米吊轨可挂猪 3.5 ~ 4 头，牛 3 ~ 4 片或羊 10 ~ 15 只，每米吊轨的平均负荷为 200kg，吊轨间距为 70 ~ 85cm，采用自动传动吊钩的吊轨，其间距为 95 ~ 100cm。其中，水盘架空在地坪上，不可直接放置在地面上，以利于排水和检修；轨道不宜超过 5 条。

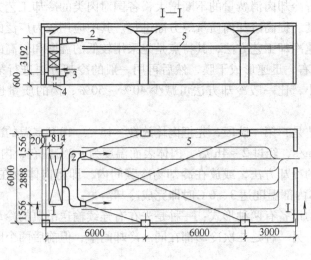

图7-4 风管配风冷却间设备布置图
1—冷风机 2—喷风口 3—水盘 4—排水管 5—吊轨

3. 气流组织

冷却间内的空气循环次数一般为 50～60 次/h，肉片间平均风速宜为 0.5～1.0m/s，采用两段冷却工艺时，第一段风速宜为 2m/s，第二段风速宜为 1.5m/s。有些资料认为维持库内风速为 0.75 m/s 较好，因为加大风速虽能提高冷却速度，但干耗会相应增加。据测定，在相同的温度条件下，将白条肉后腿间的风速从 1.9 m/s 加大到 3m/s，会引起附加的质量损耗 25%。冷却间气流组织如图7-1～图7-3 所示。

7.1.2 果蔬和蛋类冷却间设计

1. 设计一般原则

适合在这种库内贮藏的食品种类较多，各自对温度和湿度的要求又不同，且多数情况下，该库既作为冷却间，同时又作为冷藏间。例如，鲜蛋要求的贮藏温度为 0～2℃，相对湿度为 80%～85%；苹果要求的贮藏温度为 2℃，相对湿度为 85～90%；香蕉要求的贮藏温度为 10～12℃，相对湿度为 85%。另外，贮品在整个贮存过程中均呈活体状态，如果库温过低，则会造成冻害，使之局部或全部丧失抵抗微生物侵染的能力而腐烂变质；如果缺氧，则会导致死亡和变质。由于贮品通常是装箱、装筐等堆放，堆放密度较大，因此设计这类库房时应注意以下几点：

1）冷却设备应具有灵活调节库内温度、湿度的能力。

2）保证库内不同位置上的货堆各部分的风速、温度和湿度的均匀。一般最大温差不大于0.5℃，湿度差不大于4%。

3）可以调节空气成分，做到既能满足最低限度的呼吸要求，又能延长贮存期限，至少要有补充新鲜空气的设施。

4）果蔬的冷却条件视果蔬品种不同而异，一般要求在 24h 内将果蔬温度从室外温度降至4℃左右，设计室温一般在 0℃，空气相对湿度保持在 90% 左右，空气流速采用 0.5～1.5m/s。在冷却间，一般采用交叉堆垛方法，以保证冷空气流通，加速果蔬的冷却。

2. 冷却设备的布置

对于直接进入冷却物冷藏间的果蔬、鲜蛋，可以采取逐步降温的方法，使其由常温逐渐冷却，然后低温冷藏。其冷藏间平面布置图如图 7-5 所示，其中风道中喷嘴结构示意图如图 7-6 所示。

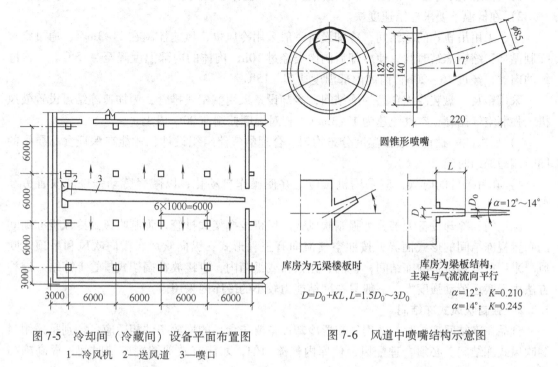

图 7-5　冷却间（冷藏间）设备平面布置图
1—冷风机　2—送风道　3—喷口

图 7-6　风道中喷嘴结构示意图

冷却间喷风口的设计要求：冷风机的喷风口以圆形为宜，喷口直径一般为 200 ~ 300mm，渐缩角不大于 30°。喷嘴长度与喷口直径之比取决于库房的长度：当库房的长 ≤12m 时，$L:D=3:2$；库房的长为 12 ~ 15m 时，$L:D=4:3$；库房的长为 15 ~ 20m 时，$L:D=1:1$。喷口处气流速度采用 20 ~ 25m/s 时，喷嘴射程以不超过 20m 为宜（约为喷口直径的 60 ~ 100 倍），喷口阻力系数为 0.93 ~ 0.97。当冷却间内设有一台双出风口的冷风机或设有两个以上的喷风口时，应设风量调节装置。采用喷风口送风形式时，射流喷射过程中速度递减很快（如喷嘴出口流速为 20m/s，到冷却间末端会降至 0.5m/s），但因其简单易行而被广泛采用。

3. 气流组织

冷却间的空气冷却器可按 1.163kW 耗冷量配 0.6 ~ 0.7m³/h 风量。冷却间内的空气循环次数一般为 50 ~ 60 次/h，空气流速为 1 ~ 2m/s。

7.2　冻结间设计

为了长期贮存或长途运输易腐食品，应将易腐食品进行冻结，使食品迅速降温至冰点以下，将食品所含水分部分或全部转换成冰。为满足功能要求，冻结间的温度一般控制在 −23℃，肉类的冻结质量除本身在冻结前的新鲜度外，与冻结速度的快慢有很大关系。为了保证肉的质量而加速冻结，广泛采用了强制空气循环的冻结间。强制空气循环的冻结间与自然对流的冻结间相比，冻结时间可以大大地缩短。

7.2.1 设计一般原则

1）冻结间的装置应力求简单，使用方便。一般有吊轨式、搁架式等。

2）在低温下要求冻结速度快。

对于采用吊轨式的冻结间，冷却设备一般采用冷风机，风速控制在 1~3m/s，通过空气强制循环，缩短冻结时间，使冷却后的肉类经过 10h，肉体的内部温度降至 -15℃。一次冻结的肉类，经过 16~20h，肉体内部温度达到 -15℃。

采用箱装、盘装冷冻食品的冻结间，冷却设备采用搁架式排管，为加速冻结可设置鼓风机，强制空气循环，空气流速为 1~3m/s，相对湿度控制在 90% 以上。

3）要求同一批食品表面温度分布均匀。合理的气流组织设计，才能在保证食品质量的同时缩短冻结时间。

4）在有条件的时候，应采用机械传送并使操作自动化，以减轻劳动强度和改善劳动条件。

冻结间的冷却设备大部分为强制吹风式冷风机或搁架式排管。强制吹风式冷风机冻结间的布置视冻结间的形式而异，按照空气流向有三种形式：纵向吹风、横向吹风和吊顶式吹风。采用搁架式排管的冻结间，食品装在铁盘或纸箱内，直接放在搁架式排管上冻结。这种方法由于搬运劳动强度大，一般只在冻结能力较小的冷库内采用。

7.2.2 强制吹风式冻结间

食品在冻结间冻结时，选用和布置冷却设备要与食品的堆放条件相适应。特别是采用强制吹风式冻结间，必须合理配风，使库内气流均匀，才能有效地缩短冻结时间，提高冻结质量。

装设吊轨的冻结间，吊轨的性能规格与吊挂量与冷却间的吊轨相同。不装吊轨的冻结间，如冻猪副产品或鱼类，可以用铁盘盛放，然后堆码，每盘之间垫两根方木，使盘与盘之间构成缝隙（约 30~50mm），库内冷风从缝隙中流过。这样，可使冷风流通均匀，缩短冻结时间，充分利用库容，更有利于采用码垛机进行搬运。

采用强制吹风式冻结间可以加强食品与空气之间的热交换，加速冻结过程，但是也有一定的限度。例如：加强空气的循环速度到 1m/s 时，冻结速度即可提高 1 倍；空气流速增至 4m/s 时可增加 2 倍；之后，虽然流速增至 10m/s，却只增加 2.5 倍。因此，从设备、动力、速度各方面总的来考虑，空气流速以 2~4m/s 为宜。因空气流速大会引起肉体干耗加大，所以一般采用 2m/s 左右。空气的流速与肉体冻结速度的关系如图 7-7 所示。

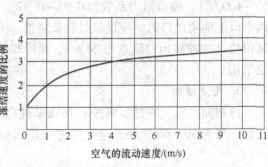

图 7-7 空气的流速与肉体冻结速度的关系

1. 纵向吹风冻结间

（1）冷却设备的布置 在冻结间的一端设置落地式冷风机，在吊轨上面铺设挡风板，挡风板与楼板之间形成供空气流通的风道。

（2）气流组织 这种形式的空气流通距离长，使库温、风速分布不均匀，食品冻结时间相差较大，故要求冻结间不能太长，一般为 12~18m。挡风板的形式有两种：一种是仅在墙头留风口，空气沿着挡风板吹到库房的另一端，然后下吹，回流过程中与食品换热，如图7-8a所示；另一种是在导板上沿着吊轨方向开长孔，如图7-8b所示，出风孔的宽度一般为30~50mm，靠近冷风机的孔为60~70mm，这种形式的冻结间多用于冻结白条肉，从出风孔吹出的低温气流垂直吹向倒挂在轨道上的白条肉后腿，使同一批肉体的冻结速度较为均匀。当冻结间的长度不超过10m时，也可以不设导风板，冷风从冷风机的出风口直接吹出，或者装设短风管，使冷风从短管吹出。布置时要注意，冷风机距墙面或柱边应不少于400mm，冷风机与楼板之间的距离不应少于800mm，并在靠近冷风机处设1m×0.8m的人孔，以便维修风机和电动机。这种冻结间的宽度一般为6m，库房面积与冷却面积比约为1:10，冻结能力为15~20t/昼夜，室温为-23℃，一次冻结时间为20h，库内货间风速为1~2m/s，满载时为4m/s，风量为$1m^3/kcal$（1kcal=4.1868kJ），风压为$30~40mmH_2O$（$1mmH_2O=9.80665Pa$）。

这种冻结间的特点是能沿着吊挂的肉体方向吹风，气流阻力小，冷风机台数少，耗电少，系统简单，投资少；但空气流通距离长，风速和温度不均匀，不宜用于冻结盘装食品，而多用于冻结量较小的白条肉分配性冷库。

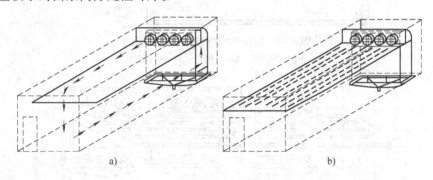

a)   b)

图7-8 纵向吹风冻结间出风形式示意图

2. 横向吹风冻结间

（1）冷却设备的布置　在冻结间的一侧设置冷风机，使气流横向流过冻结间的断面。室内横向距离短，为3~7m，长度不限，可设置较多的冷风机。冷风机距墙面或柱边约为400mm，每两台冷风机之间应考虑留有安装供液管和回气管的空间。吊轨的布置可以参照冷却间。横向吹风冻结间适用于冻猪、羊、牛白条肉，其平面布置和设备的布置如图7-9和图7-10所示。

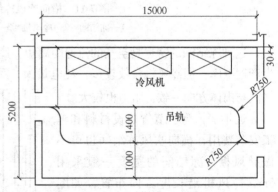

图7-9 横向吹风冻结间平面布置图

（2）气流组织　冻结间吊轨上设置导风板，应在导风机上沿轨道方向开长孔，如图7-11所示。气流可由孔向下吹，对准白条肉的后腿，温度较均匀。所需风量一般每平方米冷风机冷却面积约配100~120 m^3/h，肉片间平均风速宜为1.5~2m/s。当冻结量较大时，应尽量采用机械传送式吊轨，并设置卸肉和回钩装置。冻结间的设计室温为-30~-23℃，冻结时间为10~20h。

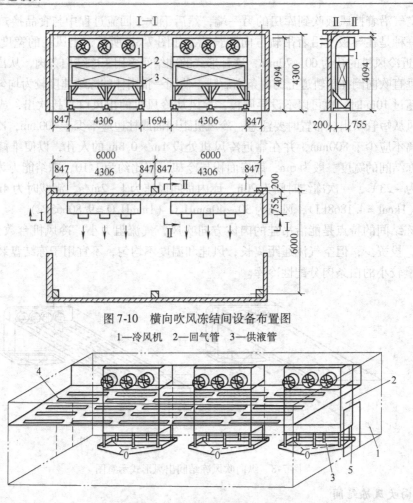

图 7-10　横向吹风冻结间设备布置图
1—冷风机　2—回气管　3—供液管

图 7-11　横向吹风冻结间出风形式示意图
1—冻结间　2—冷风机　3—水盘　4—导风板　5—门

　　这种冻结间的特点是空气的流通距离短，库温均匀，冻结速度较快，多设在冻结量较大的生产性冷库；但冷风机台数较多，耗电量大，系统较复杂，增加投资大，并且吊挂白条肉时，气流与肉体方向一致，阻力也较大。

　　近年来，为了节省建设材料和施工安装费用，横向吹风冻结间也可不做导风板，冻结间的宽度一般采用6m，冷风机沿长度方向布置，如图7-12所示。布置吊轨时，应从冷风机对面靠墙一侧开始，不留走道，而在冷风机与最近一根吊轨之间留出1.2～1.5m的距离，尽量使吊轨及肉体不处于冷空气的回流区，冷风机吹出的冷风沿冻结间上部吹至对面墙而

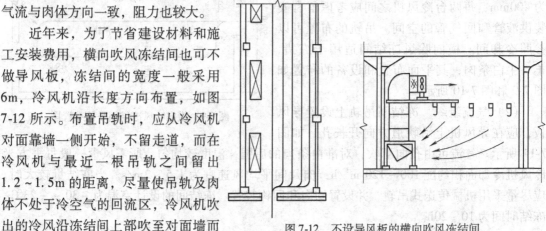

图 7-12　不设导风板的横向吹风冻结间

下，再由下部经过各排肉体回到冷风机。为了改善气流状况，确保风量和风压满足设计要求，冷风机可采用 LTF 型新系列轴流风机。在相同转速、相同叶轮直径的条件下，新系列风机耗功省、流量大、压头高。这种冻结间物品冻结时间可在 5～20h 内调整。此外，也可在这种冻结间内设临时货架或吊笼，以冻结分层搁置的盘装食品，故适应性较强。

3. 吊顶式吹风冻结间

（1）冷却设备的布置　这种冻结间用吊顶式冷风机作冷却设备，其设备布置及吹风示意图如图 7-13 所示。其特点是冷风机不占建筑面积、风压小、气流分布均匀，是一种较好的吹风方式。

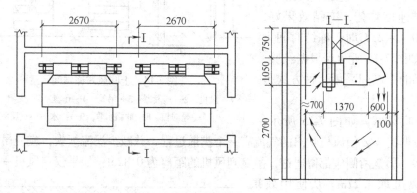

图 7-13　吊顶式冷风机冻结间设备布置及吹风示意图

如果要求在已建冷库中增建冻鱼或分割肉等的冻结间，采用这种形式比较方便。如果利用低温冷藏间改建，可以用木板隔成小间，在库内搭架支承吊顶式冷风机，架下堆放冻鱼或分割肉，盘装的食品可以用码垛机码好，直接运入库内。装在架上的冷风机，可以装设风道或导风板，有组织地向下吹风，并使吹风口对着盘间缝隙，让冷风从缝隙通过后向冷风机吸风口流回，冻结完毕后可用码垛机出库。这种冻结间的特点是节省建筑面积，库温均匀，但使用冷风机台数较多，系统复杂，维修不方便，且冲霜时易漏水。

（2）气流组织　吊顶式冷风机根据送风形式可分为压入式和吸入式。对压入式冷风机，空气经过风机穿过蒸发器吹出，冷风经过蒸发器易造成配风不均匀，其局部阻力要比吸入式冷风机大 5 倍左右，故出口处的风压损失大。但压入式冷风机出风均匀，食品冻结时间一致。冻结间室温为 -30～-23℃，适于冻结水产品、家禽等块状食品，也可用于冻白条肉，冻结时间为 10～20h。当库房宽为 2.1m，长为 8.5m、架下净高为 2.5m 时，一次可冻 7.5t 鱼或分割肉，冻结时间为 8h 左右。风机的出口最大风速为 20m/s，库内风速为 2.5m/s。

4. 轨道吊笼冻结装置

（1）冷却设备的布置　这种冻结间用于冻结水产品、家禽类等盘装食品，一般采用鱼盘（铁盘）和轨道吊笼冻结装置（也可用鱼车代替吊笼，不需布置吊轨）。库房内按纵向排列冷风机和吊笼，一间冻结间放置两列吊笼，吊笼外形尺寸为 880mm×720mm×1780mm，共分为 10 格，每格放 2 只盘，盘尺寸一般为 600mm×400mm×120mm，装货质量为 20kg。吊笼悬挂在轨道上，一般采用双扁钢轨道和双滑轮悬挂吊笼相配合的形式。它的优点是推行轻便安全，在转弯、过岔道时可任意转向。为了减少两列吊笼在冻结过程中的不均匀性，可设机械调向装置进行换位。按风机和吊笼的位置不同，又可分为上吹风式和下吹风式两种类型。

1）上吹风式。上吹风式一般采用组合式冷风机，安装时将蒸发器的回风高度提到与吊笼高度一致，冷风机出口的高速气流经转弯和导向，有了一个扩展均衡的阶段，在进入冻结区之前形成紧密而均匀的水平气流。其特点是上、下流速均匀，气流平行于鱼盘作水平流动，气流阻力比下吹式小，冻结速度均匀，冻结效果好，库温为 $-30 \sim -23℃$ 时，冻结时间为 $8 \sim 10h$，如图7-14所示。根据经验，贮藏水产品的冻结间采用这种方式是比较合适的。

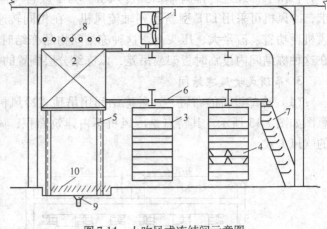

图7-14　上吹风式冻结间示意图
1—风机　2—蒸发器　3—吊笼　4—鱼盘　5—支架　6—吊顶
7—导向板　8—冲霜水管　9—排水　10—反溅板

2）下吹风式。如图7-15所示，在布置蒸发器时，要使风机吹出的气流有一个扩散过程，并减少涡流损失，应使吊笼与风机的距离大一些。吊笼两侧应都留通道，吊笼到风机的距离为0.82m；如果仅在风机一侧留操作通道，此距离可取1.27m。从使用效果看，距离较大时布风口的均匀性好。同时，要与风机的中心高度相接近，使吊笼上、下布风均匀，一般的安装高度为0.95～1m，吊笼顶部与挡风板间距及与地坪间距一般为100～120mm。下吹风冻结间的温度为-23℃及以下时，冻结时间为10～18h。

（2）气流组织　为了提高水产品或其他盘装食品的质量，应力求冻结装置的气流形式与冻品的外形相适应，同时应使各冻结部位的空气流动均匀。在冻结猪、牛白条肉时，冻品采取吊挂而近似扁平形，冷空气若平行于肉

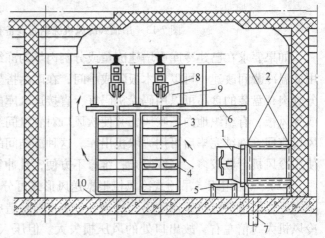

图7-15　下吹风式冻结间示意图
1—风机　2—蒸发器　3—吊笼　4—鱼盘　5—支架　6—吊顶
7—冲霜排水　8—滑轮　9—100×14双扁钢导轨　10—挡风木条

体表面作垂直流动，不仅与冻品有最大的换热面积，且流动阻力较小，故较为合适。而盘装的食品，冷空气与冻品的最大接触面是盘的上、下平面，因此平行于鱼盘作水平流动的气流是比较合适的，一般要求通过冻结区有效断面水平流速为1～3m/s。

7.2.3　搁架式排管冻结间

搁架式排管冻结间也称半接触式冻结间。在冻结间内设置搁架式排管作为冷却设备兼货架，适用于水产品、猪副产品、分割肉等块状食品（可装在盘内或直接放在搁架上进行冻结）。搁架式排管冻结间有空气自然循环式和吹风式两种。

1. 空气自然循环搁架式排管冻结间

采用空气自然循环式时，排管与食品的热交换较差，冻结速度较慢，当室温为-23～

-18℃时，冻结时间视冻品厚度和包装条件而定，一般为 48～72h。

搁架式排管采用 $D38mm \times 2.25mm$ 或 $D57mm \times 3.5mm$ 的无缝钢管，也可以采用 $D40mm \times 3mm$ 的矩形无缝钢管制作。排管管子的水平距离为 100～120mm，每层的垂直距离视冻结食品的高度而定，一般为 220～400mm，最低一层排管离地坪不应少于 400mm。管架的层数应考虑装卸操作的方便，一般最上层排管的高度不宜大于 1800～2000mm。在载货管架之上往往会集中布置多层冷却排管，以增加蒸发面积。管架的宽度根据冻盘数量和操作方式而定。单面操作时，其宽度常为 800～1000mm；如果双面操作，则以 1200～1500mm 为宜。为减少排管的磨损，可以在管架上铺 0.6mm 厚的镀锌薄钢板。

搁架式冻结间的操作通道应能单向通行手推车，其净宽不小于 1000mm。冻结量大于 5t/批时，应考虑手推车和重车的行走路线，以提高装卸效率。如果冻盘规格为 600mm × 400mm × 120mm，每盘装货 10kg，则每平方米面积可冻结食品 60～80kg。搁架式冻结间平面布置示意图如图 7-16 所示，设备布置如图 7-17 所示。

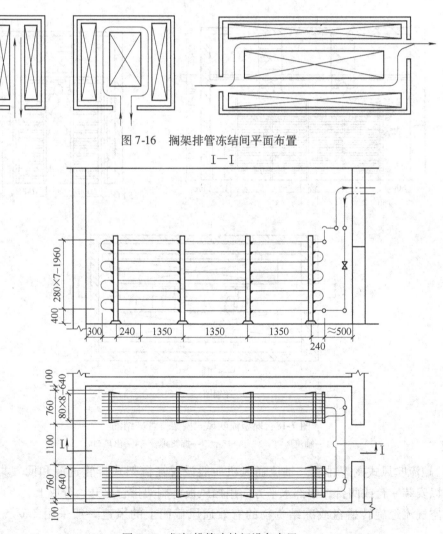

图 7-16 搁架排管冻结间平面布置

图 7-17 搁架排管冻结间设备布置

2. 吹风式搁架排管冻结间

（1）冷却设备的布置　如果在空气自然循环基础上的冻结间内加装通风机，加速空气的循环，则为吹风式搁架排管冻结间，其风量可按每冷冻 1t 食品配 10 000m³/h 计算。此时搁架式排管的传热系数增大，单位面积制冷量也可增为 232.6W/m² 左右，当室内温度为 −23 ~ −18℃时，冻结时间约为 16 ~ 48h 不等，如冻结鱼和盘装鸡为 20h、冰蛋为 24h、箱装野味为 48h。目前，在实际的工程设计中，一般设计搁架式冻结间时为了配合快速冻结的需要，常加大冷量配置，以缩短冻结时间，有的冻结时间可达几小时。

（2）气流组织　吹风式搁架排管冻结间按气流组织形式的不同，可分为蝶型流吹风式、顺流吹风式和直角吹风式。

1）蝶型流吹风式搁架排管。轴流通风机设置在两组搁架式排管之间过道的上方，使风向上吹送，在静压区后沿挡风板下吹经侧面导风板，气流垂直均匀流过每层排管，食品处于冷风回流区，如图 7-18 所示。

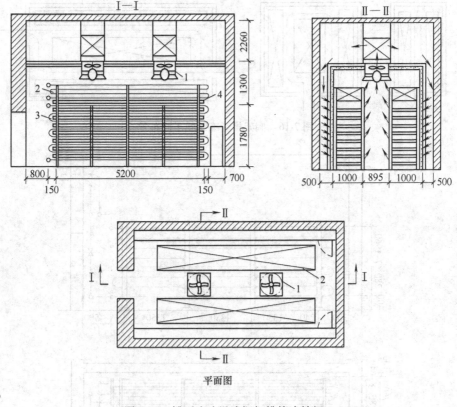

图 7-18　蝶型流吹风式搁架排管冻结间

1—轴流风机　2—顶排管　3—搁架排管　4—出风口

2）顺流吹风式搁架排管。轴流通风机一般设置在搁架式排管进液和回气集管的另一端，可以安装一台或两台，中部水平方向用挡风板将搁架排管隔开，分成上、下两路顺流吹风道，空气流经旋转盛盘或冻结货物的有效通风截面上的风速一般采用 3m/s，如图 7-19 所示。

3）直角吹风式搁架排管。这种形式的冻结间需设置空气分配和循环系统。空气在轴流

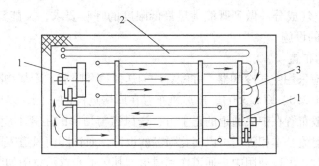

图 7-19 顺流吹风式搁架排管冻结间
1—轴流风机 2—顶排管 3—搁架式排管

风机的作用下，经送风道和送风口吹向搁架式排管和排管上的冻结货物，而后经回风口和回风道返回风机，实现库内空气的不断循环，如图 7-20 所示。该方式风速一般为 1.5 ~ 2m/s。

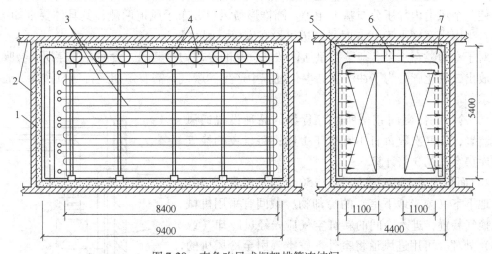

图 7-20 直角吹风式搁架排管冻结间
1—绝热层 2—建筑结构体 3—搁架式排管 4、6—轴流风机 5—送风管道 7—回风管道

7.3 冷却物冷藏间设计

冷却物冷藏间主要用于新鲜水果、蔬菜、鲜蛋等鲜活食品的贮藏。由于这类食品的种类繁多，各自对温度的要求也不一样，即不同的果蔬要求不同的冷藏温度，所以要尽量做到分库冷藏。例如，南方产的柑桔和北方产的苹果耐寒力不同，不能在同一库房内冷藏。

7.3.1 设计一般原则

食品在整个冷藏过程中均呈活体状态，降低库温只能降低贮品的分解强度，而不会停止其呼吸作用；但如果贮品缺氧，就会导致死亡和变质；如果库温过低，又会造成冻害，而且食品在库内部是装箱、装筐等堆放，堆放密度较大。因此，设计这类库房的冷却设备时应注意以下几点：

1) 冷却设备应具有灵活调节库内温度、湿度的能力。

2) 保证库内不同位置上的货堆各部分的风速、温度和湿度的均匀。一般最大温差不大于 0.5℃，湿度差不大于 4%。

3）可以调节空气成分，做到既能满足最低限度的呼吸要求，又能延长贮藏期限，至少要有补充新鲜空气的设施。

7.3.2　冷却设备的布置

冷却物冷藏间应采用空气冷却器，并配置均匀送风道和喷嘴。冷却物冷藏间一般选用干式翅片管冷风机（KLL-250、KLL-350），冷风机布置在库房近门的一侧，以便于操作、管理与维修。均匀送风道一般布置在中央通道的正上方，送风道与顶部的距离不应小于50mm，这样可以使风道两侧送风射流基本相等，可以简化喷嘴的设计，而且即使风道表面凝结滴水，也不至于滴到货物上；同时，可以利用中央通道作回风道。其风道布置示意图如图7-5所示。

送风道采用矩形截面，高度相等宽度减缩，头部和尾部的宽度比为2:1。一般风道的截面积为 $0.5\sim0.7m^2$，而喷嘴的截面积只有 $0.005m^2$，远小于风道的截面积，这样能起恒压箱的作用。风道不要太长，一般在 $25\sim30m$ 之间。风道内流速不大，一般首段风速采用 $6\sim8m/s$，末段风速采用 $1\sim2m/s$，这样逐段降低流速，降低动压，以弥补沿程摩擦阻力的静压，使整个风道内静压分布基本相等。圆锥形喷风口分布于风道两侧，其具体要求如图7-6所示。当库房宽度小于12m时，风道可设在库房一侧的上方。

对于专为贮存水果、蔬菜等呈活体状态食品的冷却物冷藏间，食品在贮存期间会吸进氧气，放出二氧化碳。为了冲淡食品生化过程中产生的废气，需要定期进行通风换气。通风换气要求如下：

1）冷却物冷藏间宜按所贮存货物的品种设置通风换气装置，换气次数每日不宜少于1次；每昼夜的换气量按库房容积的3倍计算。

2）面积大于 $150m^2$ 或虽小于 $150m^2$ 但不经常开门及设于地下室（或半地下室）的冷却物冷藏间宜采用机械通风换气装置，进入冷间的新鲜空气应先经过冷却（或加热）处理。可用进风道将室外新鲜空气引至冷风机的下部，经盘管蒸发器冷却后从均匀送风道喷射至库房内，如图7-21所示。

3）冷间内废气应直接排至库外，出风口应设于距离冷间内地坪0.5m处，并应设置便于操作的保温启闭装置。

4）新鲜空气入口和废气排出口不宜设在冷间同一侧面的墙面上。

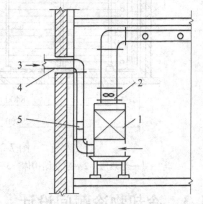

图 7-21　通风换气管的连接示意图
1—冷风机　2—轴流式风机
3—新风入口　4—新风管　5—插板阀

5）设于冷库常温穿堂内的冷间新风换气管道，在其紧靠冷间壁面的管段外表面应用隔热材料进行保温，其保温长度应不小于2m；对设于冷库穿堂内的库房排气管道，应将其外表面全部用隔热材料进行保温。

6）冷间通风换气的排气管应坡向冷间，进气管在冷间内的管段应坡向空气冷却器。

7.3.3　气流组织

冷却物冷藏间利用多喷口矩形均匀送风道，喷嘴风速在 $10\sim20m/s$ 的范围内，从均匀送风道喷口出来的气流为多股平行，贴着楼板，沿货堆上部空间吹至墙面，然后折向货堆，换热后从货堆间的通道、检查道和中央走道，回流至冷风机口。图7-22所示为库内温度、湿度随射流衰变过程。

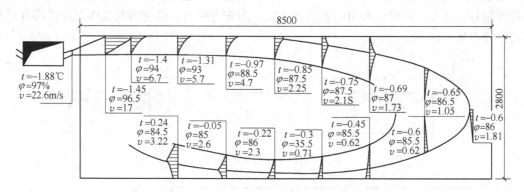

图 7-22　库内温、湿度随射流衰变过程

采用这种气流方式，要求货堆与墙面间应有 300 ~ 400mm 间距，货堆底部须放置垫木，垫木长度方向应与气流方向一致；包装食品要错缝堆码，货堆顶部与楼板底之间要有不小于 300mm 的空间，主要通道的宽度也不应小于 1200mm，冷风机下部应四周开口，以保证气流的正常循环。

7.4　冻结物冷藏间设计

冻结物冷藏间是用于较长时间地贮存冻结食品的库房。对于冻结食品来说，冷藏温度越低，冻品质量保持得越好，贮藏期也越长，但同时要考虑到日常运转费用的经济性。

7.4.1　设计一般原则

1）库温根据贮藏食品的种类、贮藏期和用户要求等不同而异，一般不高于 -18℃。对于水产品，为了更好地控制冻品在冻藏期间的氧化褐变，推荐冻藏温度在 -24℃ 以下。

2）相对湿度最好维持在 90% 以上，以减少食品在贮藏过程中的干耗。

3）冻结物冷藏间的冷却设备宜选用空气冷却器，但当食品无良好的包装时，也可采用顶排管、墙排管。

4）要求维持冷藏间温度的稳定，一般要求温度的波动不超过 1℃。若温度波动过大，不仅会增加贮藏食品的干耗，而且食品内的冰晶体在贮藏过程中发生的冻融循环将导致冰晶体变大，造成细胞的机械损伤而引起解冻后液汁流失，以及加剧蛋白质变性等影响食品的最终质量。

7.4.2　冷却设备的布置

1. 冷却排管

排管包括顶排管和墙排管。有的库内同时设置顶、墙排管，有的只设置顶排管。墙排管沿着冷库的外墙表面设置，使外墙内表面有较低的温度，使透过围护结构进入库房的热量能较快地被冷却排管吸收。墙排管与墙面的净距离不应小于 150mm，墙排管的中心位置应离库地面 400mm，防止排管被运输工具和食品碰损。内墙表面也可布置墙排管，但必须固定牢靠。在布置多组墙排管时，更要注意供液管对各组排管的进液均匀度，避免出现液体短路现象。进液方法有连续式（即串联连接）和分组式（即并联连接），如图 7-23 和图 7-24 所示。通常采用泵循环供液方式时，冷却排管的进液用串联连接；采用重力供液时，冷却排管的进液用并联连接，同时应采用同程连接方式，即先进后出，以免出现液体短路使部分排管出现供液不足的现象。

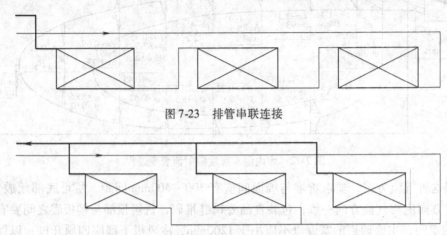

图 7-23 排管串联连接

图 7-24 排管并联同程连接

顶排管与顶板或梁底的净距离不宜大于 250mm，其布置形式有两种：一种是沿着库房的顶面满布；另一种是集中布置。两种形式各有它的优缺点。对于多层冷库顶层库房的顶排管来说，满布式可以隔断从屋顶进入的热量，库温比较均匀。集中布置便于安装，但库内存在温度不均匀现象。

集中的顶管有单层和多层的，每一顶管由若干排管子通过集管而组合，液体制冷剂进入集管后分配到各排管子，因而要注意在供液不足时，容易出现液体短路和因多层管的顶层液体不足而发生过热的现象。

当库房内需要同时设置顶排管和墙排管时，特别要注意供液问题，一般为顶、墙排管分别供液，如图 7-25 所示。当库房较小时（面积为 $200 \sim 450 m^2$），可分别供液、合用回气管；

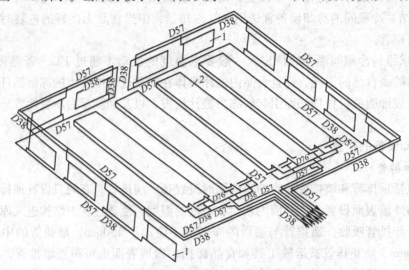

图 7-25 顶、墙排管连接（并联）示意图
1—墙排管 2—顶排管

对于小型冷库，也可用一根管供液、一根管回气，但必须注意满足供液均匀的问题。

排管作为冷却设备，其特点是：制作简便，冻品在贮藏期间的干耗少，耗电少；但排管金属耗量大，制作期长，在单层高位库内安装有困难，且库温不易均匀。

2. 冷风机

采用冷风机作为冷却设备，可节省钢材、安装简单、容易实现操作和管理的自动控制、库温比较均匀以及没有排管冲路融水污染食品等弊病。

采用冷风机除了造价较高外，容易引起食品干耗，特别是无包装食品作长期贮藏时，干耗更为明显；对于贮存多脂食品，特别是含丰富不饱和脂肪酸的水产食品，更会促进脂肪氧化而降低食品质量。所以只有包装良好、少脂和短期贮藏的食品才适合采用冷风机作冷却设备。

必须强调的是，采用冷风机时，为了减少贮品的干耗和脂肪氧化应采取以下措施：

1）冻品尽量包装后贮藏。

2）对无包装冻品应单件镀冰或整堆镀冰，最好在镀冰水中加抗氧化剂。

3）增大冷风机蒸发面积，降低制冷剂蒸发温度与空气温度之间的传热温差（2~8℃），调整冷风机的出风量，使进、出冷风机的空气温差在2~4℃。

7.4.3 气流组织

采用排管的冷间是利用空气的自然对流来达到库温均匀的，这里主要介绍冷风机的气流组织。采用冷风机时，货堆间的空气流速应限制在0.5m/s以下，冷风机出风口的结构除了保证货堆间的空气流速外，还应满足送风均匀的要求。常用的出风口结构有两种形式：一种是使出风沿冷间平顶贴附射流，与库内空气混合，经过货堆，返回冷风机下端回风口；另一种是利用均匀风道送风，其结构可参考高温库常用风道。但采用风道的造价较高、安装较麻烦，其结构如图7-26所示。

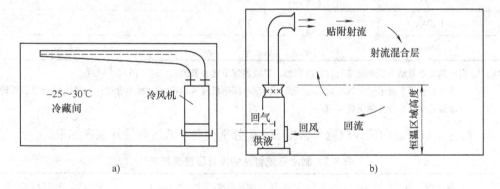

图 7-26 采用冷风机冻结物冷藏间气流组织形式
a）采用均匀送风道 b）采用送风管

第8章 制冷系统管道设计

制冷系统管道设计是把制冷压缩机和各种制冷设备，用管道和阀门合理地连接起来，组成制冷系统，包括管径的确定、管道与管件的布置和管道的保温。管道的设计是否合理，关系到制冷系统运行的安全可靠性、经济合理性和安装操作的简便性。

制冷系统管道设计的主要任务是合理地确定各部分管道的管径，尽量缩短制冷管道的管线长度，避免过大的流动阻力损失，保证各蒸发器能得到充分的供液量，使制冷系统具有良好的经济性，还要防止制冷压缩机的液击和管道系统中的积油等问题。

8.1 管径的计算

8.1.1 制冷系统管道设计要求

制冷系统管道的设计，应根据其工作压力、工作温度、输送制冷剂的特性等工艺条件，结合周围的环境和各种荷载条件进行。

1）制冷系统管道的设计压力应根据其采用的制冷剂及其工作状况按表8-1确定。

表8-1 制冷系统管道设计压力选择表

制冷剂　　　　　管道部位	高压侧/MPa	低压侧/MPa
R717	2.0	1.5
R404A	2.5	1.8
R507	2.5	1.8

注：1. 高压侧是指自制冷压缩机排气口经冷凝器、贮液器到节流装置的入口这一段制冷管道。

2. 低压侧是指自系统节流装置出口，经蒸发器到制冷压缩机吸入口这一段制冷管道，双级压缩制冷装置的中间冷却器的中压部分亦属于低压侧。

2）制冷系统管道的设计温度可根据表8-2分别按高、低压侧设计温度选取。

表8-2 制冷系统管道的设计温度选择表

制 冷 剂	高压侧设计温度/℃	低压侧设计温度/℃
R717	150	43
R404A	150	46
R507	150	46

3）制冷系统低压侧管道的最低工作温度可依据冷库冷间加工工艺的不同，按表8-3确定其管道最低工作温度。

表 8-3　冷库不同冷间制冷系统（低压侧）管道的最低工作温度

冷库中不同冷间承担不同冷加工任务的制冷系统的管道	最低工作温度/℃	相应的工作压力（绝对压力）/MPa		
		R717	R404A	R507
产品冷却加工、冷却物冷藏、低温穿堂、包装间、暂存间、盐水制冰及贮冰间	-15	0.236	-15.82℃时0.36	0.38
用于冷库一般冻结、冻结物冷藏及快速制冰及贮冰间	-35	0.093	-36.42℃时0.16	0.175
用于速冻加工、出口企业冻结加工	-48	0.046	-46.75℃时0.1	0.097

4）制冷系统管道按上述技术条件设计时，对无缝钢管管道材料的选用应符合表 8-4 的规定。

表 8-4　制冷系统高压侧及低压侧管道材料选用表

制冷剂	R717	R404A	R507
管材牌号	10、20	10、20 T2、TU1、TU2 0Cr18Ni9 1Cr18Ni9	10、20 T2、TU1、TU2 0Cr18Ni9 1Cr18Ni9
标准号	GB/T 8163—2008	GB/T 8163—2008 GB/T 17791—2007 GB/T 14976—2012	GB/T 8163—2008 GB/T 17791—2007 GB/T 14976—2012

5）制冷系统管道应采用与制冷剂、润滑油及其混合物均不发生化学反应和无有害作用的材料。氨制冷系统的管道一般采用 A10 或 A20 碳素钢无缝钢管，其规格以外径和壁厚表示。常用无缝钢管的规格见表 8-5。氟利昂制冷系统的管道常采用纯铜管或无缝钢管。管径较小（一般小于 20mm）时，多采用纯铜管；管径较大时，为节省成本，目前国内多采用无缝钢管。

表 8-5　常用无缝钢管规格

外径×厚度/mm×mm	内径/mm	理论质量/（kg/m）	净断面积/cm²	1m 长容量/（L/m）	外圆周长/mm	1m 长的外表面积/（m²/m）	1m² 外表面积的管长/（m/m²）
6×1.5	3	0.166	0.071	0.0071	19	0.019	52.63
8×2.0	4	0.296	0.126	0.0126	25	0.025	40.00
10×2.0	6	0.395	0.283	0.0283	31	0.031	32.26
14×2.0	10	0.592	0.785	0.0785	44	0.044	22.75
18×2.0	14	0.789	1.540	0.1540	57	0.057	17.54
22×2.0	18	0.986	2.545	0.2545	69	0.069	14.19
25×2.0	21	1.13	3.464	0.3464	79	0.079	12.66
25×2.5	20	1.39	3.142	0.3142	79	0.079	12.66
25×3.0	19	1.63	2.835	0.2835	79	0.079	12.66
32×2.5	27	1.76	5.726	0.5726	101	0.101	9.90

（续）

外径×厚度/ mm×mm	内径/ mm	理论质量/ （kg/m）	净断面积/ cm²	1m长容量/ （L/m）	外圆周长/ mm	1m长的外表面积/ （m²/m）	1m²外表面积的管长/ （m/m²）
32×3.0	26	2.15	5.309	0.5309	101	0.101	9.90
38×2.2	33.6	1.94	8.309	0.8867	119	0.119	8.40
38×2.5	33	2.19	8.553	0.8553	119	0.119	8.40
38×3.0	32	2.59	8.042	0.8042	119	0.119	8.40
38×3.5	31	2.98	7.548	0.7548	119	0.119	8.40
42×2.5	37	2.44	10.752	1.0752	132	0.132	7.55
42×3.0	36	2.89	10.179	1.0179	132	0.132	7.58
45×2.5	40	2.62	12.566	1.2566	141	0.141	7.09
48×3.0	42	3.33	13.854	1.3854	151	0.151	6.62
48×3.5	41	3.84	13.203	1.3203	151	0.151	6.62
51×3.5	44	4.10	15.205	1.5205	160	0.160	6.25
57×3.0	51	4.00	20.428	2.0428	179	0.179	5.59
57×3.5	50	4.62	19.635	1.9635	179	0.179	5.59
70×3.0	64	4.96	32.170	3.2170	220	0.220	4.55
70×3.5	63	5.74	31.172	3.1172	220	0.220	4.55
76×3.0	70	5.40	38.485	3.8485	239	0.239	4.18
76×3.5	69	6.26	37.893	3.7893	239	0.239	4.18
89×3.5	82	7.38	52.810	5.2810	280	0.280	3.57
89×4.0	81	8.38	51.530	5.1530	280	0.280	3.57
89×4.5	80	9.38	50.265	5.0265	280	0.280	3.57
108×4.0	100	10.26	78.540	7.8540	339	0.339	2.95
109×4.5	100	11.60	78.540	7.8540	339	0.339	2.95
133×4.0	125	12.73	122.718	12.2718	418	0.418	2.39
133×4.5	124	14.26	120.763	12.0763	418	0.418	2.39
159×4.5	150	17.15	176.715	17.6715	500	0.500	2.00
159×6.0	147	22.64	169.717	16.9717	500	0.500	2.00
219×6.0	207	31.52	336.535	33.6535	688	0.688	1.45
219×8.0	203	41.63	323.655	32.3655	688	0.688	1.45
273×7.0	259	45.92	526.853	52.6853	858	0.858	1.17
273×8.0	257	52.28	518.748	51.8748	858	0.858	1.17
325×8.0	303	62.54	749.906	74.9906	1021	1.021	0.98
325×10.0	305	77.68	730.617	73.0617	1021	1.021	0.98
377×9.0	359	81.68	1012.229	101.2229	1184	1.184	0.84
377×12.0	353	108.2	978.677	97.8677	1184	1.184	0.84
426×10.0	406	102.59	1294.619	129.4619	1338	1.338	0.75
426×12.0	402	122.52	1269.235	126.9235	1338	1.338	0.75

8.1.2　制冷剂在管内的允许流速及压降

任何流体在管道内流动，都有不同程度的压力损失。所以，在工程设计中，一般采用限定管段流动阻力损失的方法来确定相应管段管径的大小，即先选择制冷剂在管内的合适流速，控制压降，然后根据工程造价和能量损失等因素进行综合分析，最后确定管道的规格。

氨在管道内的允许流速及压降可参考表 8-6、表 8-7 中推荐的数值。

表 8-6　氨在管道内允许流速

管 道 名 称	允许流速/（m/s）	管 道 名 称	允许流速/（m/s）
吸气管	10 ~ 16	节流阀至蒸发器液体管	0.8 ~ 1.4
排气管	12 ~ 25	溢流管	0.2
冷凝至贮液器下液管	<0.6	蒸发器至氨液分离器回气管	10 ~ 16
冷凝器至节流阀液体管	1.2 ~ 2.0	氨液分离器至液体分配站供液管（重力）	0.2 ~ 0.25
高压供液管	1.0 ~ 1.5	低压循环桶至氨泵进液管	0.4 ~ 0.5
低压供液管	0.8 ~ 1.0		

注：大管道可取较大值，小管道取较小值；管径 >100mm 时，表中所列数值增大 25% ~ 30%。

表 8-7　氨制冷管道允许压降

管 道 类 别	工作温度/℃	允许压降/kPa
吸气管或回气管	−45	3.00
	−40	3.76
	−33	5.06
	−28	6.18
	−15	9.91
	−10	11.67
排气管	90 ~ 150	19.61

注：1. 吸气管或回气管允许压降相当于饱和温度降低 1℃。

2. 排气管允许压降相当于饱和温度降低 0.5℃。

氟利昂松密度比氨大，所以其产生流动阻力损失较大，为减少阻力，需降低流速。R12、R22 制冷剂在管内的流速范围见表 8-8。一般管道流动阻力损失宜控制在回气管道的总阻力损失相当于其饱和蒸发温度降低 1℃ 时的压降，排气管和高压供液管的总阻力损失相当于其饱和冷凝温度升高 0.5℃ 时的压降，其值见表 8-9、表 8-10。

表 8-8　R12、R22 在管内的流速范围

制冷剂	吸气管/（m/s）	排气管/（m/s）	液体管/（m/s）	
			冷凝器到贮液器	贮液器到蒸发器
R12、R22	5.8 ~ 20	10 ~ 20	0.5	0.5 ~ 1.25

表 8-9　回气管道产生相当于饱和蒸发温度降低 1℃ 时的压降　　　（单位：kPa）

制冷剂	蒸发温度/℃									
	10	5	0	−5	−10	−15	−20	−25	−30	−40
R12	12.748	11.375	10.002	8.727	7.845	6.668	5.884	5.001	4.413	2.942
R22	20.593	17.651	16.670	14.219	12.748	10.787	9.806	7.845	6.864	4.903

表 8-10 排气管和供液管产生相当于饱和冷凝温度升高 0.5℃时的压降 （单位：kPa）

制冷剂	冷凝温度或过冷温度/℃						
	55	50	45	40	35	30	25
R12	14.513	13.630	12.748	11.571	10.689	10.002	8.727
R22	—	—	—	19.122	17.161	15.493	14.219

但是，氟利昂与润滑油互溶，要使系统中的润滑油顺利地回到制冷压缩机，需合理地选择系统吸气管和排气管的流速，其水平管内流速必须保证在 3.5m/s 以上，而对系统回气或排气的上升立管，其内的流速通常取能使润滑油回油的最小流速。图 8-1 所示为 R22 上升吸气、排气管管径和最小带油速度之间的关系。

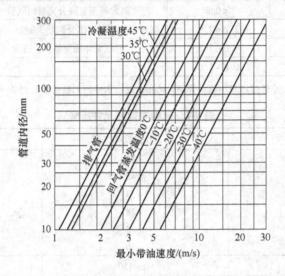

图 8-1 R22 上升吸气、排气管管径与最小带油速度之间的关系

8.1.3 管径的确定

管径的确定是制冷系统设计中的重要一环，管径是否合理直接影响整个系统的设计质量。管径的选择主要取决于管内流速的大小和允许的压降，实际上是一个初投资和经常运行费用的综合问题。而对于氟系统管径的确定，除上述因素外，对某些特定管道还需考虑回油问题。

1. 公式计算法

公式计算法是根据制冷管道允许流速、允许压降的大小进行计算来确定管径的方法。具体计算步骤如下：

（1）计算管道内径

$$d_n = \sqrt{\frac{4}{3600\pi} \times \frac{Gv}{\omega}} = 0.0188\sqrt{\frac{Gv}{\omega}} = 0.0188\sqrt{\frac{G}{\omega\rho}} \tag{8-1}$$

式中 d_n——制冷系统管道内径，单位为 m；

G——设计管道内的制冷剂流量，单位为 kg/s；

v——在计算状态下制冷剂的比体积，单位为 m^3/kg；

ρ——在计算状态下制冷剂的密度，单位为 kg/m^3；

ω——管道内制冷剂流速，单位为 m/s。

根据制冷循环的计算式

$$Q_0 = Gq_0 = Gq_v v^n$$

回气管或吸气管的管径可以按下式计算：

$$d_n = 0.0188\sqrt{\frac{3.6Q_0}{\omega q_v}} = 0.03568\sqrt{\frac{Q_0}{\omega q_v}} = 0.03568\sqrt{\frac{Q_0 v^n}{\omega q_0}} \tag{8-2}$$

式中　d_n——制冷系统管道内径，单位为 m；

$\quad\quad Q_0$——制冷系统负荷，通常为冷间机械负荷，单位为 W；

$\quad\quad \omega$——管道内制冷剂流速，单位为 m/s；

$\quad\quad q_v$——制冷剂单位容积制冷量，单位为 kJ/m³；

$\quad\quad v^n$——在计算状态下制冷剂蒸气的比体积，单位为 m³/kg；

$\quad\quad q_0$——制冷剂单位质量制冷量，单位为 kJ/kg；

$\quad$ 3.6——单位换算数值。

（2）初选管径　根据计算结果，查表 8-5 确定选用管道规格。如果计算得出的管道内径 d_n 在表中所列规格的两种管径之间，应按管径大的一种选用。

（3）计算压降　管径初步选定后，根据式（8-3）计算管道压力损失 $\sum \Delta p$（即管道的沿程阻力损失和局部阻力损失之和）。如果计算结果小于制冷管道允许压降值，则认为管径符合要求；如果计算结果大于表中所列允许压降值，或计算结果和表中所允许压降值相差悬殊，则需对管径进行重新计算，直至符合要求。

$$\Delta p = \lambda\left(\frac{l}{d_n} + \sum A\right)\frac{\rho\omega^2}{2} \tag{8-3}$$

式中　λ——摩擦阻力系数，见表 8-11；

$\quad\quad l$——直管长度，单位为 m；

$\quad\quad A$——管件当量长度折算系数，见表 8-12；

$\quad$ 余注见式（8-1）。

表 8-11　摩擦阻力系数

干饱和蒸气和过热蒸气	0.025	制冷剂液体	0.035
湿蒸气	0.033	水和盐水	0.040

表 8-12　管件当量长度折算系数

阀门与管件	系数 A	阀门与管件	系数 A
角阀（全开）	170	焊接 90°弯头（三段组成）	20
闸阀（全开）	8	焊接 90°弯头（四段组成）	15
单向阀（全开）	80	三通干管	60
球形阀（全开）	340	三通支管	90
截止阀（全开）	300	管径扩大 d/D = 1/4	30
螺扣 45°弯头	14	管径扩大 d/D = 1/2	20
螺扣 90°弯头（二段组成）	30	管径扩大 d/D = 3/4	17
焊接 45°弯头（二段组成）	15	管径缩小 d/D = 1/4	15
焊接 60°弯头（二段组成）	30	管径缩小 d/D = 1/2	11
焊接 90°弯头（二段组成）	60	管径缩小 d/D = 3/4	7

例 8-1 某冷库 –15℃蒸发系统，低压循环桶至压缩机的回气管负荷 $Q = 320kW$，冷凝温度为35℃；直管长为40m，有90°弯头 4 只；氨截止阀 3 个，试确定该回气管管径。

解：（1）计算管径 根据氨的热力性质表，可得单位质量制冷量 $q_0 = 1743.51kJ/kg –$ $662.67kJ/kg = 1080.84kJ/kg$，–15℃饱和氨气的比体积 $v'' = 0.508m^3/kg$。根据表 8-6，低压循环贮液器至压缩机回气管道允许的流速，取 $\omega = 16m/s$。代入式 8-2，得

$$d_n = 0.03568\sqrt{\frac{Q_0 v''}{\omega q_0}} = 0.03568\sqrt{\frac{320000 \times 0.508}{16 \times 1080.84}}m = 0.109m$$

（2）初选管径 查表 8-5，确定无缝钢管 $D133 \times 4.5$ 为所用管道，$d_n = 125mm$。

（3）计算压降 $\sum \Delta p$ 查表 8-11，得 $\lambda = 0.025$，气体的密度 $\rho = 1/v = 1/0.508kg/m^3 =$ $1.97kg/m^3$。代入式 8-3，得

$$\sum \Delta p = \lambda\left(\frac{l}{d_n} + \sum A\right)\frac{\rho\omega^2}{2} = 0.025\left[\frac{40}{0.125} + (300 \times 3 + 32 \times 4)\right]\frac{1.97 \times 16^2}{2}kPa$$

$$\approx 8.50kPa < 9.91kPa$$

所以该管径选择合理。

2. 图表计算法

为了简化设计，在实际管径计算中，经常采用的方法往往不是公式计算法，而是通过查图或查表的方法来确定管径，简单方便。下面分别介绍氨管径、氟管径的图表计算法。

（1）氨管径的确定 氨管中不需要考虑回油问题，确定管径比氟管简单，具体计算步骤如下：

1）根据工况条件确定选用的计算表，见表 8-13 ~ 表 8-15，以及计算用图，如图 8-2 ~ 图 8-16 所示。

表8-13 氨单相流吸气管负荷量表   （单位：kW）

钢管公称直径/mm	饱和吸气温度/℃					
	–50		–40		–30	
	$\Delta t = 0.5℃$	$\Delta t = 1℃$	$\Delta t = 0.5℃$	$\Delta t = 1℃$	$\Delta t = 0.5℃$	$\Delta t = 1℃$
	$\Delta p = 1.21kPa$	$\Delta p = 2.42kPa$	$\Delta p = 1.92kPa$	$\Delta p = 3.84kPa$	$\Delta p = 2.91kPa$	$\Delta p = 5.82kPa$
10	0.19	0.29	0.35	0.51	0.58	0.85
15	0.37	0.55	0.65	0.97	1.09	1.60
20	0.80	1.18	1.41	2.08	2.34	2.4
25	1.55	2.28	2.72	3.97	4.48	6.51
32	3.27	4.80	5.71	8.32	9.36	13.58
40	4.97	7.27	8.64	12.57	14.15	20.49
50	9.74	14.22	16.89	24.60	27.57	39.82
65	15.67	22.83	27.13	39.27	44.17	63.77
80	28.08	40.81	48.38	69.99	78.68	113.30
100	57.95	84.10	99.50	143.84	161.77	232.26
120	105.71	153.05	181.16	261.22	293.12	420.83
150	172.28	248.91	294.74	424.51	476.47	683.13
200	356.67	514.55	609.20	874.62	981.85	1402.03
250	649.99	937.58	1107.64	1589.51	1782.31	2545.46
300	1045.27	1504.96	1777.96	2550.49	2859.98	4081.54

（续）

钢管公称直径/mm	饱和吸气温度/℃					
	−20		−5		+5	
	$\Delta t = 0.5℃$	$\Delta t = 1℃$	$\Delta t = 0.5℃$	$\Delta t = 1℃$	$\Delta t = 0.5℃$	$\Delta t = 1℃$
	$\Delta p = 4.22kPa$	$\Delta p = 8.44kPa$	$\Delta p = 5.92kPa$	$\Delta p = 13.8kPa$	$\Delta p = 9.26kPa$	$\Delta p = 18.5kPa$
10	0.91	1.33	1.66	2.41	2.37	3.42
15	1.72	2.50	3.11	4.50	4.42	6.37
20	3.66	5.31	6.61	9.53	9.38	13.46
25	6.98	10.10	12.58	18.09	17.79	25.48
32	14.58	21.04	26.17	37.56	36.94	52.86
40	21.99	31.73	39.40	56.39	55.53	79.38
50	42.72	61.51	76.29	109.28	107.61	153.66
65	68.42	98.23	122.05	174.30	171.62	245.00
80	121.52	174.28	216.15	308.91	304.12	433.79
100	249.45	356.87	442.76	631.24	621.94	885.61
120	452.08	646.25	800.19	1139.74	1124.47	1598.31
150	733.59	1046.77	1296.07	1846.63	1819.59	2590.21
200	1506.11	2149.57	2662.02	3784.58	3735.65	5303.12
250	2731.90	3895.57	4818.22	6851.91	6759.98	9589.56
300	4378.87	6237.23	7714.93	10 973.55	10 810.65	15 360.20

表8-14　氨单相流吸气管、排气管和液体管负荷量表（适用单级或高压级）

（单位：kW）

钢管公称直径/mm	吸气管 $\Delta t = 2℃$					排气管 $\Delta t = 2℃$ $\Delta p = 68.4kPa$			液体管		
	饱和吸气温度/℃					饱和吸气温度/℃			钢管公称直径/mm	速度 = 0.5m/s	$\Delta p = 45.00kPa$
	−40 $\Delta p = 7.69kPa$	−30 $\Delta p = 11.63kPa$	−20 $\Delta p = 16.88kPa$	−5 $\Delta p = 27.66kPa$	+5 $\Delta p = 37.05kPa$	−40	−20	+5			
10	0.8	1.2	1.9	3.5	4.9	8.0	8.3	8.5	10	39.7	63.8
15	1.4	2.3	3.6	6.5	9.1	14.9	15.3	15.7	15	63.2	118.4
20	3.0	4.9	7.7	13.7	19.3	31.4	32.3	33.2	20	110.9	250.2
25	5.8	9.4	14.6	25.9	36.4	59.4	61.0	62.6	25	179.4	473.4
32	12.1	19.6	30.2	53.7	75.4	122.7	126.0	129.4	32	311.0	978.0
40	18.2	29.5	45.5	80.6	113.3	184.4	189.4	194.5	40	423.4	1469.4
50	35.4	57.2	88.1	155.7	218.6	355.2	364.9	374.7	50	697.8	2840.5
60	56.7	91.6	140.6	248.6	348.9	565.9	581.4	597.0	60	994.8	4524.8
80	101.0	162.4	249.0	439.8	616.9	1001.9	1029.3	1056.9	80	1536.8	8008.3
100	206.9	332.6	509.2	897.8	1258.6	2042.2	2098.2	2154.3	100	2647.2	16320.2
125	375.2	601.8	920.6	1622.0	2271.5	3682.1	3783.0	3884.2	125	—	—
150	608.7	975.6	1491.4	2625.4	3672.5	5942	6117.4	6281.0	150	—	—
200	1251.3	2003.3	3056.0	5382.5	7530.4	12195.7	12529.7	12864.8	200	—	—
250	2271.0	3025.9	5539.9	9733.7	13616	22028.2	22632.2	23237.5	250	—	—
300	3640.5	5813.5	8873.4	15568.9	21871	35239.7	36206.0	37174.3	300	—	—

表 8-15　氨两相流吸气管负荷量表　（$\Delta t = 1℃$，$n = 4$）　　　　（单位：kW）

钢管公称直径/	蒸发温度/℃								
mm	−10	−15	−25	−28	−30	−33	−35	−40	−45
25	10.73	9.19	6.56	5.87	5.41	4.85	4.51	3.66	2.91
32	21.36	18.26	13.08	11.70	10.77	9.68	8.96	7.26	5.62
40	32.12	27.41	19.65	17.58	16.21	14.57	13.48	10.93	8.84
50	61.01	52.13	37.33	33.37	30.73	27.66	25.60	20.72	16.43
65	118.53	101.16	72.58	64.94	59.85	53.82	49.81	40.16	32.01
80	188.03	160.62	115.07	103.02	94.98	85.26	78.77	83.71	50.68
90	317.56	235.53	168.73	150.89	139.00	125.09	115.48	93.83	74.63
100	381.87	326.27	233.98	209.19	192.67	173.22	160.24	129.73	103.19
125	679.56	583.04	417.101	372.99	343.64	309.13	286.11	231.67	183.41
150	1154.81	918.96	656.40	586.90	540.56	487.27	451.76	365.67	289.97
200	2251.6	1922.86	1378.43	1232.48	1135.18	1021.26	945.98	764.51	605.24
250	4004.02	3420.99	2451.84	2192.37	2019.39	1824.78	1695.05	1362.99	1078.23

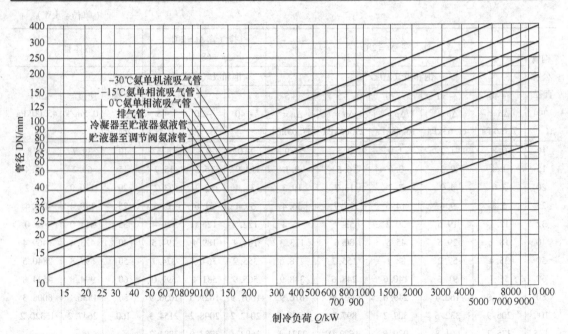

图 8-2　管长小于 30m 氨吸气管管径计算图

2）根据配管设计时的工况负荷量和管子当量长度，确定设计管道的公称直径。

3）根据计算得到的公称直径，查表 8-5，选定无缝钢管的规格。

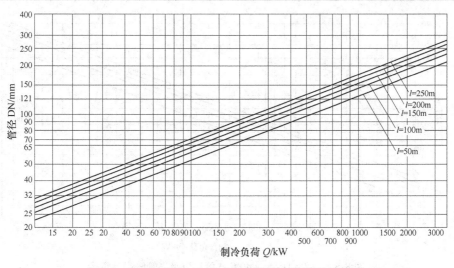

图 8-3 蒸发温度为 -15℃氨单相流吸气管管径计算图

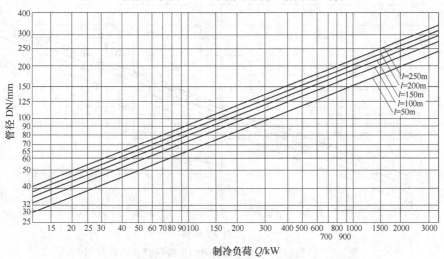

图 8-4 蒸发温度为 -28℃氨单相流吸气管管径计算图

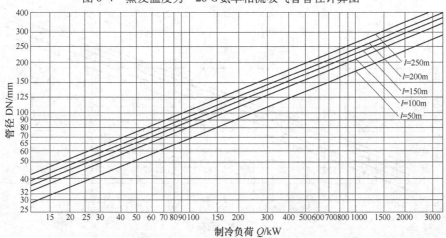

图 8-5 蒸发温度为 -33℃氨单相流吸气管管径计算图

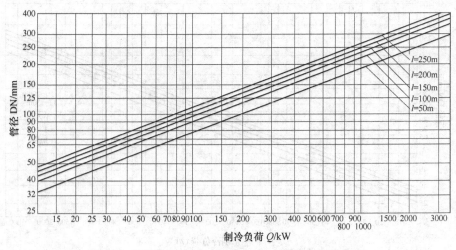

图 8-6　蒸发温度为 -40℃氨单相流吸气管管径计算图

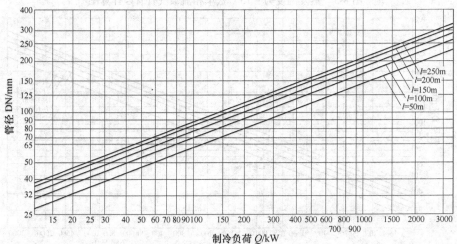

图 8-7　蒸发温度为 -10℃氨两相流吸气管管径计算图

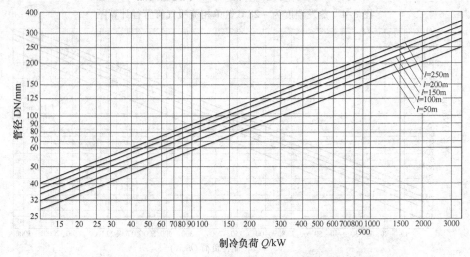

图 8-8　蒸发温度为 -15℃氨两相流吸气管管径计算图

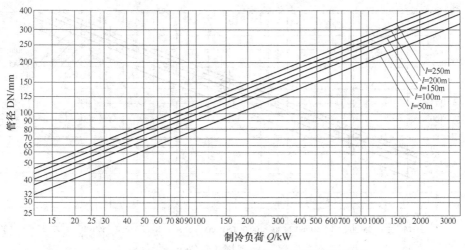

图 8-9　蒸发温度为 -28℃氨两相流吸气管管径计算图

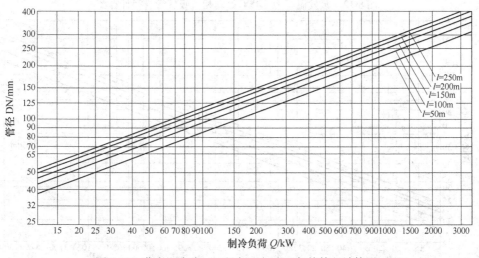

图 8-10　蒸发温度为 -33℃氨两相流吸气管管径计算图

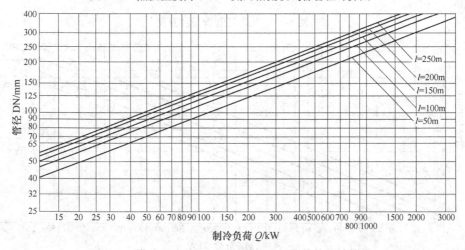

图 8-11　蒸发温度为 -40℃氨两相流吸气管管径计算图

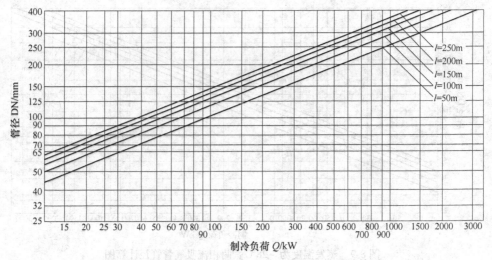

图 8-12　蒸发温度为 −45℃氨两相流吸气管管径计算图

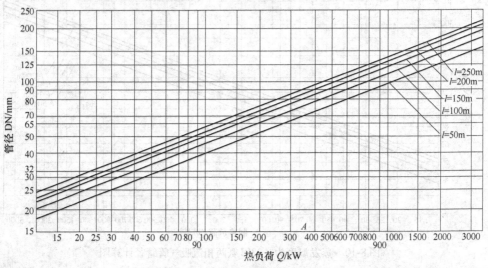

图 8-13　氨排气管管径计算图

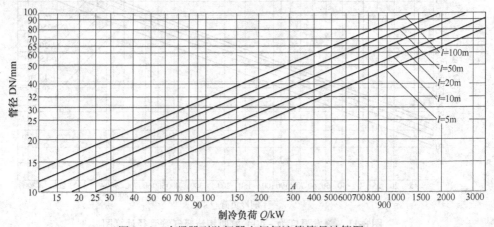

图 8-14　冷凝器到贮氨器之间氨液管管径计算图

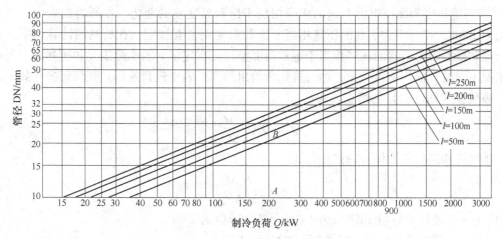

图 8-15　贮氨器到分配站之间氨液管管径计算图

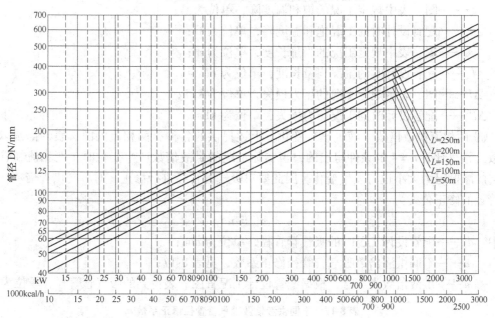

图 8-16　盐水管管径计算图

4）如果实际工况和图、表要求工况不同，需先进行工况条件修正，然后再进行计算。具体如下：

① 冷凝温度变化。计算图、表中的负荷量都是以冷凝温度 30℃ 为基准制作的，当冷凝温度不是 30℃ 时，在上述图表中查得的负荷量不能直接拿来使用，需用表 8-16 中所列的修正系数对负荷量进行修正。

表 8-16　冷凝温度修正系数

管道类别	冷凝温度/℃			
	20	30	40	50
吸气管	0.96	1.00	1.04	1.10
排气管	1.16	1.00	0.81	0.70

② 当量长度和摩擦阻力引起的压降相当于饱和温度差的变化。在所给的表中，当量长度均为100m，摩擦阻力引起的压降相当于饱和温度差也有规定。在所列的计算图中，对当量长度和摩擦阻力引起的压降相当于饱和温度差也各有定值。若实际工况和所列图、表规定的工况不同时，需修正负荷量，然后再到所给出的图、表中进行使用。其修正公式如下。

吸气管（回气管）的修正公式：

$$Q = Q_s \left(\frac{L_s \Delta t}{L \Delta t_s}\right)^{0.55} \tag{8-4}$$

排气管和高压侧液体管的修正公式：

$$Q = Q_s \left(\frac{L_s \Delta P}{L \Delta P_s}\right)^{0.55} \tag{8-5}$$

式中　Q——经修正后用于图、表的工况负荷，单位为 kW；

Q_s——配管设计时的工况负荷，单位为 kW；

Δt——图、表中规定工况的饱和温度降，单位为℃；

Δt_s——配管设计时的工况饱和温度降，单位为℃；

L——图、表中规定工况的当量长度，单位为 m；

L_s——配管设计时的工况当量长度，单位为 m；

ΔP——图、表中规定工况的压力损失，单位为 kPa；

ΔP_s——配管设计时的工况压力损失，单位为 kPa。

③ 两相流供液倍数（液气比）变化。上述提供的各种氨两相流的图、表，都是以供液倍数（液气比）$n = 4$ 的条件得出的，当实际工况的供液倍数产生变化时，两相流在管道内引起的摩擦阻力大小也将发生变化，因此要对吸气管管径进行修正。对不同供液倍数，吸气管管径的修正公式为

$$d_s = nd \tag{8-6}$$

式中　d_s——配管设计工况时的吸气管管径，单位为 mm；

n——不同供液倍数吸气管管径修正系数，见表8-17；

d——供液倍数为4时，根据配管设计工况查图、表得到的吸气管管径，单位为 mm。

表 8-17　不同供液倍数吸气管管径修正系数 n

供液倍数	2	3	4	5	6	7	8
修正系数 n	0.87	0.94	1.00	1.05	1.09	1.12	1.15

例8-2　已知氨制冷系统单相流吸气管负荷为300kW，蒸发温度为 -40℃，管道当量总长度为100m，确定吸气管管径。

解：（1）查表法　当氨饱和吸气温度为 -40℃，$\Delta t = 1$℃，当量管长为100m时，查表8-13得钢管公称直径为125mm时，吸气管负荷为261.22kW；钢管公称直径为150mm时，吸气负荷为424.51 kW，故在吸气管负荷为300kW时，选用钢管公称直径150mm为宜。

（2）查图法　查图8-6，从吸气管负荷的横坐标300kW处垂直向上，交于当量长度100m管线上一点，再水平向左与钢管公称直径纵坐标相交，查出需用吸气管公称直径为135mm。根据表8-5所列无缝钢管规格尺寸，选用最接近的钢管公称直径150mm。

例8-3　已知氨制冷系统单相吸入管负荷为200kW，蒸发温度为 -15℃，管道当量长度

为 25m；沿程摩擦阻力所引起的压降不大于 2.5kPa，求该吸气管的管径。

解：因当量管长小于 30m 时，摩擦阻力引起的压降在图 8-2 所示的依据范围内，可使用此图。

查图 8-2，从横坐标上找到 200kW 的位置，垂直向上，交于 −15℃氨单相吸气管的图线，然后转折水平向左与钢管公称直径纵坐标相交，查出需用吸气管公称直径为 75mm。

根据表 8-5，选用最接近的钢管公称直径 80mm。

例 8-4　已知冷凝温度为 40℃，蒸发温度为 −28℃，氨泵供液，再循环倍数为 6，回气管当量长度为 100m，制冷负荷为 300kW，确定两相流回气管管径。

解：由题意对工况条件进行修正。根据表 8-17，冷凝温度为 40℃时修正系数为 1.04，修正后的制冷负荷为 300 × 1.04kW = 312kW。

由图 8-8 查得内径为 135mm，再对循环倍数进行修正，由表 8-17 查得 n_x = 1.09，修正后管径为 135 × 1.09mm = 147mm。

根据表 8-5 选择，选用最接近的无缝钢管规格 D159mm × 6.0mm。

（2）氟管径的确定

1）回气管管径。回气管由水平管段和立管段组成。回气管中压降大，将使吸气压力降低，吸入气体比体积增大，导致输气系数下降，会直接影响到压缩机的制冷能力。所以，一般把该管段中的压降控制在相当于饱和温降 1℃，其对应压降值见表 8-9。图 8-17 所示为根据该条件绘制的 R22 回气管计算图。根据制冷能力、管路当量长度、蒸发温度，即可查得回气管最小内径。

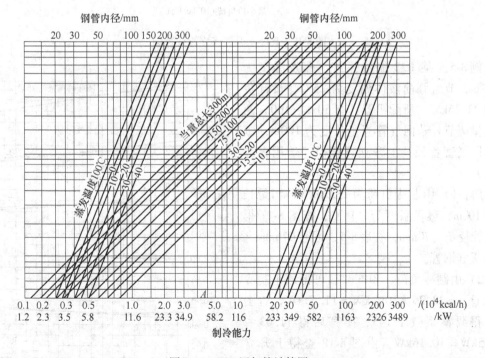

图 8-17　R22 回气管计算图

对于上升回气立管，确定管径时还应考虑带油速度。若该管段中流速过小，游离在回气中的油滴不能随气体上升，终将流回蒸发器，使蒸发器内的油越积越多。因此，上升立管中必须保持一定的流速,借以带油前进,且速度越大,带油效果越好。但流速增大必然会导致流动阻力增加,使蒸发压力降低,吸气比体积增大,压缩机制冷能力降低等。为了做到既能带油上升又不致使阻力过大,管内流速一般取其满足带油的最小值,称其为最小带油速度。只要管内流速大于或等于最小带油速度,气体就能带油上升。R22 上升回气立管的最小带油速度如图 8-1 所示。据资料介绍,美国将上升回气立管中制冷剂流速定为不低于 5m/s,前苏联则定为 8m/s,可供参考。

为了使用方便,可根据上升立管的最小带油速度,按节流阀前液体温度为 40℃ 的条件,换算成上升立管的最小制冷量来确定该立管的最大管内径。图 8-18 所示为 R22 上升回气立管计算图。对于节流阀前不同的温度,则可用图 8-19 进行调整。

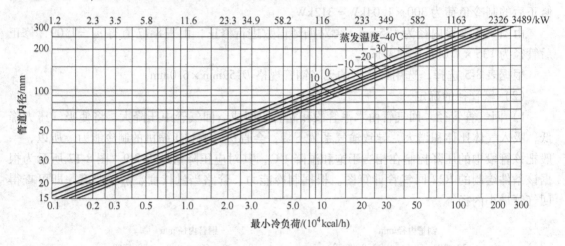

图 8-18　R22 上升回气立管计算图

例 8-5　某 R22 制冷系统,蒸发温度为 -15℃,节流阀前液体温度为 25℃,设计负荷为 23.26kW,所配机器具有 50%、100% 两级能量调节。若回气管当量长度为 100m,试选择回气管管径及上升立管管径(选用无缝钢管)。

解:1) 由制冷负荷为 23.26kW、当量长度为 100m、蒸发温度为 -15℃,查图 8-17 得回气管径 $d_n = 70mm$,查表 8-5,可选 $D76mm \times 3mm$ 无缝钢管。

2) 由制冷负荷、50% 卸载可得最小制冷负荷 $Q_{min} = 23.26 \times 50\%$ kW $= 11.63kW$,查图 8-19 得调整系数 1.145,换算后得 $11.63 \div 1.145kW = 10.16kW$,由图 8-18 查得上升立管最大管径 $d_n = 35mm$,查表 8-5,可选 $D38mm \times 2.5mm$ 无缝钢管。

由上例可知,按保证阻力损失对蒸发温

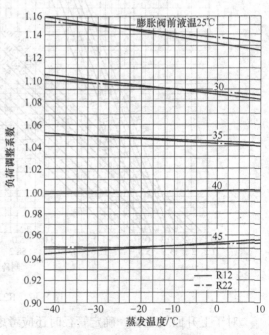

图 8-19　制冷量调整系数

度的影响不超过 1℃选择管径，回气管段应选 D76mm 管，但为了上升立管内保证必要的带油速度，需将上升立管选为 D38mm 无缝钢管。这样，总阻力损失将超过原允许值。这时，可通过适当放大水平、下降管段管径的方法来解决。若上升立管较短，管径变化不大时，也可不改变水平、下降管径，使总阻力损失稍大于允许值即可。

需要说明的是，由于回气管承担着从蒸发器回油至压缩机的任务，因此，回气管的确定是氟管的重点，而上升回气立管又是回气管中的关键管段，所以，上升回气立管必须选好。

2）排气管管径。排气管中的压降对制冷量的影响较小，对压缩机功耗的影响较大。一般情况下，把排气管中的压降控制在相当于饱和温降 0.5℃，即冷凝温度为 40℃时，R22 的允许压降为 0.0189MPa。当冷凝温度在 35 ~ 40℃时，可利用图 8-20 确定排气管径。

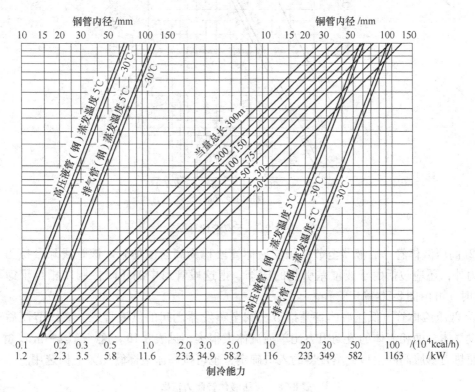

图 8-20　R22 排气、高压液体管计算图

对于上升排气立管，要有一定的带油速度，其最小带油速度如图 8-1 所示。需要说明的是，上升排气立管仅指不设油分离器时压缩机至冷凝器之间的管段，和设油分离器时压缩机至油分离器之间的排气管上的上升立管。对于油分离器至冷凝器之间的上升立管，不必考虑带油问题，以简化设计。

3）液体管管径。液体管分三段，具体如下：

① 下液管。下液管指冷凝器至贮液器的泄液管。下液管应该通畅，以保证冷凝液及时流入贮液器，以免积存在冷凝器内使冷凝面积减小。同时，贮液器内气体也可通过它进入冷凝器。下液管管径可由图 8-21 确定，图中曲线是按液体温度为 40℃和蒸发温度为 - 20℃计算的，对其他温度也可近似采用。如果冷凝器、贮液器之间设均压管，则图 8-21 中管道制冷量可提高 50%。

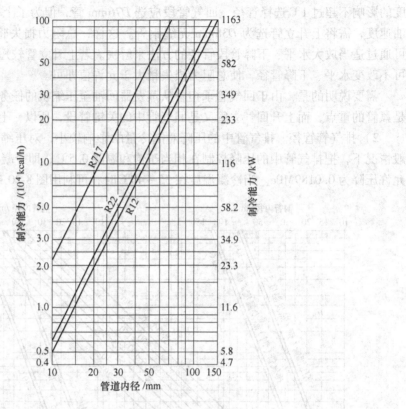

图 8-21　下液管计算图

② 高压液体管。贮液器至节流阀的液体管段称为高压液体管。该管段除摩擦阻力、局部阻力外，还应包括由于液位差引起的压降。把这段管道中的压降控制在相当于饱和温降 0.5℃时，可由图 8-20 确定管径。

③ 低压液体管。低压液体管是指节流阀至蒸发器之间的供液管道。液体节流后产生部分闪发气体，两相流体的流动阻力比单纯流体大很多，见表 8-18。这一管段一般较短，管径可参照热力膨胀阀的出口或蒸发器的入口确定，也可按高压液体管加大一档选用。

表 8-18　低压液体管阻力倍数

节流阀前液体温度/℃	蒸发温度/℃	阻力倍数	
		R12	R22
30	0	21.6	18.5
	-30	76.5	64.0
40	0	29.0	24.5
	-30	93.0	77.0

3. 其他连接管道管径的确定方法

制冷系统中除了吸气管、排气管和供液管需要通过公式计算或查图、表选择管径外，另外一些连接管道的管径可不进行计算，而是根据制冷设备上管接头大小和制冷系统的规模来确定。以下提供了几种连接管的规格范围，供设计时参考：

1）融霜用的热氨管可根据蒸发器容量大小采用公称直径为 32~50mm 管径。

2）排液管通常采用公称直径为 25～32mm 的管径。融霜排液管径可根据排液桶上进液管规格选定。

3）单台设备安全管的公称直径不能小于安全阀的公称直径；多台设备容器的安全阀共用一根安全管时，总管的公称直径应不小于 25mm，通常也不大于 50mm。

4）设备之间的均压管可根据设备接管规格确定。设备多于 2 台时，设备间的均压总管管径通常取比设备接管规格大一号。

5）制冷设备上使用的加压和减压管可采用公称直径为 20～32mm 的管径。

6）放油管一般采用公称直径为 20～32mm 的管径。低压系统的放油管，由于油在低温时黏度比较大，所采用的管道公称直径不宜小于 25mm。为了减少放油时进入集油器的氨液，最好在各容器上装油位计并在放油管上装视镜。

7）放空管可根据接管的管径确定。

8）低压循环桶出液管（即氨泵进液管）管内流速不宜大于 0.5m/s，氨泵出液管流速宜在 0.8～1.0m/s。氨泵的进、出液管管径可参照表 8-19 选用。

表 8-19　氨泵进、出液管管径选用参照表

管道名称	氨泵流量/（m³/h）							
	3.0	4.0	5.0	6.0	7.0	8.0	9.0	10.0
氨泵进液管径/mm×mm	57×3.0	63×3.0	76×3.5	89×3.5	89×3.5	89×3.5	89×3.5	89×3.5
氨泵出液管径/mm×mm	38×3.2	42×2.2	57×3.0	57×3.0	63×3.0	63×3.0	63×3.0	76×3.5

8.2　制冷系统管道布置

8.2.1　管道布置的一般要求

制冷系统管道布置必须根据制冷工艺要求进行，布置时要保证机器和设备能安全运转，操作人员能方便地操作和检修；所设计的管路经济合理，即设计的管道短而直，并且管道的沿程阻力最小；同时，应对各种管道作统一安排，以便能合理地共用支架和吊架；还应适当考虑管道布置的美观。管道布置的具体要求如下：

1）低压侧制冷管道的直线段超过 100m 及高压侧制冷管道直线段超过 50m 时，应设置一处管道补偿装置，并应在管道的适当位置设置导向支架和滑动支、吊架。

2）制冷管道穿过冷库围护结构时应适当集中，从预留孔洞中通过；管道经过建筑物的伸缩缝时，为防止不均匀下沉而产生管道变形，应考虑留有伸缩余地。

3）制冷管道穿过建筑物的墙体（除防火墙外）、楼板、屋面时，应加套管，套管与管道间的空隙应密封，但制冷压缩机的排气管道与套管间的间隙不应密封。低压侧管道套管的直径应大于管道隔热层的外径，并不得影响管道的热位移。套管应超出墙面、楼板、屋面 50mm。管道穿过屋面时应设防雨罩。

4）热气融霜用的热气管，应从制冷压缩机排气管除油装置以后引出，并应在其起始端装设截止阀和压力表，热气融霜压力不得超过 0.8MPa（表压）。

5）设计制冷系统管道时，应考虑能从任何一个设备中将制冷剂抽走。

6）布置制冷系统管道应避免对其供液管形成气袋，并且应避免对其回气管形成液囊。

7）当水平布置的制冷系统的回气管外径大于 108mm 时，其变径元件应选用偏心异径管接头，并应保证管道底部平齐。

8）制冷系统管道的走向及坡度：对使用氨制冷剂的制冷系统，应方便制冷剂与冷冻油分离；对使用氢氟烃及其混合物为制冷剂的制冷系统，应方便系统的回油。

9）对于跨越厂区道路的管道，在其跨越段上不得装设阀门、金属波纹管补偿器和法兰、螺纹接头等管道组成件，其路面以上距离管道的净空高度不应小于 4.5m。

10）制冷管道设在同一支架、吊架上时，应遵循如下原则：吸气管道应放在排气管道的下面，气体管道应布置在液体管道的上面；有隔热层管道宜布置在无隔热层管道（排气管除外）之上。

8.2.2 氨制冷系统管道布置

1. 对阀件及连接件的要求

（1）阀件 氨制冷系统中使用的阀门、仪表及测控元件均应选用氨专用元器件，要求耐压、耐蚀等，具体要求如下：

1）阀体的材质应为铸钢，强度试验压力为 3.0 ~ 4.0MPa，密封性试验压力为 2.0 ~ 2.5MPa。一般公称压力为 2.5MPa 的阀件即可满足要求。

2）氨对铜有腐蚀性，所采用的各种阀件不允许有铜及铜合金或镀锌、镀锡的零部件。

3）所用阀门应有倒关阀座，方便在阀门填料泄漏时，系统处于工作状态；以及在一定压力情况下，把阀开足，更换填料。

4）制冷装置的压力表要用氨专用压力表，其量程不得小于系统工作压力的 1.5 倍。冷凝器、贮氨器等高压容器采用 -0.1 ~ 0 ~ 2.5MPa 的压力表，氨液分离器、低压循环贮液器、中间冷却器等中、低压容器采用 -0.1 ~ 0 ~ 1.6MPa 的压力表。氨用压力表的准确度等级不低于 2.5 级。

（2）连接件 制冷管道所用的弯头、异径管接头、三通、管帽等管件应采用工厂制作件，其设计条件应与其连接管道的设计条件相同，壁厚也应与其连接的管道相同。热弯加工的弯头，其最小弯曲半径应为管子外径的 3.5 倍；冷弯加工的弯头，其最小弯曲半径应为管子外径的 4 倍。具体数值可参照表 8-20 选取。

表 8-20　管子外径及弯头曲率半径

管子外径/mm	弯头曲率半径/mm	管子外径/mm	弯头曲率半径/mm
57	140	133	400
76	200	159	500
89	235	219	660
108	325	245	740

1）氨系统管道一般采用焊接，一般管壁厚度小于 4mm 者宜用气焊，管壁厚度 4mm 以上者可用电焊。

2）必要的地方可采用法兰联接，法兰用 Q235 钢制作，应带凸凹口。

3）两根管子作 T 形连接时，应作顺流向的弯头。若两根管子管径相同，则应在结合部位加一段较大的管子，如图 8-22 所示。

4）小口径阀门用螺扣连接时，连接管车削螺纹后剩余厚度不小于 2.5 ~ 3.0mm，应先用一短管与阀门连接，再与系统管道焊接，螺扣连接时不得使用白油麻丝，应采用纯甘油与黄粉（氧化铅）调和的填料。

5）支管与集管连接时，支管管头应开弧形叉口与集管平接，不应插入集管内，如图 8-23 所示。

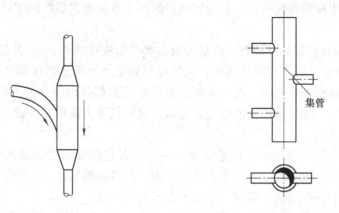

図 8-22　管子 T 形接法　　　　　図 8-23　支管与集管接法

2. 蒸发器供液管设计

1）每个冷间均应有从分配站上单独引出并能调节供液量的供液管。若同一冷间内设置了冷风机、蒸发排管等制冷负荷、安装高度相差较大的蒸发设备，不得并联在同一供液管上，应从分配站分支引出供液管。

2）并联于一根供液管的供液方式，应考虑到沿程阻力对供液量的影响，对各并联供液的蒸发器，要求其当量长度基本相等，保证其阻力平衡。设计时，应保证每组蒸发器都有良好的制冷效果，如采用中进中出、先进后出的方式。

3）如冷间兼有顶排管和墙排管时，最好由调节站或液体分配器单独单独接出供液管。只有面积小于 200m² 的冷间才可以用一根供液管，这时要先供顶排管，再供墙排管。

3. 吸气管设计

1）重力供液系统，为保证制冷压缩机不发生液击现象，并能安全运行，在各蒸发系统的回气总管上最好设置机房氨液分离器。

2）为防止吸气管中的氨液流入制冷压缩机造成液击，在压缩机吸气支管和水平吸气总管连接时，宜在水平吸气总管水平轴线上方呈 45°处连接。

4. 排气管设计

1）为防止制冷压缩机较长时间停机后，排气管内沉积的氨液及润滑油在下次起动压缩机时造成液击现象，每台压缩机的排气支管上均应设置止回阀。

2）制冷压缩机排气支管与水平排气总管连接时，应从排气总管顶部接入，且接入管道中心线与排气总管气流方向呈小于 45°连接。

5. 其他管道设计

1）氨安全管必须设置引出室外的泄压管，其出口应高出机房屋檐口 1m；若其出口在冷凝器操作平台，应高出平面标高 3m 以上。安全口不能直接开口向上，需做一个 S 弯防止雨水漏入，并在 S 弯处灌注少量润滑油以防管道及阀体腐蚀。

2）制冷系统管道的布置宜采用"步步高"或"步步低"的方式，其供液管应避免形成气袋，回气管应避免形成液囊。设计在地沟内的吸、排气总管，在低处应设有排液（油）管，吸入管还应设加压管。

3）排液桶、集油器、空气分离器等设备的降压回气管，不得与制冷压缩机的吸气管直接相连，一般接于蒸发温度较低、负荷较稳定的制冷系统蒸发器的回气管上，并从回气管总管顶部接出。

4）洗涤式油分离器的进液管，应从冷凝器水平出液管侧的下方 45°接入。

5）每台氨泵出液管上应装止回阀，以防停泵后氨液倒流至低压循环桶；并在止回阀后安装截止阀，方便检修止回阀；在一个蒸发温度系统的氨泵出液总管上还应设自动旁通阀，其旁通管与蒸发器至低压循环桶的回气管连通，起到氨泵大流量时旁通疏通的作用。

6. 管架的设计

（1）管架的作用　管架的作用是固定管道，即要控制管道受力后产生的挠度在允许范围内，避免管道产生振动等。若管架设计不合理，轻者影响制冷系统的正常工作及使管道产生振动，严重的会使管道坡口破裂，酿成重大事故。

（2）管架的结构形式　制冷工程中常用半固定支架，即用一根圆钢或一条扁钢带做成管卡，两端用螺母将管道紧固在支架上。这种支架的特点是：当管道因温度变化产生变形时，能在轴向产生较小的位移。对吊装管道的吊杆可用 A3 钢、角钢或圆钢；沿墙敷设管道可用 A3 钢、角钢制作支架，预埋在墙内的角钢应将端头掰开，以防脱落。

常见的半固定支架结构如图 8-24 所示。图 8-24a 和图 8-24b 是随墙安装管道常用的管架结构形式；图 8-24c 和图 8-24d 是吊顶管架结构形式。

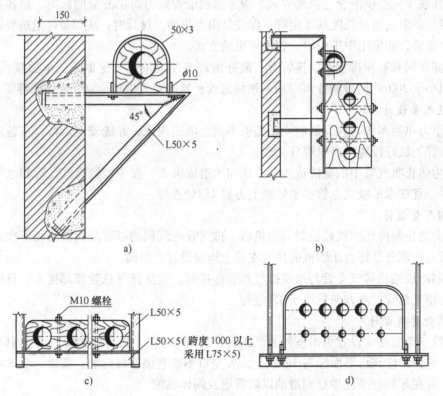

图 8-24　管架的结构形式示意图

（3）管架的支点距离　管道支点距离的确定取决于管道布置形式和管道的受力情况。在一般的制冷设计中，通常采用简便的查表法，根据使用的管径和管道种类状况，在表 8-21 中查出各种管道支（吊）点最大间距。管架的正常间距为最大间距的 0.8 倍。

表 8-21　管道支（吊）点最大间距

外径×管壁厚/ mm×mm	管道吊点最大间距/m				
	气体管 不带隔热层	氨液管 不带隔热层	气体管 带隔热层	氨液管 带隔热层	盐水管 带隔热层
YB231-70 冷拔（冷扎）无缝钢管 10 或 20 优质碳素钢					
10 ×2.0	—	1.05	—	0.27	—
14 ×2.0	—	1.35	—	0.45	—
18 ×2.0	—	1.55	—	0.60	—
22 ×2.0	1.95	1.85	0.75	0.76	0.76
32 ×2.2	2.60	2.35	1.02	1.02	1.02
38 ×2.2	2.85	2.50	1.20	1.16	1.16
45 ×2.0	3.25	2.80	1.42	1.40	1.40
YB231-70 热扎无缝钢管 10 或 20 优质碳素钢					
57 ×3.5	3.80	3.33	1.92	1.90	1.90
76 ×3.5	4.60	3.94	2.60	2.42	2.42
89 ×3.5	5.15	4.32	2.75	2.60	2.60
108 ×4.0	5.75	4.75	3.10	3.00	2.95
133 ×4.0	6.80	5.40	3.80	3.65	3.60
159 ×4.5	7.65	6.10	4.56	4.30	4.25
219 ×6.0	9.40	7.38	5.90	—	5.40
273 ×7.0	10.90	8.40	7.35	—	6.55
325 ×8	12.25	9.40	8.66	—	7.55
377 ×10	13.40	10.40	10.00	—	8.70

除按正常设计支（吊）点距离外，由于流体在管件、弯头处受到局部阻力而产生较大的冲击振动力，在这些部位的一侧或两侧要增设加固点，同时要求支（吊）点与弯头的距离不宜大于 600mm，并尽可能将增设的支（吊）点设在较长的管道上。

7. 管道的坡度

为了使整个制冷系统能安全、稳定、有效地工作，对制冷系统的各种管道还有一定的坡度和坡向要求。坡度的建立靠管架进行调整，具体的坡度及坡向要求见表 8-22。

表 8-22　氨制冷系统管道坡度和坡向

管道名称	坡度方向	参考值（%）
压缩机至油分离器的排气管	坡向油分离器	0.3 ~0.5
与安装在室外冷凝器相连接的排气管	坡向冷凝器	0.3 ~0.5
冷凝器至贮液器的出液管	坡向贮液器	0.1 ~0.5
氨压缩机吸气管	坡向分离设备	0.1 ~0.3
液体分调节站至蒸发器的供液管	坡向蒸发器	0.1 ~0.3
蒸发器至气体分调节站的回气管	坡向蒸发器	0.1 ~0.3

8. 管道的伸缩和补偿

制冷系统的管道由于工作温度与安装时的温度不同，必然会产生热胀冷缩。如果管道可以自由伸缩，则管道材料中不会产生热应力；但若两端固定，管道材料中将产生热应力。制冷系统中一般用管卡固定管道，所以管道沿轴向有活动能力，这种伸长或缩短，可以采用自然补偿法实现，即利用管道某一段弹性变形来吸收另一段热变形，常见的有 L 形自然补偿和 Z 形自然补偿，如图 8-25 所示。但当低压管道直线段超过 100 m、高压管道直线段超过 50 m 时，由于伸缩量较大，自然补偿法难以满足要求，应设置伸缩弯（见图 8-26），并在管道的适当位置设置导向支架和滑动支、吊架，使管道仅能沿设定的方向自由移动。

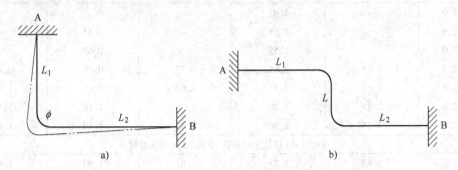

图 8-25 管道的自然补偿

a) L 形补偿 b) Z 形补偿

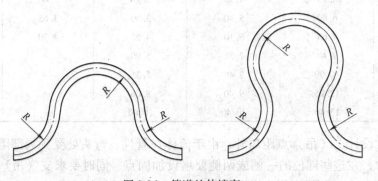

图 8-26 管道的伸缩弯

8.2.3 氟利昂制冷系统管道布置

氟利昂制冷系统管道设计与氨系统相比较，设计步骤和内容一致。基于氟利昂的溶油性，氟利昂制冷系统管道布置时，如何让油随着制冷剂的流动顺利返回压缩机是氟系统管路设计的主要任务。

1. 对阀件的要求

氟利昂的渗透性较强，且泄漏时不易被发现，所以氟利昂制冷系统应采用专用阀门，且一般不设手轮，加防漏盖帽。规格较小的阀门都采用铜质阀门。

2. 回气管

氟利昂制冷系统回气管的作用除了向压缩机输送低压制冷剂气体外，还要借助管内气体的流速将蒸发器内的润滑油及时带回压缩机。回气管的布置方式很多，不管采用哪种方式，布置时应主要从以下几方面考虑：

（1）坡度与坡向　考虑到回油问题，回气管的坡度和坡向要求与氨有所不同，一般要求回气管的水平管段应有 0.5%～1.0% 的坡度，坡向压缩机。

（2）回油弯（存油弯）　对于氟系统上升回气立管除了考虑必要的带油速度，还要考虑其必要的带油条件。一般是在蒸发器出口上升回气立管的底部设置一个 U 形弯头，俗称回油弯。在重力作用下，蒸发器内积存的油流入回油弯内积在弯头底部，使回油弯与立管连接处附近流通截面积减小，流速加快，以利于连续带油上升至水平回气管。在设计制作回油弯时，要尽量做小，以便于油的提升和避免产生较大的压降；同时，在蒸发器出口侧伸出一段坡向与制冷剂流向一致的水平短管，用以安装热力膨胀阀的感温包，然后再设回油弯。回油弯的结构示意图如图 8-27 所示。

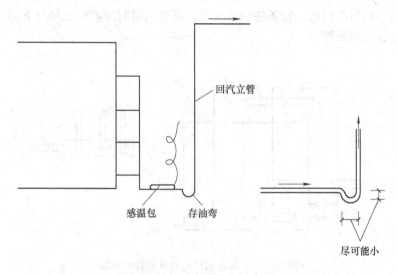

图 8-27　回油弯的结构示意图

（3）双上升回气立管　对于带有卸载装置的压缩机或几台压缩机并联运行时，可用最小负荷选配上升立管管径，这样虽能满足最小带油速度，但在满负荷工作时压降很大。在机器负荷变化不大的情况下，可通过增大水平管段、下降管段管径的办法来维持回气管总压降不变，这时只要水平管内流速不太小并有一定的坡度坡向压缩机，油便可顺利返回。但在机器负荷变化较大的系统中，用上述方法就难以维持总压降不变，这时宜采用双上升回气立管，如图 8-28 所示。管径选择及工作原理为：

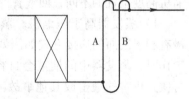

图 8-28　双上升回气立管

1）按满负荷运行确定管子流通总截面面积，其中 A 管管径按最小负荷下满足最小带油速度确定，B 管管径为总截面面积减去 A 管流通截面面积后计算确定。

2）低负荷运行时，由于回油弯内没有积油，两根立管同时有气体流过，管内流速较低，当低于最小带油速度时，油（或液）滴就会逐渐沉积到回油弯内，直至形成油封，将 B 管堵住，此时气体只从 A 管流过。由于 A 管是按最小负荷能够回油设计的，所以油可通过 A 管被连续带走。在恢复满负荷工作时，开始仍是 A 管单独工作，由于负荷大、流速加快，管内压降逐渐增大，双上升立管两端的压降也逐渐增大，当增大到足以把滞留在回油弯内的油带走时，油就通过 B 管上升并流入水平管，这时油封消除，A、B 管同时工作。由于 A、

B 管是按满负荷工作时能带油确定的，所以此时仍能带油连续上升。

3）为防止单管工作时油可能倒流回不工作的管子中，双立管在接至水平管时应从上面接入。

（4）回气管与压缩机的连接　在压缩机吸入口附近的回气管上不要设置回油弯，以免出现液囊，造成机器重新起动时发生湿行程。对于多台压缩机并联连接时，应保证回到水平回气集管中的油能均匀地返回每一台压缩机，并应特别注意防止回气集管中的润滑油进入停止工作的压缩机。图 8-29 所示为回气集管与并联压缩机的连接方式之一，即设一个回气集管，各支管由集管上部插入，支管端头加工成坡口，以便回到集管中的油能及时被任一台工作中的压缩机吸走。为了回油均匀，要求支管坡口角度一致、插入深度相同。有时为了解决各压缩机回油不均匀的问题，有条件的情况下，可在机器的曲轴箱上部与下部设均压管与均油管，并在该管上加设阀门。

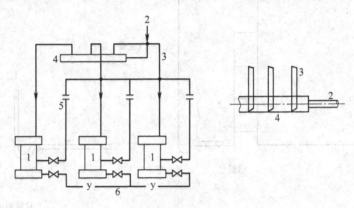

图 8-29　并联压缩机与回气集管的连接
1—压缩机　2—回气总管　3—回气支管　4—集管　5—均压管　6—均油管

（5）回气管与蒸发器的连接　根据蒸发器与压缩机高度位置的不同，回气管的布置方案如下：

1）蒸发器高于压缩机。蒸发器高于压缩机时，最有利于回油的连接方式如图 8-30 所示，但在停止工作时，蒸发器中的油液会自行流入压缩机，造成再次开机时的液击或其他事故。所以这种连接方式只能在供液很少或停机前提前关闭供液时，无油液下流或在自动控制中采取措施的情况下才能使用。

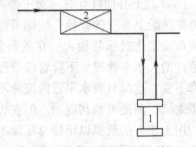

图 8-30　蒸发器高于压缩机的连接（一）
1—压缩机　2—蒸发器

目前经常采用的连接方式如图 8-31 所示。图 8-31a 所示为一组蒸发器时回气管的连接方式，在蒸发器出口设上升回气立管至蒸发器的顶部（根据供液情况，也可升至稍高于蒸发器工作液面的某一高度）再接至压缩机。图 8-31b 所示为位于不同标高的蒸发器回气管的连接方式。布置时，注意不要使来自上层蒸发器内的油液流入下层蒸发器中。图 8-31c 所示为位于同一标高的蒸发器回气管的连接方式。为防止油液由一组蒸发器流入另一组蒸发器，应在每组蒸发器的出口接出一水平短管，向下接入共同的水平回气管，在该水平回气管的末端设回油弯及上升立管。若系统负荷变化较大，可设双上升回气立管。

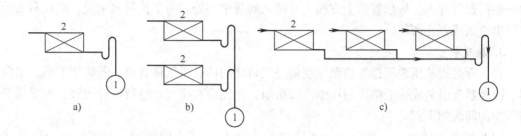

图 8-31　蒸发器高于压缩机的连接（二）

a）一组蒸发器时回气管的连接　b）位于不同标高的蒸发器回气管的连接　c）同一标高蒸发器回气管的连接

1—压缩机　2—蒸发器

2）蒸发器低于压缩机。蒸发器布置在压缩机下方时回气管的连接如图 8-32 所示。该连接方式与上述基本相同，主要考虑的是蒸发器的回油和防止油液窜流。若压缩机比蒸发器高出很多时，上升回气立管会很长。为了改善回油问题，要求每隔 8m 左右或更短距离设一个回油弯分级提升，以利回油。

3）上、下均有蒸发器而压缩机位于中间时回气管的连接，可参照图 8-33 所示的连接方式。

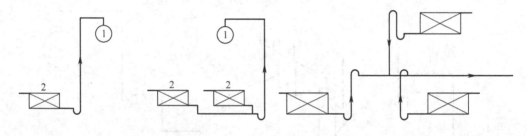

图 8-32　蒸发器低于压缩机的连接

1—压缩机　2—蒸发器

图 8-33　蒸发器高度不同时的连接

（6）回气管与换热器的连接　回气管与换热器的连接也要有利于回油，换热器应装在水平或下降回气管上，不得设在上升回气立管上。为增强换热，进、出液管和进、出气管宜逆流连接。回气管与换热器的连接如图 8-34 所示，不同结构的换热器可参照该方法连接。

（7）回气管与低压循环桶的连接　在氟泵供液系统中，由蒸发器返回的油随气体进入低压循环桶，如何将低压循环桶内润滑油带回压缩机呢？其做法是利用低温下氟油混合溶液两层分离的特点，在近液面的富油层处引出 1～3 根回油管至回气管，利用低压气体的流速将油引射至回气总管并返回压缩机，如图 8-35 所示。图中 A 点宜接在离低压循环桶出气口

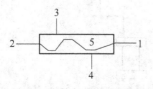

图 8-34　回气管与换热器的连接

1—进液　2—出液　3—进气　4—出气　5—换热器

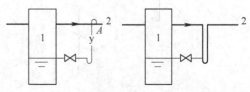

图 8-35　回气管与低压循环桶的连接

1—低压循环桶　2—接压缩机

远一些的回气管上，从总管的上方接入并插入到管中心处。为了控制回油量，应在回油管上加设电磁阀或截止阀等。

3. 排气管

排气管是指从压缩机排气口至冷凝器进气口之间的高压气体管道。若将压缩机、油分离器、冷凝器等组装成一个整体的压缩冷凝机组，则无需对排气管进行设计布置。布置排气管需考虑的问题如下：

（1）坡度与坡向　一般要求水平排气管应有 1% ~ 2% 的坡度，并坡向油分离器或冷凝器。

（2）设有油分离器时排气管的连接　系统设有油分离器时，油分离器应尽量靠近压缩机，任何上升排气立管都应设在油分离器之后，以便压缩机在低负荷运行时立管中不能带走的油和停机时管内的冷凝液回到油分离器，而且上升立管不需设置回油弯和考虑带油速度问题，可简化设计。油分离器中的积油可通过回油管回到压缩机的曲轴箱内，其连接方式可参照图 8-36。

（3）不设油分离器时排气管的连接　系统不设油分离器时，上升排气立管需考虑设回油弯和最小带油速度，其连接方式如图 8-37、图 8-38 所示。上升立管较长时，建议每隔 8m 左右设置一个回油弯分级提升，如图 8-39 所示。

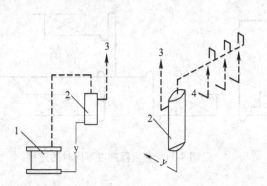

图 8-36　设有油分离器时排气管的连接

1—压缩机　2—油分离器　3—接往冷凝器　4—来自压缩机

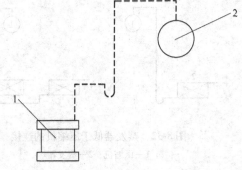

图 8-37　单台压缩机排气管的连接

1—压缩机　2—冷凝器

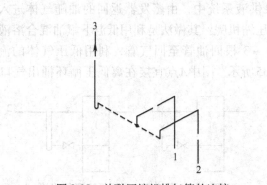

图 8-38　并联压缩机排气管的连接

1、2—来自压缩机　3—接往冷凝器

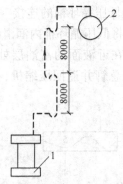

图 8-39　长上升排气立管的连接

1—压缩机　2—冷凝器

4. 液体管

液体管由高压液体管和低压液体管组成，高压液体管指从冷凝器或高压贮液器至节流阀的液体管，低压液体管指从节流装置至蒸发器的供液管段。这两部分管道布置时需考虑的问题如下：

（1）高压液体管　制冷剂液体在管内流动时，因氟利昂密度大，将产生较大的沿程阻力损失；又由于本管段设有干燥过滤器、自控元件和许多必需的阀门，液体流过时会产生局部阻力损失；而且液位差的存在也会产生较大的静压压力降，再加上周围环境温度的影响等，将导致高温高压的液体流过时产生闪发气体。闪发气体的产生会带来一系列不良影响，如闪发气体产生后，气液两相流将增大流动阻力损失，进而产生更多的闪发气体；带有闪发气体的液体制冷剂流过节流阀时，会降低供液量；节流后制冷剂中闪发气体量进一步增加，会导致并联蒸发器供液不均等。

由上述分析，本管段布置时主要解决的问题是防止高压液体管中产生闪发气体。沿程、局部阻力可通过扩大管径、减少阀件等措施加以改善，但液位差的存在是无法减少的阻力损失。在管道设计中，防止高压液体管中出现闪发气体的主要方法是，在该段管路上加设换热器或过冷器等对液体过冷，以消除或减少可能产生的闪发气体。

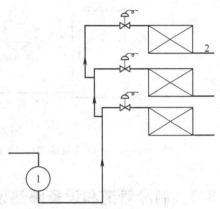

图 8-40　不同高度蒸发器的供液
1—贮液器　2—蒸发器

对几台高度不同的蒸发器并联供液时，应将较低位置蒸发器的进口放得比三通管的出口支管高一些，如图8-40 所示，以便闪发气体分散进入不同蒸发器。

（2）低压液体管　本管段的设计应使其能向各蒸发器均匀供液且有利于回油。

1）与热力膨胀阀的连接。直接膨胀供液多用热力膨胀阀节流。热力膨胀阀宜靠近蒸发器布置，阀前一般设有电磁阀，当不需要供液时用以切断供液。为了清洗过滤器、检修热力膨胀阀和电磁阀时不影响工作，可增设截止阀并且并联一只手动节流阀，必要时可手动供液。其连接方式可参照图8-41。

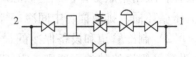

图 8-41　热力膨胀阀的连接
1—去往蒸发器　2—高压来液

2）与冷却排管的连接。蒸发器为冷却排管时，为防止各个通路供液不均匀，以每只热力膨胀阀仅向一个通路供液为宜，如图8-42 所示。为了便于回油，单组排管采用上进下出供液方式（对于串联的蒸发器，最后一排应采用上进下出供液方式）。一只热力膨胀阀向几个并联通路供液时，要求各通路阻力尽量平衡，必要时采用分液器供液，如图8-43 所示。

3）与冷风机的连接。冷风机多为定型设备，常见的是多通路并联结构，设计时可用一只（或两只）热力膨胀阀向一台冷风机供液。为了使供液均匀，冷风机多用分液器对各并联支路供液，且鉴于分液器阻力较大，应选用外平衡热力膨胀阀，其连接方式如图8-44所示。

向系统充注制冷剂时，小系统可通过吸气阀用通道进行；较大系统则在高压液体管上加充液接头，这种做法既可在制冷剂进入系统前先净化，也可避免充注时发生液击现象。

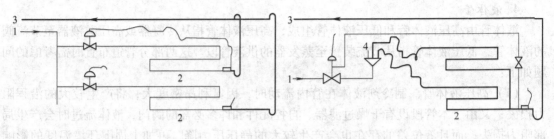

图 8-42　并联排管单路供液　　　　　　　图 8-43　并联排管分液器供液
1—高压供液　2—排管　3—回气管　　　1—高压供液　2—排管　3—回气管　4—分液器

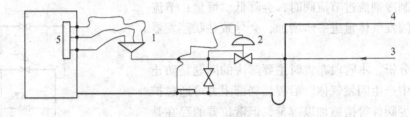

图 8-44　冷风机用分液器供液
1—分液器　2—外平衡热力膨胀阀　3—供液　4—回气　5—冷风机

8.3　制冷管道和设备隔热设计

8.3.1　制冷管道和设备隔热设计的一般要求

1）制冷系统中管道和设备会导致冷量损失的部位、会产生凝结水和形成冷桥的部位均应进行隔热。需要隔热的管道有：中、低压气体管，中、低压液体管，高压过冷液体管，排液管，融霜用热氨管，经过低温冷却间的上、下水管等。需要保温的设备有：氨液分离器，低压循环桶、排液桶、中间冷却器等温度低于室温的设备。

2）制冷管道和设备保冷的设计、计算、选材等均应按现行国家标准 GB/T 4272—2008《设备及管道绝热技术通则》及 GB/T 8175—2008《设备及管道绝热设计导则》的有关规定执行。

3）管道和设备的隔热施工应在系统试压、抽真空合格后进行，并且施工前应对管道进行除锈防腐处理，以保护管道表面不受腐蚀。

4）穿过墙体及楼板等处的隔热管道应采取相应的措施，不得使隔热结构中断。

8.3.2　隔热结构及材料

1. 隔热结构

要保证制冷系统中管道和设备的隔热效果，除了需要确定合适的隔热层厚度外，还应有一个合理的隔热结构。管道基本的隔热结构如图 8-45 所示。该基本结构由防锈层、隔热层、防潮层和保护层组成，其各自的作用、做法为：防锈层是在管道的表面涂刷 1~2 遍防锈漆，以避免锈蚀，延长管道的使用寿命；隔热层根据采用隔热材料的不同其做法也不一样，瓦、块状隔热材料需用钢丝捆扎固定，构成完整的隔热层；防潮层多为沥青或聚乙烯薄膜，设在隔热层的高温侧，起隔气防潮的作用；保护层用以保护隔热层、防潮层不受机械损伤，常用的保护层材料有石棉、石膏保护层，玻璃布外刷油漆保护层，覆铝箔玻璃钢保护层及金属薄板保护层等。

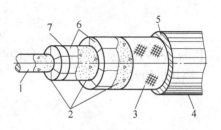

图 8-45　管道基本的隔热结构

1—管道外表面防锈层　2—防潮沥青涂层
3—20mm×20mm 钢丝网　4—油漆层
5—石棉石膏保护层　6—隔热层
7—1.2mm 镀锌钢丝捆扎

2. 隔热材料

制冷工程中常用的隔热材料有软木、硅酸铝、聚苯乙烯和聚氨酯等。采用何种隔热材料应根据系统管道复杂程度和隔热材料价格综合考虑。一般情况下，同一个制冷系统中采用相同的隔热材料。

现在一般的隔热都采用先加工成形的软木或聚苯乙烯、聚氨酯等硬质保温隔热材料，因为采用已加工成形的隔热材料施工方便，隔热效果也较现场加工的好，所以应用较广，但这种采用拼装的隔热层，如果防潮层处理不好，空气中的水汽会从缝隙中进入隔热层，从而破坏隔热层的性能。

对管道比较集中的部位，如分配站等处，结构形状较复杂，可采用聚氨酯现场发泡喷涂加工，施工方便，效果也好。

融霜用的热氨管道要求采用能耐温度为 80 ~ 120℃的隔热材料，如可采用石棉管瓦、岩棉保温管等作隔热材料，厚度为 50 ~ 75mm。

近年来，广泛采用聚氨酯发泡做隔热层、彩钢板做防潮层、保护层的隔热结构。该结构隔热层与管道、保护层结合牢固，不易松动和脱壳，密封性好，是一种较好的结构形式。

8.3.3　隔热设计

管道和设备的隔热层设计是以隔热层外表面不凝露为计算原则的，即计算求得的隔热层厚度能保证隔热层外表面的温度不低于当地条件下的空气露点温度，以防止管道外表面凝结水滴或结霜。以图 8-46 所示管道为例，要使隔热层厚度符合设计计算原则，则要求从管壁经隔热层传入的热量应和隔热层外表面空气的自由对流放热的热量相一致，即通过量为

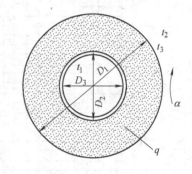

图 8-46　隔热层示意图

$$q = \frac{\pi(t_3 - t_1)}{\frac{1}{2\lambda}\ln\frac{D_1}{D_2} + \frac{1}{\alpha}\times\frac{1}{D_1}} \qquad (8\text{-}7)$$

式中　q——单位长度管道经隔热层传入热量，单位为 W/m；

　　　t_3——隔热保温层外表面的温度，单位为℃，一般取夏季空调日平均温度下的露点温度加 0.5 ~ 1℃；

　　　t_1——管道及设备内制冷剂（或盐水）的温度，单位为℃；

　　　λ——隔热材料的导热系数，单位为 W/(m·℃)；

　　　α——隔热层外表面放热系数，可采用 8.14 W/(m²·℃)；

　　　D_1——隔热后管道和设备的外径，单位为 m；

　　　D_2——管道和设备的外径，单位为 m。

则隔热层的厚度设计要求为

$$2\delta = \frac{2\lambda}{\alpha}\left(\frac{t_2 - t_1}{t_2 - t_3} - 1\right) \leqslant D_1\ln\frac{D_1}{D_2} \tag{8-8}$$

式中　t_2——管道及设备周围空气的温度，一般取当地夏季空调日平均温度，单位为℃。

隔热层的厚度：

$$\delta = \frac{D_1 - D_2}{2}$$

隔热层厚度可采用近似计算法求解。在工程上为了方便设计，简化工作步骤，将计算结果制成计算图，如图 8-47 所示，用查图的方法求解管道隔热层的厚度。

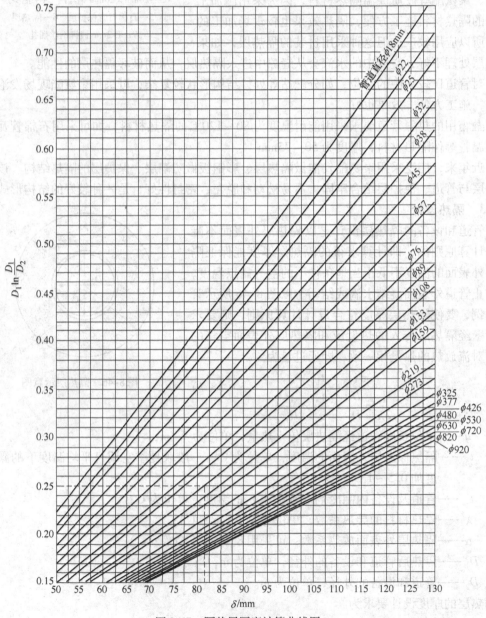

图 8-47　隔热层厚度计算曲线图

例8-6 有一制冷管道直径为500mm，管内工作温度为 −33℃，周围环境温度为30℃，露点温度为27℃，隔热材料的导热系数为 0.0465 W/（m・℃）。试确定其隔热层的厚度。

解：根据已知条件查得：

$\alpha_w = 8.14$ W/（$m^2 \cdot$ ℃），$t_1 = -33$℃，$t_2 = 30$℃，$t_3 = 27 + 1 = 28$℃，$\lambda = 0.0465$ W/（m・℃）

由式（8-8）计算得

$$2\delta = \frac{2\lambda}{\alpha}\left(\frac{t_2 - t_1}{t_2 - t_3} - 1\right) = \frac{2 \times 0.0465}{8.14}\left[\frac{30 - (-33)}{30 - 28} - 1\right]mm \approx 0.348mm$$

除半取整后得：$\delta = 170$mm

$$D_1 \ln\frac{D_1}{D_2} = (500 + 2 \times 170)\ln\frac{500 + 170 \times 2}{500}mm = 435mm$$

由式（8-8）比较得：$170 \times 2 < 435$

所以满足设计要求。

也可以通过查图的方法近似计算隔热层的厚度。由学生自己练习。

第 9 章　制冰与贮冰设计

用人工制冷的方法来制冰是制冷技术应用的一个重要方面，而在食品、医疗、玻璃和橡胶等工业中应用的冰主要就是机制冰。生产机制冰的方法很多，大体上可分为盐水制冰和快速制冰两种。盐水制冰可分为吹风桶式制冰和无风桶式制冰，从而使产品有白冰和透明冰之分。快速制冰的方法较多，且冰的形状多种多样，有片冰、板冰、管冰、块冰等，快速制冰的产品大都是透明冰。但制取透明冰生产工艺较复杂，目前我国机制冰以生产白冰为主。

9.1　制冰间设计

9.1.1　盐水制冰

盐水制冰是以盐水作为冷媒使水结冰的一种制冰方式，它属于间接冷却系统，其中载冷剂系统采用敞开式。盐水制冰装置简单，制冷能力稳定可靠，且制出的冰块坚实，不易融化，易于码垛贮存，便于滑运输送。所以，在用冰量大的贮冰间中，仍使用盐水制冰。

1. 盐水制冰的工艺流程

图 9-1 所示为盐水制冰工艺流程示意图。由图可见，盐水制冰由两大部分组成：一是制冷工艺流程。可采用重力供液方式，对于大规模的制冰系统，现多采用氨泵供液系统。这一部分内容在以上章节中已经讲过，在此不再赘述。

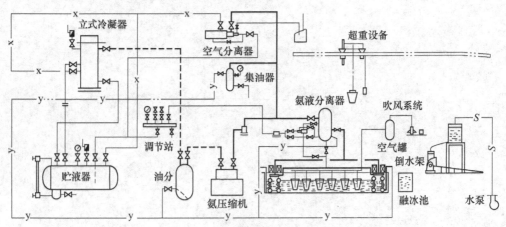

图 9-1　盐水制冰工艺流程示意图

二是制冰工艺流程。蒸发器盐水池和制冰盐水池合为一个制冰池，并用挡板将两者分开。使用时以盐水搅拌器代替盐水泵，使盐水在两个盐水池之间连接循环。盐水制冰装置如图 9-2 所示。具体的制冰工作过程为：经蒸发器冷却的盐水在搅拌器的驱动下，以一定的流速流进盐水池；装在冰桶架上的整排冰桶由注水器注满水后，用起重机放入盐水池内，盐水在冰桶间流动并吸收热量，使桶内的水结冰，再由起重机吊出放入脱冰池内，待冰块因受热与冰桶脱开浮于水面时，将冰桶吊起置于倒冰架上，由倒冰架将冰桶翻倒，冰块便自动沿滑冰台滑入贮冰间；出冰后再将冰桶吊起，并向冰桶内加水，如此周而复始连续生产。

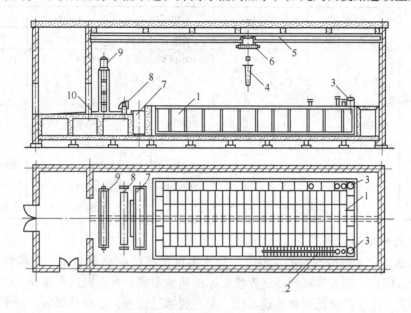

图9-2 盐水制冰装置示意图

1—制冰池（盐水池） 2—蒸发器 3—搅拌器 4—冰桶 5—轨道 6—电动葫芦（起重机）
7—融冰池（脱冰池） 8—倒冰架 9—冰桶注水器（加水箱） 10—滑冰台

盐水制冰系统设计是在确定制冰能力后进行各项设计计算的。设计时，可根据厂家提供的全套制冰设备进行选用。表9-1为某公司生产的成套制冰设备。目前，制冰池大多是自行设计、现场加工制作的。

表9-1 某公司生产的成套制冰设备

设备名称	3t/24h		5t/24h		30t/24h		60t/24h		240t/24h	
	型号	数量	型号	数量	型号	数量	型号	数量	型号	数量
压缩机	2AZ10-1	1	2AZ10-1	2	ZB8AS10	3	JZ8AS17	1	JZ8AS17	4
	（冷凝机组）	—	（冷凝机组）	—						
冷凝器	—	—	—	—	LN-120	1	LN-150	1	LN-310	2
贮氨器	ZA-0.25	1	ZA-0.5	1	ZA-2.0	1	ZA-2.0	1	ZA-3.5	2
氨液分离器	AF-50	1	AF-65	1	AF-150	1	AF-150	1	AF-150	4
集油器	JY-150	1	JY-150	1	JY-300	1	JY-300	1	JY-500	1
空气分离器	KF-32	1	KF-32	1	KF-32	1	KF-32	1	KF-50	1
制冰池	ZB3/25	1	ZB3/25	1	ZB30/25	1	ZB60/25	1	ZB60/25	4
融冰槽	ZB5/25	1	ZB5/25	1	ZB30/50	1	ZB60/135	1	ZB60/135	4
倒冰器	ZB5/25	1	ZB5/25	1	ZB30/50	1	ZB60/135	1	ZB60/135	4
冰桶加水器	ZB5/25	1	ZB5/25	1	ZB30/50	1	ZB60/135	1	ZB60/135	4
吊冰器	ZB5/25	1	ZB5/25	1	ZB30/50	1				
离心清水泵	B12-15A	2	B12-15A	2	B12-15A	1	B12-15A	1	B12-15A	4

（续）

设备名称	3t/24h		5t/24h		30t/24h		60t/24h		240t/24h	
	型号	数量	型号	数量	型号	数量	型号	数量	型号	数量
					B160-15A		B300-15A	1	B300-15A	4
电动葫芦	CD-0.5	1	CD-0.5	1	CD-2	1				
双钩桥式起重机							$L=7m$, $Q=31$	1	$L=7m$, $Q=31$	4
空气罐	KG-0.3	1	KG-0.3	1	KG-0.3	1	3.9kW	1	3.9kW	4
罗茨鼓风机	D14*20-2.5	1	D14*20-2.5	1	D22*21-5 /2000	1	KG-0.5	1	KG-0.5	4
							D22*32-15 /2000	1	D22*32-15 /2000	4
吹风系统	ZB3/25	1	ZB3/25	1	ZB3/25	1	ZB3/25		ZB3/25	

2. 盐水的配制

（1）盐水温度和制冷剂的蒸发温度　盐水温度的高低应根据制冰工艺和制冰生产的经济性综合分析确定。制冰要求制冰速度快，冰的质地密实，容易搬运和保存。这些与盐水的温度密切相关。盐水温度低则制冰速度快，但在脱冰过程中，冰块易爆裂。对于淡水冰，当盐水温度低于 -12℃ 时就会产生爆裂现象，而且降低盐水温度，相应制冷装置的蒸发温度也会降低，使制冷压缩机运转效率下降，能耗增加，甚至造成压缩机排气温度超高等问题。所以，实际生产过程中盐水温度应保持在 -12 ~ -10℃ 较为合适。

制冷剂的蒸发温度不仅与盐水温度有关，而且还会影响到所采用盐的种类和所需的盐水浓度，以及制冷装置运转的经济性，一般可采用蒸发温度比盐水温度低 5℃ 左右。当盐水温度为 -12 ~ -10℃ 时，蒸发温度取为 -17 ~ -15℃。

（2）盐水的浓度和防腐　盐水制冰中所采用的载冷剂主要有氯化钠溶液和氯化钙溶液。氯化钠溶液最低凝固温度是 -21.2℃，氯化钙溶液为 -55℃。由于氯化钠溶液的凝固温度较高，在较低蒸发温度的情况下，蒸发器周围盐水流速较低的部位很容易发生盐水冻结。为防止这一现象发生，一般要求盐水温度不宜低于 -11.2℃。如果没有条件通过操作的方法来保证，则应采用凝固点较低的氯化钙溶液。

盐水的凝固温度一般比制冷剂的蒸发温度低 5℃ 左右，按一般制冰要求，当盐水温度为 -12 ~ -10℃ 时，蒸发温度为 -17 ~ -15℃，则盐水的凝固温度为 -22 ~ -20℃。相应的盐水浓度为：由于氯化钠溶液仅适用于凝固温度为 -20℃ 的情况，其密度为 1169kg/m³（15℃时），对应溶液浓度为 22.4%；氯化钙溶液密度为 1194 ~ 1202kg/m³（15℃时），对应溶液浓度为 21.3% ~ 22.1%。

配制盐水时加盐量可按下式计算：

$$G_s = V_s \rho_s \xi_s \tag{9-1}$$
$$V_s = V - (V_1 + V_2)$$

式中　G_s ——总加盐量，单位为 kg；

V_s ——盐水的体积，单位为 m³；

V ——制冰池的容积，单位为 m³；

V_1 ——冰桶的容积，单位为 m³；

V_2——制冰池内蒸发器的容积，单位为 m^3；

ρ_s——盐水的密度，单位为 kg/m^3；

ξ_s——要求达到的盐水浓度百分比。

氯化钠和氯化钙的腐蚀性与它们的纯净度、溶液的密度、含氧量、pH 值有关。盐的纯净度越高，腐蚀性越小；15℃时，当氯化钠溶液密度为 $1150 \sim 1180 kg/m^3$、氯化钙溶液密度为 $1120 \sim 1240 kg/m^3$ 时，其腐蚀性较弱；溶液含氧量越高腐蚀性越大，含氧量与盐水浓度有关，浓度高时氧含量少，所以提高盐水浓度可降低腐蚀；酸性和碱性盐水对金属都能产生腐蚀，而且酸性盐水腐蚀性更强。盐水呈酸性是因为吸收了空气中的二氧化碳，显碱性一方面是因为氯化钙本身为碱性，另一方面是因为有氨漏入盐水中。

为了降低盐水对金属的腐蚀作用，可向盐水中掺入防腐剂。一般采用的防腐剂为重铬酸钠（$Na_2Gr_2O_7$）和氢氧化钠（NaOH）。重铬酸钠与氢氧化钠的质量比为 100:27。防腐剂的加入量还与盐的种类有关，一般每 $1m^3$ 氯化钠盐水中加入重铬酸钠 3.2kg、氢氧化钠 0.86kg；每 $1m^3$ 氯化钙盐水中加入重铬酸钠 1.6kg、氢氧化钠 0.43kg，盐水的 pH 值为 $7 \sim 9$。

3. 盐水制冰系统设计计算

（1）制冰负荷计算

1）冰块冻结时间计算。冰块冻结时间与盐水平均温度、冰块大小有关，可按下式计算：

$$\tau = -A\delta(\delta + B)/t_y \tag{9-2}$$

式中 τ——水在冰桶中的冻结时间，单位为 h；

δ——冰块上端厚度，单位为 m，见表 9-2；

A、B——系数，与冰块横断面长边与短边之比有关，见表 9-3；

t_y——制冰池内盐水的温度，单位为℃，一般情况下取 -10℃。

表 9-2 三种冰块质量相对应的冰桶规格

冰块质量/kg	冰桶内部尺寸/mm		
	上 部	下 部	高
50	400×200	375×175	985
100	500×250	475×225	1180
125	550×275	525×250	1190

表 9-3 A、B 值

冰块横断面长边与短边之比	1	1.5	2	2.5
A	3120	4060	4540	4830
B	0.063	0.030	0.026	0.024

2）冰桶数量计算。制冰池中需要同时进行冻结的冰桶数量可按下式计算：

$$N = 1000G(\tau + \tau_g)/24m = 41.5G(\tau + \tau_g)/m \tag{9-3}$$

式中 N——冰桶数量，单位为只；

G——制冰池的生产能力，单位为 t/（24h）；

τ——冰块冻结时间，单位为 h；

τ_g——由制冰池提冰、脱冰、注水、再放入制冰池所需的时间，一般可取 0.1 ~ 0.15h；

m——每块冰的质量，单位为 kg。

3）盐水制冰冷负荷计算。盐水制冰冷负荷是盐水制冰热量的汇总，其计算公式为

$$\sum Q = (Q_1 + Q_2 + Q_3 + Q_4 + Q_5) \times 1.15 \tag{9-4}$$

式中 $\sum Q$——盐水制冰冷负荷，单位为 W；

Q_1——制冰池传热量，单位为 W；

Q_2——水冷却和冻结的热量，单位为 W；

Q_3——冰桶热量，单位为 W；

Q_4——脱冰时的融化损失，单位为 W；

Q_5——盐水搅拌器热量，单位为 W；

1.15——冷桥及其他冷损失系数。

① 制冰池传热量：

$$Q_1 = \sum AK(t - t_y) \tag{9-5}$$

式中 A——制冰池底、壁、顶面的面积，单位为 m^2；

K——制冰池的传热系数，单位为 W/（$m^2 \cdot ℃$）；池底、池壁取 $K = 0.58$ W/（$m^2 \cdot ℃$），池顶取 $K = 2.33$ W/（$m^2 \cdot ℃$）；

t——制冰间空气温度，单位为℃，一般取 15 ~ 20℃；

t_y——制冰池内盐水的温度，单位为℃，一般情况下取 -10℃。

② 水冷却和冻结的热量：

$$Q_2 = 1000G[c_1(t_s - 0) + \gamma + c_2(0 - t_b)] \times 0.2778/24 = 277.8G(c_1t_s + \gamma - c_2t_b)/24 \tag{9-6}$$

式中 G——制冰池的生产能力，单位为 t/（24h）；

c_1、c_2——水和冰的比热容；$c_1 = 4.187$kJ/（$kg \cdot ℃$），$c_2 = 2.093$kJ/（$kg \cdot ℃$）；

t_s——制冰用水的温度，单位为℃；

γ——水的凝固潜热，$\gamma = 334.94$ kJ/（$kg \cdot ℃$）；

t_b——冰的终温，单位为℃，一般比盐水温度高 2℃。

③ 冰桶的热量：

$$Q_3 = 1000GA_b(t_s - t_y)c \times 0.2778/24m = 277.8GA_b(t_s - t_y)c/24m \tag{9-7}$$

式中 G——制冰池的生产能力，单位为 t/（24h）；

A_b——每块冰的表面积，单位为 m^2；

c——钢的比热容，单位为 kJ/（$kg \cdot ℃$）；

m——每块冰的质量，单位为 kg。

④ 脱冰时的融化损失：

$$Q_4 = 917g_d\delta Q_2/m \tag{9-8}$$

式中 g_d——每个冰桶的质量，单位为 kg；

δ——冰块融化层厚度，单位为 m，一般取 0.002；

m——每块冰的质量，单位为 kg。

⑤ 盐水搅拌器热量：

$$Q_5 = 1000P \tag{9-9}$$

式中 P——搅拌器功率，单位为 kW。

对盐水制冰冷负荷只需估算时，当制冰的原料水初温在 25～30℃时，制冰的单位冷负荷可取 7000W/t。

例 9-1 已知某制冰池长 10m、宽 4.5m、高 1.4m，每日制冰能力为 10t，冰块质量为 100kg，制冰间的温度为 18℃，制冰用水温度为 25℃，假设盐水搅拌器的轴功率为 2.2kW。试计算盐水制冰冷负荷。

解： （1）制冰池传热量 根据式（9-5）计算：

$Q_{1底} = \sum AK(t - t_y) = 10 \times 4.5 \times 0.58 \times (18 + 10)\text{W} = 730.8\text{W}$

$Q_{1壁} = \sum AK(t - t_y) = (10 \times 1.4 \times 2 + 4.5 \times 1.4 \times 2) \times 0.58 \times (18 + 10)\text{W} = 659.3\text{W}$

$Q_{1顶} = \sum AK(t - t_y) = 10 \times 4.5 \times 2.33 \times (18 + 10)\text{W} = 2935.8\text{W}$

$Q_1 = Q_{1底} + Q_{1壁} + Q_{1顶} = 730.8\text{W} + 659.3\text{W} + 2935.8\text{W} = 4325.9\text{W}$

（2）水冷却和冻结的热量 根据式（9-6）计算：

$Q_2 = 277.8G(c_1 t_s + \gamma - c_2 t_b)/24$

$= 277.8 \times 10 \times (4.187 \times 25 + 334.94 + 2.093 \times 8)/24\text{W} = 52\,823.67\text{W}$

（3）冰桶的热量 钢的比热容 $c = 0.4187$ kJ/（kg·℃），根据式（9-7）计算：

$Q_3 = 277.8GA_b(t_s - t_y)c/24m$

$= 277.8 \times 10 \times 34 \times (25 + 10) \times 0.4187/(24 \times 100)\text{W} = 576.73\text{W}$

（4）脱冰时的融化损失 根据式（9-8）计算：

$Q_4 = 917g_d\delta Q_2/m$

$= 917 \times \left[\left(\dfrac{0.5 + 0.478}{2} \times 1.18\right) \times 2 + \left(\dfrac{0.25 \times 0.225}{2} \times 1.18\right) + (0.417 \times 0.225)\right]\text{W}$

$= \times 0.002 \times 52823.67/100\text{W} = 1762.3\text{W}$

（5）盐水搅拌器热量 根据式（9-9）计算：

$Q_5 = 1000P = 1000 \times 2.2\text{W} = 2200\text{W}$

（6）盐水制冰冷负荷

$Q = (Q_1 + Q_2 + Q_3 + Q_4 + Q_5) \times 1.15$

$= (4325.9 + 52823.67 + 576.73 + 1762.3 + 2200) \times 1.15\text{W} = 70\,941.9\text{W}$

（2）设备选型计算

1）盐水蒸发器的传热面积。常用的盐水制冰蒸发器有立管式、V 形管式和螺旋管式三种。蒸发器面积可按下式计算：

$$A = Q/(K\Delta t_m) = Q/q \tag{9-10}$$

式中 A——蒸发器面积，单位为 m^2；

Q——蒸发器负荷，单位为 W；

K——蒸发器传热系数，单位为 W/（m^2·℃），见表 9-4；

Δt_m——制冷剂与盐水之间的对数平均温差，单位为℃，见表 9-4；

q——蒸发器单位面积负荷，单位为 W/m^2，见表 9-4。

表9-4　蒸发器传热系数 K 和单位面积负荷 q

形　　式	传热系数 $K/\left[W/\left(m^2\cdot{}^\circ\!C\right)\right]$	单位负荷 $q/\left(W/m^2\right)$	推荐 $q/\left(W/m^2\right)$	应用范围		
				流速/（m/s）		$\Delta t_m/{}^\circ\!C$
				水	盐水	
壳管式（多层）	405~465	2100~2560	2300	1~2	1~1.5	4~6
立管式、V形管式	465~580	2300~2900	2300	0.7	0.5~0.7	4~6
螺旋管式	465~580	2300~2900	2300	1~2	1~1.5	4~6

盐水蒸发器面积按经验数值确定时，一般日产 1t 冰配 3~3.5m² 的冷却面积。

2）搅拌器。盐水搅拌器分立式、卧式两种类型。由于立式搅拌器施工、管理与维护检修都比较方便，所以在盐水制冰系统得到广泛应用。下面列出某厂生产的立式搅拌器的性能表（表9-5），供参考。

表9-5　立式搅拌器性能表

型号	叶轮直径/mm	转速/（r/min）	水头/Pa	循环量/（m³/h）	电动机功率/kW
ZLJ-250	252	960	245~980	220~360	2.2
ZLJ-300	302	960	245~980	360~480	3.0
ZLJ-340	342	960	245~980	480~600	4.0

① 搅拌器流量。计算盐水搅拌器流量是保证盐水制冰热交换的需要，也是为选择盐水搅拌器提供依据，计算公式为

$$q_v = v_y f \qquad\qquad (9\text{-}11)$$

式中　q_v——盐水搅拌器流量，单位为 m³/s；

　　　v_y——盐水流速，蒸发器管间不小于 0.7m/s，冰桶之间取 0.5m/s；

　　　f——蒸发器部分或冰桶之间盐水流经的净断面积，单位为 m²。

② 搅拌器轴功率。搅拌器轴功率计算公式为

$$P_z = q_v\Delta p/\left(\eta\times10^3\right) \qquad\qquad (9\text{-}12)$$

式中　P_z——搅拌器轴功率，单位为 kW；

　　　q_v——盐水搅拌器流量，单位为 m³/s；

　　　Δp——蒸发器侧和冰桶侧对盐水的流动阻力，单位为 Pa；

　　　η——搅拌器效率，一般采用 0.5~0.6。

根据所得流量，在有关产品目录上选择搅拌器和电动机，从而可得到电动机功率。

4. 盐水制冰间的设计要求

1）制冰间靠近机房，采光通风无特殊要求，但应避免阳光照射在制冰池上。

2）制冰间出冰侧应靠近贮冰间，冰从桶中滑出所撞到的墙面均要加防撞板。

3）制冰间属于多水作业的房间，在北方地区发生冻融现象严重，因此制冰间最好单独建造。

4）单层建造的制冰间，制冰池不宜直接建在地坪上，应采用地面防冻措施。

5）制冰池下地面荷载按 2000kg/m² 计算。

5. 制冰间的布置

制冰间的制冰设备、管道及制冷设备布置时，应符合制冷工艺流程要求。布置管路尽量短，安装、操作、维修方便，并且使制冰间靠近水源及贮冰间，保证制冰流程短，冰的运输方便。具体布置方法如下。

（1）盐水蒸发器的布置　盐水蒸发器的布置应考虑如何提高蒸发器的传热效率，使盐水温度均匀，便于安装维修。盐水蒸发器在制冰池内分为横向与纵向布置两种形式。

1）横向布置。将盐水蒸发器设置在制冰池的一端，使盐水强制通过蒸发器，经过冷却的盐水沿制冰池横向流过冰桶，再返回蒸发器的循环方式，称为盐水横向循环方式，如图9-3所示。这种布置形式，盐水从出水道引出，流过冰桶至回水道的流程短，盐水温差小，全部冰桶内的水冻结成冰块的时间相差不多，吊冰方便。但这种方式的盐水是沿冰桶短边流过，盐水和冰桶的接触面积小，热交换差，冰块冻结速度较慢。

2）纵向布置。将蒸发器布置在制冰池的一侧、两侧或中间，盐水通过蒸发器后，沿制冰池纵向流过冰桶，再返回蒸发器的循环方式称为盐水纵向循环，如图9-4所示。这种布置形式的盐水从冰桶的长边侧流过，接触面积大，热交换好，冰块冻结速度较快。但是盐水循环流程相对长些，单位时间循环次数少。目前我国制冰池的定型产品多采用这种循环方式。

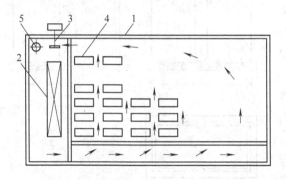

图9-3　盐水蒸发器横向布置示意图
1—制冰池　2—盐水蒸发器　3—盐水搅拌器
4—冰桶　5—氨液分离器

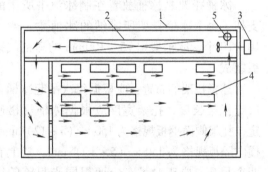

图9-4　盐水蒸发器纵向布置示意图
1—制冰池　2—盐水蒸发器　3—盐水搅拌器
4—冰桶　5—氨液分离器

制冰的热交换过程是冰桶中的水与蒸发器中的制冷剂，通过盐水作冷媒间接换热的过程。为了加快冰块冻结速度，除合理选择盐水的循环方式外，还应加快盐水流动速度，以加大盐水与蒸发器和盐水与冰桶间的表面传热系数，同时要使盐水在各流通断面的阻力相同，避免旁通或流速不均。盐水通过蒸发器时的流速一般取0.7m/s，在冰桶周围的流速最好能达到0.5m/s，一般不应低于0.15m/s。

（2）氨液分离器的布置　盐水制冰采用重力供液方式，氨液分离器应布置在靠近机房的一端，隔热层外表面与吊车梁之间的距离应不小于200mm，进、出盐水蒸发器的管道保温层应密实，以防止盐水顺保温层空隙外溢。

（3）冰桶及冰桶托架的布置　冰桶是制冰的容器，一般用1.25～2.00mm的钢板焊接或铆接而成，为缩短结冰时间，冰桶横断面制成矩形，上断面较下断面稍大，内部平整光滑利于出冰。为防止冰桶生锈，应在桶上涂以红丹。冰桶上口和下部设有加强筋，较大容积的冰桶在宽壁面上沿高度方向压制一条加强槽。冰桶按冰块质量定为125kg、100kg、50kg三种规格，其形状如图9-5所示，尺寸见表9-6。

表9-6　冰桶基本尺寸及冻结时间　　　　　　　　（单位：mm）

型号	L	B	I	b	H	冰块高度	冻结时间/h
ZBT-50	400	200	375	175	985	800	20
ZBT-100	500	250	225	225	1180	1000	34
ZBT-125	550	275	250	250	1190	1190	38

冰桶的布置应根据制冰池长宽之比2:1～3:1和冰桶的规格数量进行布置。首先进行宽度方向布置，然后进行长度方向布置，若长宽比例基本符合要求就说明合理，若比例相差太大应重新调整进行布置。

冰桶与制冰池底部和侧壁之间的间隙不能太大，以防盐水循环短路，布置时应尽量提高盐水在冰桶之间的流速。

冰桶托架是冰桶放置在制冰池中所用的支架。每个冰桶托架所容纳的冰桶数一般为10～20个。冰桶架用75～100mm的扁钢或钢板制成。

冰桶托架的布置：应根据每次吊起冰桶数决定托架长度，托架宽度应根据冰桶规格确定，托架侧面钢板规格为150×（5～12）mm，横向隔板规格为150×（5～10）mm。架上有两个吊环，应正对吊车上两根同步起落的钢丝绳。

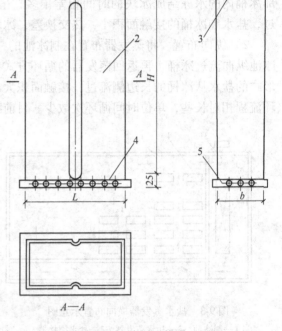

图9-5　冰桶形状图
1—上边框　2—桶身　3—铆钉　4—桶底　5—下边框

（4）其他设备的布置

1）冰桶注水器（加水箱）。冰桶注水器是给冰桶加水用的装置。用钢板焊制，内部用钢板隔成与一组冰桶数量相等的格，每格容量略大于每块冰的体积。应布置在不影响吊车运行的地方，水箱高度应保证水能自流到冰桶内。

2）脱冰池（融冰池）。脱冰池是用来将冰桶和冰脱开的装置，用钢板或混凝土制成，尺寸应比冰桶架稍大些。池内的水应有较高的温度，一般可用冷凝器的冷却水，用以冰块脱模。池底垫有两条防止冰桶与池底发生撞击的木条，还应设进水和放水管，以便补充新鲜水及排除低温水。脱冰池一般布置在与盐水搅拌器相对应的一端，并且布置在出冰侧。

3）倒冰架。倒冰架是用来将冰从冰桶中倒出来的装置，一般用木材或钢板制成，为"⊥"形。倒冰架应布置在脱冰池附近，底面高度既要保证倒冰的倾斜度要求，又要使加水操作方便。

4）滑冰台。滑冰台是一个具有漏水缝并带有一定坡度的木板台，用于接受倒冰架倒出的冰块，并使冰块滑入贮冰间。滑冰台应有2%～4%的坡度，靠近墙处应有稍向上的坡度，以免冰块撞击墙，宽度应大于倒冰架，长度取冰块长度的 3 倍。

5）吊车。应采用整套制冰设备附带产品，不准擅自增大其跨度，吊车的上升速度一般为 4~8m/min，水平速度为 20~30m/min。吊车上有两根同步起落的钢丝绳，必须正对冰桶架上的两个吊环。

6）盐水搅拌器。盐水搅拌器在制冰池内用于加速盐水的循环，应布置在与脱冰池相对应的一端，以免吊起的冰桶经过其上空时滴落盐水腐蚀电动机。

6. 制冰间平面尺寸、标高的确定

制冰间的尺寸是根据冰桶、蒸发器、辅助设备等的尺寸及排列和安装施工的可能性而定的，如图 9-6 所示。

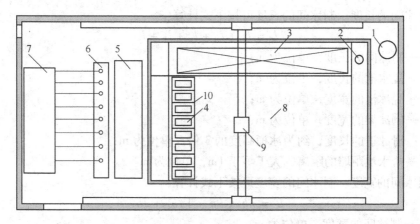

图 9-6　制冰间设备平面布置图
1—氨液分离器　2—盐水搅拌器　3—盐水蒸发器　4—冰桶　5—脱冰池（融冰池）
6—倒冰架　7—冰桶注水器（加水箱）　8—制冰池　9—吊车　10—冰桶架

（1）制冰池设计　用钢板焊接而成，钢板厚度一般为 6mm，底板采用 8mm 的钢板。有些制冰池内装有导流隔板，池内盐水可按要求循环流动，从而减少了流动阻力。制冰池四周及底部均需做隔热处理，隔热材料一般采用软木，厚度为 150~200mm，四壁也可采用 500mm 厚的稻壳隔热。制冰池顶部不做隔热，采用 50~60mm 木盖板。整个制冰池应放置在有通风设施的地板上。其结构如图 9-7 所示。

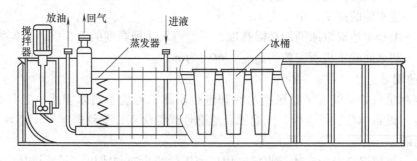

图 9-7　制冰池（盐水池）的结构

制冰池容积应根据池内各设备规格和设备布置方式确定。对于蒸发器沿制冰池长度方向布置的制冰池，其宽度应根据蒸发器级数及冰桶数目、冰桶间盐水通道的宽度而定。通道不要太宽，可以保证其间的盐水流速即可。池子的长度可根据蒸发器和吸入管的实际长度与搅拌器所占位置之和确定，也可根据冰桶排数确定。制冰池的高度应保证将蒸发器浸没于盐水中，制冰池最高液面应保持和木盖板有 20～30mm 的距离。

盐水池四壁和底部所做保温层的热绝缘系数 M 应大于 2.8kW。四壁的顶部必须能防止生产用水渗入到保温层内，池底保温层下应采取防止地坪冻胀的措施，实践证明架空的方法效果较好。

（2）制冰间净面积的确定　制冰间的净面积由制冰池、脱冰池、倒冰架、滑冰台及操作走道等所占的面积确定，如图 9-6 所示。在确定宽度时，尽量按吊车的标准轨距进行布置，以方便选用吊车。

1）制冰间的长度。制冰间的长度可按下式计算：

$$L = l_1 + l_2 + l_3 + l_4 + l_5 \tag{9-13}$$

式中　L——制冰间的长度，单位为 m；

l_1——盐水池的长度，单位为 m；

l_2——脱冰池的宽度，单位为 m；

l_3——倒冰架的宽度，单位为 m；

l_4——滑冰道的长度，约为冰桶高度的 3 倍，单位为 m；

l_5——盐水池距墙的距离，大于等于 1m，单位为 m。

2）制冰间的宽度。制冰间的宽度可按下式计算：

$$B = nb + (n-1)b_1 + 2b_2 \tag{9-14}$$

式中　B——制冰间的宽度，单位为 m；

n——横向盐水池的数目，单位为个；

b——1 个盐水池的宽度，单位为 m；

b_1——相邻盐水池间的距离，单位为 m；

b_2——盐水池距墙的距离，单位为 m。

（3）制冰间净高度的确定　制冰间净高度应等于制冰池高度、制冰池出冰桶所需的高度以及安装吊车所需的高度三者之和，计算公式为

$$H = h_1 + h_2 + h_3 \tag{9-15}$$

式中　H——制冰间的高度，单位为 m；

h_1——盐水池的高度，单位为 m；

h_2——由盐水池提取冰桶的必需高度，一般可取冰桶高度的 1.5 倍，单位为 m；

h_3——制冰间起重机所需要的高度，单位为 m。

9.1.2　快速制冰

快速制冰是依靠氨液直接膨胀把水冷却进行制冰。与盐水制冰相比，它具有结冰速度快、占地少、设备小巧、投资少、无腐蚀及成套性强等优点，受到需求量较小且卫生要求较高用户的青睐。

设计时，可根据要求的产冰量直接选用厂家提供的快速制冰机。制冰机是成套供应的产品。下面介绍几种常用快速制冰装置。

1. 管冰机

在高约 4m 的立式壳管式蒸发器中的冷却管内表面淋水，水沿冷却管内表面结成空心管

状冰，在脱冰过程中用切冰刀切割成高约 50 mm 的管状冰柱，称为管冰。管冰机由立式壳管满液式蒸发器、制冷系统、高温气体排液脱冰系统、给水循环系统及管冰切割机构等部件组成，如图 9-8 所示。

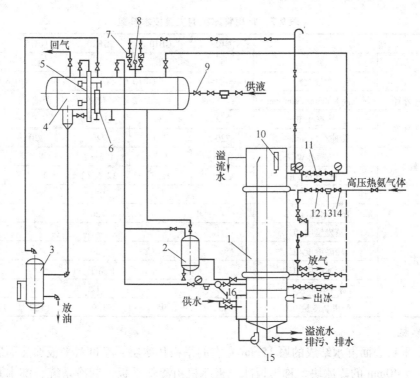

图 9-8 管冰机原理图

1—制冰器 2—集气阀 3—集油器 4—气液分离器 5—液位控制器 6—液位计
7—安全阀 8—压力表 9—节流阀 10—浮球液位控制器 11—电磁主阀
12—电磁阀 13—过滤器 14—截止阀 15—水泵 16—视液镜

管冰机的工作原理是：高压液体制冷剂节流后进入气液分离器，气液分离器内的饱和低压液体经下液管道借重力流入立式壳管式蒸发器的下部供至壳管之间，通过立管管壁吸热蒸发，使管内壁冷却到接近于蒸发温度（-15℃），蒸发的气体返回气液分离器。气液分离器的液位由低压浮球阀或液位控制器控制，使供液与回气保持平衡。气液分离器通过下液管、回气管与立式壳管蒸发器构成低压系统。管冰机下部蓄水池由浮球阀供给原料水和控制水位。水泵将水从蓄水池供到管冰机上部的配水箱，水通过每根冷却管上口的布水器形成敷壁水膜，沿接近蒸发温度的冷却管内壁连续下流而结成冰层，未能结冰的水流入蓄水池，循环使用。约 15min后，冰层增厚至 8～15 mm，此时停止供水。延时过冷管冰，然后关闭回气阀，开通高压气体管，将壳管蒸发器内的低温液体制冷剂经下液管排至气液分离器，借助排液管上的排液捕气器，当液体排光后即可断流。再利用高压高温气体的热量使冷却管内壁温度升高，使冰管外表面稍微融化，在冰管借助重力下落的同时，切冰刀转动，将冰管切割成高约 50mm 的管冰。管冰在重力及切冰刀切割时产生的离心力的作用下自出冰口流出，完成制冰过程。整个制冰脱冰过程是自动进行的，脱冰约需 12min，脱冰完成后即恢复制冰过程。

管冰机结构紧凑，占地面积少，生产成本低，制冷效率高，节能效果好，安装周期短，操作方便，每一套管冰机可以由一个或多个制冰器组成。通过不同的制冰器规格之间的组合，可以得到各种产冰能力的设备。管冰机的制冰水温不能超过40℃，制冷系统的冷凝温度为20～40℃。常用管冰机的主要技术参数见表9-7。

表9-7 常用管冰机的主要技术参数

型 号		GB5	GB10	GB20	GB15	GB30
制冰器	图号	5	10	20	15	30
	数量/台	GB5-01-00	GB10-01-00		GB15-01-00	
管冰块规格（外径×壁厚×高）/mm×mm×mm		$\phi 50 \times \delta \times 50$（$\delta$ 在 8～15 调整）				
主轴电动机参数	功率/kW	2.2	3	3×2	4	4×2
	转速/（r/min）	720	720	720	720	720
水泵参数	功率/kW	0.55	1.5	1.5×2	1.5	1.5×2
	流量/（m³/h）	5	12.5	12.5×2	12.5	12.5×2
工质		R717				
名义工况	制冰水温度/℃	20				
	蒸发温度/℃	-15				
	冷凝温度/℃	30				
	管冰温度/℃	不高于 -1				
	管冰平均厚度/mm	12				
	配机制冷量/kW	45	95	190	128	255

2. 板冰机

在冷却平板表面淋水结成的厚15mm左右的平板状冰层，经过对平板加热而脱冰，使之形成40mm×40mm的碎冰块，称为板冰。板冰机由冷却平板、制冷系统、淋水系统、脱冰系统和自动控制系统组成，如图9-9所示。板冰机有多种形式，下面介绍冷却平板垂直放置双面淋浇式板冰机的制冰过程。

起动制冷系统，制冷剂通过电磁阀、热力膨胀阀进入冷却平板内吸热蒸发，使平板表面冷却，开循环水泵，通过平板两侧多孔淋水管向冷却平板表面淋水，水沿平板表面流下结冰，未结冰的水落到平板下方的受水（冰）槽，流回存水池。存水池由浮球阀控制水位。当结冰过程结束，淋水停止，使板冰层过冷，同时，受水槽等处流尽流水，平板内液体制冷剂多数汽化。这时，把高压气体管接通，高温制冷剂气体进入冷却平板，平板与板冰层界面温度升至0℃以上，板冰在接近18℃的温差作用下迅速爆裂成小板冰块，并脱落至受冰槽，滑过出冰

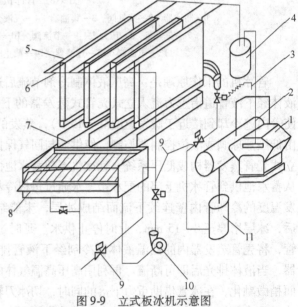

图9-9 立式板冰机示意图

1—压缩机 2—冷凝器 3—热力膨胀阀 4—气液分离器

5—冷却平板 6—淋水管 7—水槽

8—存水池 9—电磁阀 10—水泵 11—贮液器

栅，经过出冰口离开板冰机，完成一个制冰过程。接着再重新起动制冷机，预冷冷却平板，起动循环水泵，进行板面淋水制冰，如此周而复始进行板冰生产。这种脱冰方式必须保证供给足够数量的一定温度的气体，所以，最好是多台板冰机并联工作，或借助高压贮液器蓄能脱冰。

板冰机有陆用和船用之分。陆用板冰机为淡水制冰，制冰水温为23℃（地下水），设备冷凝和蒸发温度分别为35℃和 – 18℃；船用板冰机为海水制冰，制冰水温为20℃，设备冷凝和蒸发温度分别为30℃和 – 23℃。板冰机是间歇性工作的制冰机，其运转程序所需时间可根据原料水的种类、温度、冰厚等参数调整设定，实现全自动控制。

板冰机在应用中应注意以下几点：

1）室外安装时要避免风吹、淋水而破坏均匀结冰。

2）确保冷却平板内不积油。

3）确保脱冰供热量，保持大温度脱冰，使板冰层爆裂迅速、均匀和减小板冰的温升。

4）需配备贮冰间，在过冷状态下贮冰。

3. 片冰机

在圆筒形蒸发器的冷却表面布水，结成 1 ~ 4mm 厚的冰层，经冰刀刮脱后形成不规则的小冰片，称为片冰。片冰机由结冰夹层冷却筒、制冷系统、循环布水系统、脱冰刮刀及刮刀驱动系统等部件组成。片冰机有立式和卧式两个系列，尽管片冰机的结构类型和产品种类繁多，其工作原理却大同小异，生产的片冰也无太大差别。

图 9-10 所示为某立式片冰机工作原理图。其具体的工作过程为：节流后的制冷剂通过供液管进入圆柱形冷却筒夹层，进行蒸发制冷，使筒的外壁冷却，吸热蒸发后的制冷剂气体进入回气管被压缩机吸走。布水系统的循环水泵自冷却筒下方水池中吸水，送到冷却筒上方带孔的淋水环形管，向筒的冷却外表面淋水并结冰。未能结冰的水落到水池中，循环使用。水池中的水位由浮球阀控制，及时供给原料水。原料水最好预冷到4℃以下。圆柱形冷却筒在可调驱动机构的驱动下，围绕中立轴以 1 ~ 3 r/min 的转速旋转，生产的片冰厚度为 1 ~ 4mm。刮冰刀固定在机架上，刀口平行于冷却筒外表面，并与筒面保持适当的间隙，既可刮下冰层，又不妨碍冷却筒的转动。出冰口设在刮刀下方，片冰借助重力通过出冰口滑出机体。淋水管需在刮冰刀之前留下一段不淋水距

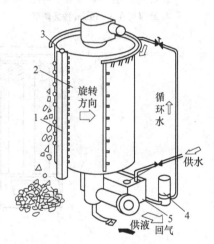

图 9-10 某立式片冰机工作原理图
1—冰刀 2—制冰筒 3—喷淋管
4—循环水泵 5—水箱

离，以便冰层得到过冷，使冰层脆性增加并保持干燥，有利于冰的脱离，又能不使淋水落到出冰口上。片冰机就是在上述的制冷系统、布水系统、驱动系统及刮冰刀的运行下实现连续制冰的。

4. 壳冰机

壳冰机所制的冰是弧形的壳状冰。该机也是一种间歇式制冰装置，其工作原理和管冰机基本相同，但没有切冰器，蒸发器是双层的不锈钢蒸发管，制冰器由多个双层圆锥管组成。设备中所有与水接触的塑料和金属部件，均符合食品卫生要求并易于清洗。设备还以

5t/（24h）的制冰器为单元，采用模块式结构。组成产品系列以 20 t/（24h）制冰量为界，小于或等于该制冰量的设备为整体式制冰机，现场连接电源和水路即可投入使用；大于 20 t/（24h）制冰量的设备为分体式制冰机，制冷管道和水电均需现场连接安装。

壳冰机的主要技术参数见表9-8，整体式壳冰机系统简图如图9-11所示。

表 9-8　壳冰机的主要技术参数

型　　号	LS5	LS13	LS15	LS20
名义工况制冰量/［kg/（24h）］	4500	9000	13500	18000
冰片温度/℃		− 2 ~ 0		
名义冰片厚度/mm		6.4		
工质		R22		
标准工况制冷量/kW	54	108	160	216
水泵电动机功率/W（hp）	124（1/6）	124（1/6）×2	124（1/6）×3	124（1/6）×4
搅拌器电动机功率/W（hp）	373（1/2）	373（1/2）×2	373（1/2）×3	373（1/2）×4
整机尺寸（长×宽×高）/ mm × mm × mm	3500 × 1600 × 2400	4500 × 2350 × 2400	4500 × 3000 × 2400	4700 × 3000 × 2400
整机质量/kg	1060	1650	2420	2700

注：1. 产量大于20t/（24h）的壳冰机为分体式，即制冷系统与制冰器是分开的。

　　2. 名义工况：进水温度为16℃，蒸发温度为 − 12℃，环境温度为32℃。

　　3. 标准工况：冷凝温度为30℃，蒸发温度为−15℃。

　　4. 冰厚可在 3 ~ 19mm 按需调节。

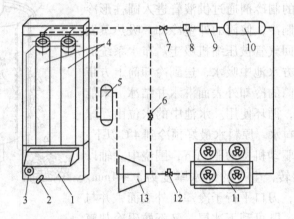

图 9-11　整体式壳冰机系统简图

1—壳体　2—进水管　3—水泵　4—制冰器　5—气液分离器　6、12—电磁阀
7—节流阀　8—视液镜　9—干燥过滤器　10—贮液器　11—冷凝器　13—制冷压缩机

9.2　贮冰间设计

9.2.1　贮冰间的设计要求

1. 贮冰间的温度

贮冰间的温度可根据冰的种类和制冰原料水的不同来确定：盐水制冰，淡水冰块取

−4℃;快速制冰,淡水冰块取 −8℃;淡水片冰取 −12℃;海水片冰取 −20℃。

2. 贮冰间的建筑要求

(1)贮冰间地面标高 贮冰间和制冰间同层相邻布置时,进冰洞应与制冰间的滑冰台直接相通,贮冰间地面的标高应低于滑冰台。进冰洞口下表面应是向内倾斜的斜面,水平高度不小于20mm。进冰和出冰共用一个洞口时,贮冰间地面标高与进冰洞口下表面最低点标高取平,贮冰间和制冰间不是相邻布置;进、出冰均采用机械设备时,贮冰间地面标高不受其他关系限制。

(2)贮冰间的建筑净高

1)人工堆码冰垛时,单层库的净高宜采用4.2∼6m,多层库的净高宜采用4.8∼5.4m。

2)行车堆码时,建筑净高应不小于12m。

(3)贮冰间地面排水 对于不常年使用的贮冰间,在间歇时不一定还维持使用时的温度,这时,排管的化霜水和冰屑的融化水必须及时排除,不应采用下水管排水的方法,可将地面设计为有排水坡度的形式,使水经门口排出。坡度不大于1%。

(4)贮冰间出冰 由贮冰间出冰应使用单独的出路,尽量避免与其他冷间共用穿堂、走道,更不应与之交叉穿过。

3. 贮冰间堆冰高度

冰的堆装高度根据使用情况和堆冰条件具体确定:

1)人工堆装以不超过2.0∼2.4m为宜。

2)地面机械提升以不超过4.4m为宜。

3)吊车提升以不超过6.0m为宜。

4)冰堆上表面到顶管下表面,应留净空间1.2m,以便操作。

4. 贮冰间的冷却设备

1)贮冰间的建筑净高在6m以下时,可不设墙排管,但顶排管必须分散铺满贮冰间顶棚。

2)贮冰间的建筑净高为6m或高于6m时,应设墙排管和顶排管,墙排管的安装高度应在冰堆高度以上。

3)墙排管和顶排管不得采用翅片管。

5. 贮冰间墙壁的防护

由于冰块很滑,而且每块的质量较大,在库内搬运和堆码过程中容易碰到墙壁,为防止冰块撞击墙面使冷库建筑受到损坏,在贮冰间内墙壁上应作防护壁(常用的护壁是在木龙骨架上用竹片钉成栅状的护板,护壁高度以堆冰高度为准)。

9.2.2 贮冰间的设计计算

1. 贮冰间的容量计算

贮冰间的容量根据贮冰量计算确定,贮冰量根据冰的生产和使用情况来定,通常分为短期贮存和长期贮存两种情况。短期贮存一般为2∼3天或一个星期的产冰量,长期贮存一般为15∼20天的产冰量。根据具体情况有时为30∼40天的产冰量。片冰、板冰、管冰等是直接蒸发冷却制冰,基本上是随时制冰随时使用,不作长期储存,设计时可根据具体情况进行确定。

2. 贮冰间的内净容积计算

$$V = \frac{G}{rn} \tag{9-16}$$

式中　V——贮冰间的内净容积，单位为 m^3；

　　　G——贮冰间的贮冰量，单位为 t；

　　　r——冰块的松密度，单位为 t/m^3；冰块的松密度与冰的种类有关，对于盐水间接冷却所制的冰块为 $0.8t/m^3$，片冰、板冰等则远小于这个数值；

　　　n——贮冰间容积利用系数，与贮冰间的净高有关，见表 9-9。

表 9-9　贮冰间容积利用系数

储冰间净高/m	容积利用系数 n	储冰间净高/m	容积利用系数 n
≤4.20	0.4	5.01 ~ 6.00	0.6
4.21 ~ 5.00	0.5	>6.00	0.65

3. 贮冰间的净面积计算

$$F = LB = \frac{V}{H} \tag{9-17}$$

式中　F——贮冰间的净面积，单位为 m^2；

　　　L——贮冰间的长度，单位为 m；

　　　B——贮冰间的宽度，单位为 m；

　　　V——贮冰间的内净容积，单位为 m^3；

　　　H——贮冰间的净高，单位为 m；贮冰间的净高随冰的码垛方式和贮冰间容量的大小而不同，通常在贮冰间净高一般取 5 ~ 10m。

例 9-2　已知某盐水制冰系统，每天制冰能力为 10t，作短期贮存，采用人工堆码方式，贮冰间净高为 5m，试确定贮冰间净面积。

解：1）确定贮冰间贮冰量。按 3 天计算：

$$G = 3 \times 10t = 30t$$

2）确定贮冰间净容积。取 $r = 0.8t/m^3$，$n = 0.5$，根据式（9-16）计算：

$$V = \frac{G}{rn} = \frac{30}{0.8 \times 0.5}m^3 = 75m^3$$

3）确定贮冰间净面积。根据式（9-17）计算：

$$F = \frac{V}{H} = \frac{75}{5}m^2 = 25m^2$$

第10章 气调库工艺设计（选择）

气调贮藏的实质是：在维持果蔬正常生命活动的前提下，保持适宜低温，进一步提高贮藏环境的相对湿度，并人为调节特定的环境气体成分，来有效地抑制果蔬的呼吸作用、蒸发作用及微生物作用，延缓果蔬的生理代谢，推迟后熟、衰老和防止腐败、变质，达到果蔬长期贮藏保鲜的目的。故降温、气调和湿度的控制是气调贮藏技术的关键。

10.1 气调库的气调系统设计

10.1.1 气调库

1. 气调库的特点及类型

气调库是在传统的高温冷藏库的基础上逐步发展起来的，既具有传统高温库的冷藏功能，又独具调气功能。所以，与传统的冷藏库相比较，气调库有如下特点：

（1）气密性 气调库要求在果蔬贮藏期间始终维持特定的环境气体成分，所以气调库必须具有较严格的气密性，只有这样，才能控制与调节库内的气体成分。

（2）安全性 由于气调库是一种密闭式冷库，随着库内温度的变化，其气体压力也将发生变化，库内、外两侧就会产生压差。若不把压差及时消除或控制在一定的范围内，将对库体产生危害。设计时必须考虑这种情况。

（3）单层建筑 气调库一般都采用单层建筑。因为果蔬在库内运输、堆码和贮藏时，地面要承受很大的动、静荷载，若采用多层建筑，一方面气密处理十分复杂，另一方面在气调库使用运行中易破坏气密层。所以，国内、外已建成使用的气调库几乎全部为地面上的单层建筑。

（4）快进整出 气调贮藏要求果蔬入库速度快、尽快装满、封库和调气，使果蔬在尽可能短的时间内进入气调贮藏状态，达到良好的贮藏效果。出库时，最好一次出完或在短期内分批出完。

（5）容积利用系数高 容积利用系数是指气调库内果蔬贮藏时实际占用的容积（含包装）与气调库的公称容积之比。气调库的容积利用系数高是指果蔬入库堆码时，除必要的通风与检查通道外，气调间的自由空间小。这样不但充分利用库容，而且可以加快调气速度，使果蔬尽早进入气调状态。所以，气调库的容积利用系数比传统的果蔬冷藏库高得多。

气调库根据气调方式、结构形式等不同进行如下分类：

（1）按气调方式分 有自然降氧型和快速降氧型。前者依靠果蔬自身的呼吸来消耗库内氧气，达到降氧的目的，这种方法降氧速度慢、时间长；后者配有专门的降氧设备，可以快速降低库房内氧气的浓度，而且库房内气体成分比较容易控制。

（2）按结构形式分 有砌筑式、夹套式和装配组合式等。砌筑式气调库的建筑结构基本上与普通冷藏库一样，仅气密性比普通冷藏库要求高。夹套式气调库是在普通冷藏库内，另外用柔性或刚性的气密材料围成一个密闭的贮藏空间形成的。随着彩镀夹心板的出现，又有了新型的装配组合式气调库，大有取代砌筑式气调库之势。装配组合式气调库分为内结构架型和外结构架型两种。

此外，只控制氧和二氧化碳浓度的气调库称为普通气调库，除此之外还要控制乙烯等其他气体浓度的气调库称为特殊气调库。按库房内气体的压力高、低的不同，气调库还可分为常压气调库和低压（减压）气调库。

2. 气调库贮藏容量的确定和计算

气调库的规模通常以公称容积来衡量。公称容积是指气调库（间）的净面积（不扣除设备、管道和地坪局部构造等所占的面积）与净高度的乘积。

气调库的设计可根据建设项目规定的总贮藏量，按照下述步骤来确定建筑尺寸。

气调库总贮藏容量（即气调库内的所有气调间贮藏总容量）的计算公式为

$$G = \frac{\sum V \eta \rho}{1000} \tag{10-1}$$

式中　G——气调库贮藏吨位，单位为 t；

　　　V——气调库的公称容积，单位为 m^3；

　　　η——气调间的容积利用系数，指果蔬贮藏时实际占用的容积（含包装）与公称容积之比；根据气调库的特点，一般取 $\eta = 0.6 \sim 0.85$，视气调间容积大小、包装及堆码方式而定；

　　　ρ——果蔬的密度，单位为 kg/m^3，水果一般为 $250 \sim 350 kg/m^3$；

　　1000——1t 换算成 1kg 的数值。

单间的平面尺寸可按下式计算：

$$S = V/H \tag{10-2}$$

式中　S——单间的面积，单位为 m^2；

　　　H——气调间的设计高度，单位为 m。

3. 气调库的组成与布置

气调库是各气调间及辅助建筑的总称，包括气调间、预冷间、常温穿堂、技术穿堂、月台、整理间、机房、变配电间及控制室、值班室、泵房、循环水池等；还有根据需要增加的一些配套设施，如包装材料库、质检室、办公室、发电机房、车场、道路、绿化、围墙等。

气调库的平面布置是气调库设计的重点，应根据有关文件确定气调库的设计规模、间数以及辅助建筑，并对各个组成部分进行合理的组合安排，使之既能满足工艺生产和运行管理的要求，又符合气调库保温、气密的建筑要求以及制冷、气调、给水排水、配电、控制等专业要求。

气调库的平面布置可参考图 10-1，具体布置时应符合下列要求：

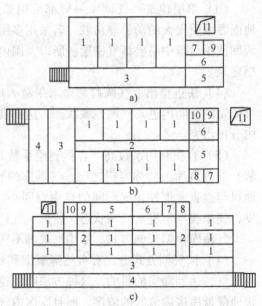

图 10-1　气调库平面布置的参考方案

1—气调间　2—常温穿堂　3—整理间　4—月台
5—制冷机房　6—气调机房　7—配电间
8—控制室　9—值班室　10—泵房　11—水池

1）内部人流、物流、车流交通顺畅，交叉少，运距短。

2）平面形状力求接近正方形，最大限度地减少外表面积。

3）柱网整齐，柱距一致。

4）根据工具允许的装放高度，尽量提高库房净高。

4. 气调库的特有设施

为了保证气调库的气密性与安全性，以及方便气调库运行管理，气调库建筑还需设置一些特有设施。

（1）气调门　每个气调间均应设置一扇气调门，此门应具有良好的保温性和气密性。其内部用钢骨架支撑，表面用不同材料（如彩镀钢板、不锈钢板、镀锌钢板、铝板等）封闭，中间的空隙采用硬质聚氨酯泡沫塑料发泡填充密实，在门框内装有高弹力、耐老化的充气式气密条，以保证气调门的气密性。

贮藏期间气调门一般不允许随意开启，为了便于观察设备运行情况和果蔬贮藏质量，通常在气调门上开设一个 600mm×600mm 的小门。小门门扇的外框一般采用金属构件，中间采用双层玻璃镶嵌，为防止两层玻璃间的空气中有蒸汽凝结，可事先在空隙中放置干燥剂或抽成真空。

为防止运输车进、出库门时碰撞门扇、门框和靠近门口处的设备支架，破坏气调库的气密性，可在门洞内、外设置防撞柱。

（2）观察窗　为方便管理人员观察和了解库内果蔬贮藏情况，以及冷却设备与加湿设备的运行情况，每个气调间均应设一个观察窗。观察窗通常镶嵌在技术穿堂内的气调间外墙上。观察窗形状有圆形和方形，方形观察窗一般为 500mm×500mm 双层中空透明窗，圆形观察窗一般做成拱形，可以扩大观察视线。

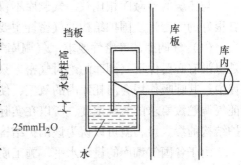

（3）安全阀　气调库密封后，为保证库内、外压力平衡需设置安全阀，它可以防止库内产生过大的正压和负压，使围护结构和气密层免遭破坏。水封式安全阀是利用水封原理制成的，其结构如图 10-2 所示。

图 10-2　水封式安全阀结构示意图

水封式安全阀的工作原理很简单，如图 10-3 所示。当气调间的气体压力由于某种原因（如库内、外温度的变化、汽水加湿系统的工作或气调机的开启）发生变化，压差大于水封柱高时，安全阀将起作用，直到压差值等于或小于水封柱高时为止。为此，安全阀的水封柱高应严格控制，不能过高或过低。过高易造成围护结构及气密层的破坏；过低虽然安全，但安全阀频繁起动，会使库外空气大量进入，造成库内气体成分的波动。在气调库中一般水封柱高调节在 20～25mmH₂O 较为合适。

水封式安全阀具有结构简单、工作可靠的特点，因此，广泛应用于保

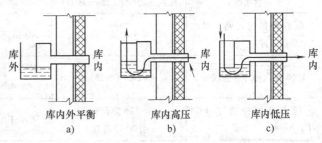

图 10-3　水封式安全阀的工作原理

鲜气调库。

（4）贮气袋（调气袋） 贮气袋的作用就是消除或缓解气调库在运行期间出现的微量压力失衡。当库内压力稍高于大气压力时，库内部分气体会进入贮气袋；反之，贮气袋内的气体便自动补入气调间。贮气袋把库内压力的微量变化转换成贮气袋内气体体积的变化，使库内、外的压差减小或趋于零，消除或缓解压差对围护结构的作用力。

贮气袋通常用气密性好、拉伸强度高的柔性材料制成，安装在气调间的屋顶或技术穿堂内，其上部要求吊装，下部自由垂悬，下部留有一管口，用管道与库内相连通。贮气袋的容积一般可按气调间公称容积的 1% ~ 2% 来确定，或按下式计算：

$$\Delta V = V_1 \Delta T / T_1 \tag{10-3}$$

$$V_n \geq \Delta V / (\beta - 1) \tag{10-4}$$

式中 ΔV——贮气袋的计算容积，单位为 m^3；

$\quad V_1$——气调间的公称容积，单位为 m^3；

$\quad T_1$——气调间的贮藏温度，单位为℃；

$\quad \Delta T$——温度波动值，单位为 K；

$\quad \beta$——膨胀系数，柔性材料的 $\beta = 1.10 ~ 1.15$；

$\quad V_n$——贮气袋的容积，单位为 m^3。

5. 气调库的气密处理

与传统的冷藏库相比较，气调库不仅要求围护结构有良好的隔热性，还要求围护结构具有很好的气密性。围护结构的气密性主要是由气密材料构成的气密层保证的。

（1）气调库的气密性要求 气调库气密性能的好坏直接影响到气调库的保鲜效果。但是也没有必要保证气调库的绝对气密，只要满足气调贮藏的条件即可。因果蔬在气调贮藏过程中，其呼吸作用会消耗库内的氧气，使氧气含量不断下降，如果库房绝对气密，就难以保证气调贮藏要求的氧气浓度，所以在实际运行过程中，只要保证果蔬的耗氧量大于或等于围护结构的渗入量，就可以认为该围护结构的气密性符合要求。

由于各国气调库的设计水平、施工质量、使用方式等的差异，气调库气密性标准不一。表 10-1 为气调库气密标准参考表。根据 SBJ16—2009《气调冷藏库设计规范》的规定，我国气调库气密标准为：空库检验初始压力为 196Pa（20mmH_2O），20min 后，库房压力不小于 78 Pa（8mmH_2O）即为合格，否则，气密性不合格。另需注意：若在检验开始和结束记录中库内有温度变化，检验结束压力应以计算修正值为准。

表 10-1 气调库气密标准参考表

资料来源	库内压力/Pa（25mmH_2O）	合格气密标准	备 注
联邦德国胡贝特、贝尔"水果蔬菜库"	±98（±10）	30min 不下降到零	对呼吸性强的果品为 15min
1966 年世界冷冻会议	±245（±25）	4 ~ 5h 后剩余 39.0 ~ 49Pa（4 ~ 5mmH_2O）	
前苏联制冷技术 1974 年，No. 4	由 196 降至 98（由 20 降到 10）	不少于 10min	

（续）

资料来源	库内压力/Pa（25mmH$_2$O）	合格气密标准	备　注
英国第 15 届国际制冷学会论文"气调储藏 35 年"	由 196 降至 98（由 20 降到 10）	不少于 6～7min	
法国国家中心建设局规定	由 +98 降到 +39.2（由 +10 降到 +4）	不少于 15min	
美国康奈尔大学	由 245 降到 122.5（由 25 降到 12.5）	所需时间是 30min	"30min"标准库房
		所需时间是 20min	"20min"标准库房

（2）气调库的气密性处理　气调库围护结构的气密性是由气密材料来实现的，气密材料应符合下列要求：

1）应有良好的气密性。

2）有良好的耐蚀性。

3）无异味。

4）机械强度应能满足因温度波动等引起结构基层应变的要求。

5）便于施工，并与基层能牢固地粘接。

6）具有抗老化、抗微生物侵蚀和良好的耐候性。

在施工过程中，保证气调库围护结构气密性的具体实施如下：

1）土建式或由传统冷藏库改建的气调库的气密性处理。这种气调库气密层施工时应采用表面整体式气密层，即用气密材料作成气密层，覆盖整个围护结构的表面，形成一个完全连续、不间断的体系。其气密性处理如图 10-4 所示，具体施工过程如下：

① 气密层施工前的准备工作：将围护结构所有的缝隙、凹坑等有缺陷的地方用水泥砂浆填平、抹光，进行整平处理；将墙与墙、墙与地面、墙与屋顶连接处的墙角都做成圆弧形，圆弧半径应不小于 50mm，再用 1:2.5 水泥砂浆抹光；最后，消除所有表面的污物。

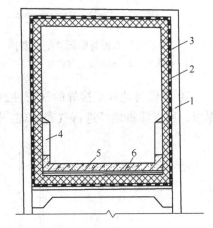

图 10-4　土建式气调库围护结构的气密处理示意图

1—围护结构　2—气密层　3—保温层　4—防护墙　5—钢筋混凝土地面　6—防水层

② 气密层的施工：待围护结构的所有表面都干燥后，气密材料采用聚氨酯涂膜，厚度一般为 0.8～1.0mm，保温材料采用聚氨酯泡沫塑料，厚度一般为 80～100mm。聚氨酯泡沫塑料是目前气调库建筑中应用最广、效果最好的保温材料，它不仅具有良好的保温性能，而且松密度小、强度高、粘着力强，施工方便，能形成无缝连续的结构，整体气密性好，具有保温和防水的双重功能。施工时为了达到很好的效果，一般聚氨酯喷涂次数不得少于 3～4 次。

③ 为减少气调库的投资，通常将围护墙体做成单层的"三七"墙或"二四"墙。为防止铲车输送和堆码货物时损坏保温层，一般在库房内围护结构四周砌一道高 1.5～2.0m 的砖墙，用作保温层的防护墙。

2）装配式气调库的气密性处理。装配式气调库的墙体、库顶均采用预制保温板，它本身就具有良好的防潮隔气及隔热功能，所以只需对所有接缝处及地坪进行气密性处理即可。一般处理方法是采用无纺布两面涂刷聚丙烯涂料进行粘接。

① 库板与库板装配时气密性处理。库板与库板之间的连接形式采用湿法连接，即在库板接缝处用现场发泡气密材料填充密实，然后在库房内侧的接缝表面涂上密封胶，再平整地铺设一层无纺布，如图10-5所示，尽量使库体的围护结构连成一个没有间断的气密隔热整体。

② 墙板与顶板交接处的气密性处理。墙板与顶板拼接时，应留出50mm宽的预留槽，待顶板全部定位后，用聚氨酯现场发泡填充预留的间隙，在库房内侧的接缝表面涂上密封胶，平整地铺设一层无纺布，再涂上密封胶，如图10-6所示。

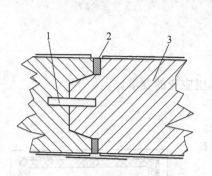 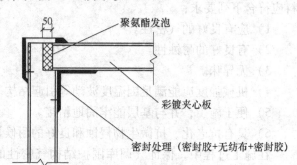

图10-5 库板与库板装配示意图

1—嵌入板 2—现场发泡气密材料 3—库板

图10-6 墙板与顶板连接装配示意图

③ 库板与地坪交接处的气密性处理。装配式气调库的地坪承受的荷载较大，不能采用库板，所以需将地坪进行气密处理。图10-7所示为装配式气调库地坪气密性处理示意图。

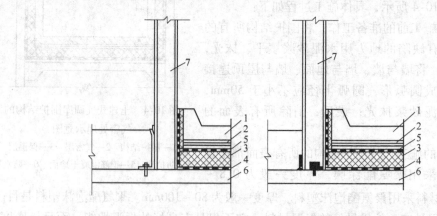

图10-7 装配式气调库地坪气密性处理示意图

1—钢筋混凝土地面 2、4—气密层 3—保温层 5—防水层 6—基础地面 7—库板

装配式气调库要求对所有交接处的缝隙或空隙，均采用聚氨酯泡沫塑料现场发泡填充，要求密实，并对所有接缝表面进行气密性处理，使库体的围护结构形成一个保温、气密的整体。

3）气调库用冷库门、观察窗等特有设施。气调库所用冷库门、观察窗要选用专门为气调库设计的气密门、密封窗，具体如前面所述。

4）各种穿墙管线的气密性处理。根据设计要求，气调库内需通入各种管线，如制冷、气调、加湿、冲霜、配电、控制等管线，这些管线引入口处必须进行密封处理，一般用在围护结构处通过对带法兰的钢制套管或硬质聚氯乙烯套管进行气密性处理来实现。具体方法是：采用聚氨酯泡沫塑料现场发泡填充密实管套与管线的环形间隙，而后将各种管线通过管套引入库房内，再用密封胶填充管套的两端。图 10-8 所示为单管穿墙气密性处理示意图。

为了便于施工，减少漏点，也可以将所有进、出气调库的管线集中到一个地方，利用一个专门用于管线连接的、埋入到围护结构内的连接件，实现多根管线进、出气调库，同时保证库房的气密性。图 10-9 所示为多管穿墙气密性处理示意图。

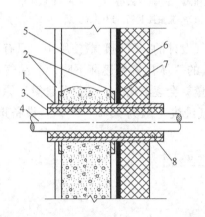

图 10-8　单管穿墙气密性处理示意图
1—套管　2—法兰　3—密封胶　4—穿墙管线
5—围护墙体　6—保温层　7—气密层　8—聚氨酯发泡

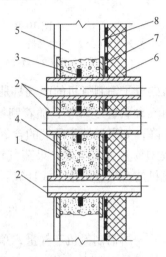

图 10-9　多管穿墙气密性处理示意图
1—金属板　2—管接头　3—法兰　4—混凝土
5—围护墙体　6—保温层　7—气密层　8—抹面层

10.1.2　气调设备

1. 制氮设备

制氮设备在气调设备中利用率最高。依据制氮设备的工作原理，可以将其分为 3 种类型，即吸附分离式制氮法、膜分离制氮法和燃烧降氧制氮法。目前生产中以吸附分离式制氮法和膜分离制氮法使用得较为普遍。

（1）吸附分离式制氮法——碳分子筛制氮机制氮法　用碳分子筛的吸附、分离作用制取氮气，即以碳分子筛作为吸附材料，以空气作为原料，利用变压吸附原理进行氧氮分离，以制取较高纯度氮气。

碳分子筛制氮机的制氮工艺流程如图 10-10 所示。整个工艺流程可分为 3 部分，即空气压缩和净化、变压吸附分离制氮和氮气缓冲。具体的工作过程为：常压空气（大气或库内气体）由空气压缩机 1 压缩升压后先送入水冷却器 2 冷却，再经过滤器 3 除水、除油、除尘，然后通过调压阀 4 将压缩气体的压力降至 0.3MPa，通过进气阀组 5 进入吸附塔 A（或 B）进行吸附分离，产生的富氮气体经排气阀组 8 进入缓冲贮气罐 9，再经调压阀 10 减压后送入气调库。同时，另一吸附塔 B（或 A）由真空泵 13 减压脱附，即氧气被脱附下来，然后排放到大气中。如此 A、B 两塔交替工作，可连续获取富氮气体供给气调库降氧。

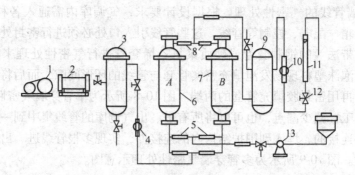

图 10-10　碳分子筛制氮机的制氮工艺流程
1—空气压缩机　2—水冷却器　3—过滤器　4、10—调压阀　5—进气阀组　6、7—A、B 吸附塔
8—排气阀组　9—缓冲贮气罐　11—流量计　12—流量控制阀　13—真空泵

一般碳分子筛制氮机的产气量是以空气为原料气设计的。气调贮藏使用中，只有开始的瞬间原料气含氧量为 21%，随着制氮机运转，进入的气体含氧量逐渐下降，产品气含氧量也相应下降，如果保持产品气的含氧量不变，产气量就会逐渐增大。为简化计算，原料气中含氧量按 21% 不变值考虑。果蔬气调系统所需氮气纯度一般为 95% ~ 99%。设备选型时，所需制氮机的产气量可按下式计算：

$$V_N = \frac{V_q(21 - \varphi_1 + \varphi_2)\%}{\tau} \tag{10-5}$$

式中　V_N——所需制氮机产气量，单位为 m^3/h；

　　　V_q——气调库内实际气体所占体积，单位为 m^3；

　　21%——初始空气含氧量；

　　　φ_1——终了空气含氧量，通常取 5%；

　　　φ_2——产品气的含氧量，取 5%；

　　　τ——开机时间，常取 24h。

碳分子筛制氮机的主要技术性能指标可参考下表 10-2。

表 10-2　PSA 碳分子筛制氮机的主要技术性能指标（普氮型纯度 >98%）

型　　号	产氮量/（m^3/h）	最大出口压力/MPa	能耗/（kW/h）	外形尺寸（长×宽×高）/ m×m×m	重量/kg
PSA-G-1	1.0	0.75	0.8	1.0×0.8×1.1	200
PSA-G-5	5.0	0.75	3.5	2.0×1.2×1.2	600
PSA-G-10	10.0	0.75	7.0	2.2×1.4×1.4	1200
PSA-G-20	20.0	0.75	13.0	2.5×1.7×1.8	1800
PSA-G-50	50.0	0.70	32.0	3.0×2.3×2.5	2500
PSA-G-100	100.0	0.65	50.0	3.5×2.6×2.8	3300
PSA-G-300	300.0	0.60	135.0	6.5×3.5×4.0	4500
PSA-G-500	500.0	0.60	200.0	7.5×4.1×4.9	7000

（2）膜分离制氮法——中空纤维膜制氮机制氮法　用气体对中空纤维膜的渗透系数不同进行气体分离，进而制取氮气。中空纤维膜制氮机的结构如图 10-11 所示，由耐压的钢壳和中空纤维管束组成，其中中空纤维管壁即为起分离作用的膜。不同种类气体透过膜时，渗透速率有差异，渗透系数大的气体称为"快气"，渗透系数小的气体称为"慢气"。压缩空气从一端进入中空纤维管内，氧气很快从管内透过管壁富集在管间隙和管与钢壳间隙内，由于两端的管间隙被封死，富氧气体只能从中部的出口排出，而氮气穿过中空纤维管，由另一端富氮口输出，送入气调库。

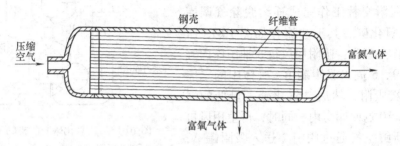

图 10-11　中空纤维膜制氮机简图

中空纤维膜制氮机的制氮工艺流程如图 10-12 所示，具体工作过程为：大气或库内气体由空气压缩机 1 压缩升压后送入高效过滤器 2，经严格除水、除油、除杂质，然后通过电加热器 3 加热，以保证膜良好的渗透系数和分离系数所要求的温度，防止残留的水分凝结影响分离效果，干燥压缩空气进入中空纤维膜分离器 4，出来的富氮气体经水冷却器 5 降温，最后经恒压阀 6 减压送入气调库。

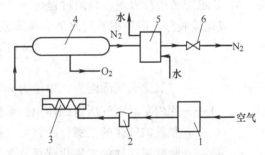

图 10-12　中空纤维膜制氮机的制氮工艺流程
1—空气压缩机　2—高效过滤器　3—电加热器
4—中空纤维膜分离器　5—水冷却器　6—恒压阀

（3）两种制氮方法的优缺点比较　碳分子筛制氮机和中空纤维膜制氮机的优缺点对比见表 10-3。

表 10-3　两种制氮方法的优缺点比较

序　号	碳分子筛制氮机	中空纤维膜制氮机
1	价格较低	价格较高
2	配套设备投资较小	配套设备投资较大
3	工艺流程相对复杂	工艺流程相对简单
4	运转稳定性好	运转稳定性很好
5	单位产气能耗较低	单位产气能耗稍高
6	占地面积较大	占地面积较小
7	噪声较大	噪声较小
8	可兼有脱除乙烯的作用	没有脱除乙烯的作用
9	更换分子筛较便宜	更换膜组件较贵

2. 二氧化碳脱除机

适当的二氧化碳浓度对果蔬贮藏有保护作用，但浓度过高会对果蔬产生伤害，造成贮藏损失。所以，果蔬贮藏需脱除过量的二氧化碳。调节和控制好二氧化碳浓度，对果蔬保鲜十分重要。

二氧化碳脱除的方法有很多种，这里仅介绍使用二氧化碳脱除机脱除二氧化碳的方法。二氧化碳脱除机一般利用活性炭作为吸附剂，通过吸附、脱附交替工作完成连续脱除气调库内过量的二氧化碳。其工艺流程如图 10-13 所示，具体工作过程为：吸附用风机 8 抽出库内气体，经阀门 9、6 进入吸附罐 B，气体中的二氧化碳被活性炭吸附，然后二氧化碳含量低的气体经阀门 3、10 返回库房内。同时，再生用风机 5 抽引库外新鲜空气通过阀门 2 送入吸附罐 A，A 罐进行再生，完成脱附过程。通过阀门间切换，A、B 罐交替进行吸附、脱附过程。

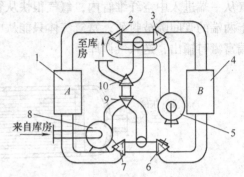

图 10-13　二氧化碳脱除机的工艺流程
1—活性炭吸附罐 A　2、3、6、7、9、10—阀门
4—活性炭吸附罐 B　5—再生用风机　8—吸附用风机

二氧化碳脱除机应根据其脱除能力来选型。其脱除能力可按下式进行计算：

$$V_{CO_2} = \frac{V(C_1 - C_2)}{\tau} + gc \tag{10-6}$$

式中　V_{CO_2}——二氧化碳脱除能力，单位为 m^3/h；

　　　V——库内实际空气所占的体积，单位为 m^3；

　　　C_1——脱除前气体的二氧化碳百分含量；

　　　C_2——脱除后气体的二氧化碳百分含量；

　　　τ——脱除机工作时间，单位为 h；

　　　g——库内贮藏果蔬的数量，单位为 kg；

　　　c——单位质量果蔬在单位时间内排出的二氧化碳的量，单位为 L/（h·kg），见表 10-4。

表 10-4　部分果蔬排出的二氧化碳量

名　称	温度/℃	CO_2 排出量/［L/（h·kg）］
苹果	0	3～4
	4.4	5～8
	15.6	20～30
	29.4	30～70
梨	0	3～4
	15.6	40～50
桃	1.7	7～9
	15.6	30～40
	26.7	70～100

（续）

名　称	温度/℃	CO₂ 排出量/ [L/ (h·kg)]
桔子	1.7	2
	15.6	3
	26.7	15
土豆	0	2~5
	10	4~8
	21.1	10~16
洋葱	0	3~5
	10	8~9
	21.1	14~49
香蕉	10.2	15
	20	38
	21.1	42
草莓	0	15~17
	4.44	22~35
	15.6	49~68

3. 乙烯脱除机

乙烯是一种能促进呼吸、加快后熟的植物激素，对采后贮藏的果蔬具有催熟作用。所以要严格控制果蔬气调库内的乙烯含量，尤其是贮藏那些对乙烯特别敏感的果蔬（如猕猴桃、柿子等）的气调库，更要彻底脱除乙烯。

气调库内的乙烯主要通过两个途径产生：一是果蔬本身新陈代谢产出乙烯，这是其主要来源；二是污染的空气中含有乙烯，如烟雾、汽车尾气、某些工厂废气等，被污染的空气进入气调库内产生乙烯。

乙烯脱除的方法过去多采用化学法——高锰酸钾氧化法，即用饱和高锰酸钾溶液（通常使用浓度为 5%~8%）浸湿多孔材料进行脱除。这种方法脱除乙烯虽然简单，但脱除效率低，还需经常更换载体，且高锰酸钾对皮肤和物体有很强的腐蚀作用，不便于现代化气调库的作业。这种方法一般用于小型或简易贮藏场所。

随着气调技术的发展，近年来已研制生产出一种新型的高效脱除乙烯装置——空气氧化法乙烯脱除装置，其原理如图 10-14 所示。它是根据乙烯在高温和催化剂的作用下，与氧气发生反应，生成水和二氧化碳的原理制成的，反应式如下

$$CH_2 = CH_2 + 3O_2 \xrightarrow[\text{高温}]{\text{催化剂}} 2CO_2 + 2H_2O \qquad (10-7)$$

与高锰酸钾氧化法乙烯脱除装置相比，其投资费用虽然高，但脱除乙烯的效率高，而且这种装置还兼有脱除其他挥发性有害气体和消毒杀菌的作用。

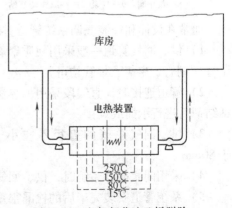

图 10-14　空气氧化法乙烯脱除装置原理示意图

10.1.3   气调系统

气调系统是指达到和保持库内气体指标所必需的气调设备，以及连接这些设备的管路、阀门所组成的开式或闭式循环系统，还包括由取样管、阀门、分析仪器等组成的气体分析系统。如果配置了由电脑控制的气体成分自动分析仪，就可实现气调系统的自动控制和调节。

气调系统一般由机房气调系统和库房气调系统两部分组成。机房气调系统主要包括气调设备（制氮降氧、二氧化碳脱除和乙烯脱除等装置）、检测仪器、控制系统、供回气总管以及取样总管等。库房气调系统主要包括从各个气调间往返的供、回气管和供、回气总管以及控制阀门等。根据是否设供、回气调节站，库房气调系统可分成两种形式，如图 10-15 和图 10-16 所示。前者适用于要求手动调节，且各气调间贮藏不同品种的果蔬，需避免各气调间相互串气而影响贮藏效果的气调库；后者适用于要求自动控制，且各气调间贮藏相同品种果蔬的气调库。

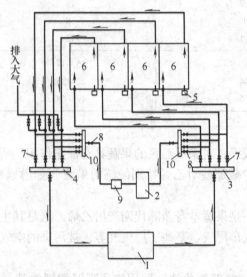 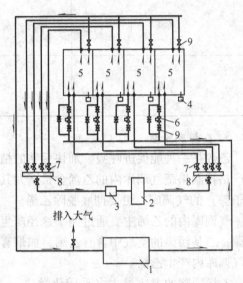

图 10-15　有供回气调节站的库房气调系统示意图　　　图 10-16　无供回气调节站的库房气调系统示意图

1—气调设备　2—气体分析仪　3—供气调节站　　　　1—气调设备　2—气体分析仪　3—气泵

4—回气调节站　5—安全阀　6—气调间　7—蝶阀　　　4—安全阀　5—气调间　6—远距离控制阀

8—截止阀　9—气泵　10—取样调节站　　　　　　　　7—电磁阀　8—取样调节站　9—蝶阀

通常在设计和安装气调系统管道时应注意以下几点：

1）供、回气管道一般采用硬质聚氯乙烯塑料管材，取样管可采用直径为 8~10mm 的导压管（铜管、聚氯乙烯管均可）。

2）管道连接时，直线段采用加热法套接，套接深度应在 80mm 以上，其余可采用涂抹粘结剂后进行承插或焊接。

3）供、回气总管的直径不应小于 100mm，各气调间供、回气支管的直径不应小于 80mm。

4）采用闭式循环系统时，供、回气管中的总压力损失不应大于 5kPa。

5）系统管道安装完毕后的检漏很重要，在 1500Pa 的气压下无泄漏为合格。

10.2　气调库的制冷系统设计

要使气调库内达到所要求的温度，并保持相对稳定，除了要求围护结构具有一定的保温性能外，还必须有相应的制冷系统。

10.2.1　气调库冷负荷的计算

计算气调库的耗冷量时，应区分单间库房的耗冷量和气调库总耗冷量。前者是确定库房内冷却设备的依据，应逐间计算；后者是确定气调库制冷机及相关设备的依据，是气调库的总负荷，但不等于各个库房耗冷量的总和。

在一般条件下，气调库库房的耗冷量的计算公式为

$$Q = Q_1 + Q_2 + Q_3 + Q_4 + Q_5 + Q_6 \tag{10-8}$$

式中　Q——气调库库房的耗冷量，单位为 W；

　　　Q_1——围护结构传热量，单位为 W；

　　　Q_2——果蔬冷却与呼吸产生的热负荷，单位为 W；

　　　Q_3——库内、外气体交换产生的热负荷，单位为 W；

　　　Q_4——气调库操作管理产生的热负荷，单位为 W；

　　　Q_5——库内加湿产生的热负荷，单位为 W；

　　　Q_6——气调设备产生的热负荷，单位为 W。

1. 围护结构传热量的计算

$$Q_1 = K \cdot A(t_w - t_n) = q_A \cdot A \tag{10-9}$$

式中　K——围护结构的传热系数，单位为 $[W/(m^2 \cdot ℃)]$；

　　　A——围护结构的传热面积，单位为 m^2；

　　　t_w——围护结构外侧的计算温度，单位为 ℃；

　　　t_n——库内的计算温度，单位为 ℃；

　　　q_A——单位面积传热量，单位为 W/m^2。

传热系数及单位面积热量可参考表 10-5 中的规定取值。

表 10-5　传热系数及单位面积热量

冷间温度/℃		+5 ~ -5
装配式冷库	传热系数/ $[W/(m^2 \cdot ℃)]$	0.4
	单位面积热量/ (W/m^2)	不大于 12.8
土建冷库	传热系数/ $[W/(m^2 \cdot ℃)]$	0.33
	单位面积热量/ (W/m^2)	不大于 10.5

2. 果蔬冷却与呼吸产生的热负荷的计算

$$Q_2 = Q_{2a} + Q_{2b} + Q_{2c} \tag{10-10}$$

式中　Q_{2a}——果蔬冷却产生的热负荷，单位为 W；

　　　Q_{2b}——果蔬包装材料冷却产生的热负荷，单位为 W；

　　　Q_{2c}——果蔬呼吸产生的热负荷，单位为 W。

（1）果蔬冷却产生的热负荷

$$Q_{2a} = Gc(t_0 - t_n)/\tau \tag{10-11}$$

式中　G——气调库果蔬一次入库量，单位为 kg；

　　　c——果蔬的比热容，单位为 J/（kg·℃）；

　　　t_0——果蔬的初温，单位为℃；

　　　t_n——库内的计算温度，单位为℃；

　　　τ——果蔬冷却时间，单位为 s。

（2）果蔬包装材料冷却产生的热负荷

$$Q_{2b} = G_b C_b(t_{0b} - t_n)/\tau \tag{10-12}$$

式中　G_b——每次入库的包装材料量，单位为 kg；

　　　C_b——包装材料的比热容，单位为 J/（kg·℃），见表 10-6；

　　　t_{0b}——包装材料的初温，单位为℃；

　　　t_n——库内的计算温度，单位为℃。

　　　τ——果蔬冷却时间，单位为 s。

表 10-6　果蔬包装材料比热容表

材　　料	比热容/［J/（kg·℃）］	材　　料	比热容/［J/（kg·℃）］
木材	2512	黄油纸	1507.3
铁皮	418.7	竹器	1507.3
铝皮	879.3	瓦楞纸、纸类	1465.5
玻璃容器	837.4	布类	1256

（3）果蔬呼吸产生的热负荷

$$Q_{2c} = G'(q_1 + q_2)/2 \tag{10-13}$$

式中　G'——每批果蔬入库量，单位为 t；

　　　q_1——果蔬冷却前的呼吸热，单位为 W/t；

　　　q_2——果蔬冷却后的呼吸热，单位为 W/t。

3. 库内、外气体交换产生的热负荷

气调库虽然作了气密处理，但也不可能做到绝对气密，气调库允许气体通过气密层以扩散的方式发生一定量的泄漏。对于小型气调库，这部分产生的热负荷很少，可以忽略不计，即 $Q_3 = 0$。

4. 气调库操作管理产生的热负荷

一般来说，气调库操作管理产生的热负荷由四部分组成，即：库内操作人员产生的热负荷、开库门产生的热负荷、库内照明产生的热负荷和冷却设备的通风机工作产生的热负荷。考虑到气调库固有的特性，前三项热负荷很小，可以不予考虑，所以气调库操作管理产生的热负荷可按下式计算：

$$Q_4 = 1000Nn/\eta \tag{10-14}$$

式中　N——风机功率，单位为 kW；

　　　n——库内电动机台数；

　　　η——电动机的效率，$N = 0.75 \sim 7.5$ kW 时，$\eta = 0.8 \sim 0.88$。

注意，在冷却结束后，气调库处于密闭状态，库内操作热负荷将下降很多。

5. 库内加湿产生的热负荷的计算

$$Q_5 = Wh \qquad (10\text{-}15)$$

式中　W——单位时间内加入库内的水蒸气量，单位为 kg/s；

　　　h——水蒸气的焓值，单位为 J/kg。

采用水喷雾加湿时，由于水的焓值不大，可以认为水喷雾加湿不会在库内产生热负荷，即 $Q_5 = 0$。

6. 气调设备产生的热负荷

当气调设备送入库内的气体温度高于库内温度 5℃ 以上时，应考虑由此在库内产生的热负荷，其计算公式为

$$Q_6 = M_g c_g (t_{0g} - t_n) \qquad (10\text{-}16)$$

式中　M_g——气调设备的产气量，单位为 kg/s；

　　　c_g——气体的比热容，单位为 J/（kg·℃）；

　　　t_{0g}——气体的初温，单位为℃；

　　　t_n——库内计算温度，单位为℃。

当 $t_{0g} - t_n \geqslant 15℃$ 时，应将气调设备制取的气体在进库前进行再次冷却，以免增大气调库内的热负荷，引起库温波动。

10.2.2　气调库冷负荷的估算

在进行方案设计和初步设计时，冷负荷一般可按下述给出的指标进行估算。

1. 小型果蔬气调库单位制冷负荷估算

小型果蔬气调库单位制冷负荷估算见表 10-7。

表 10-7　小型果蔬气调库单位制冷负荷估算表

气调间规模	气调间温度/℃	单位制冷负荷/（W/t）	
		冷却设备负荷	机械负荷
100 吨以下气调间	0 ~ 2	260	230
100 ~ 300 吨气调间	0 ~ 2	230	210

注：本表内机械负荷包括管道等 7% 冷损耗系数值。

2. 小型果蔬土建气调库制冷负荷估算

如图 10-17 所示，公称容积为 100 ~ 1500m³ 时，查图 10-17 中曲线 a；公称容积为 1500 ~ 8000m³ 时，查图 10-17 中曲线 b；公称容积在 8000m³ 以上的气调库，每增加 155 m³，制冷负荷需增加 3861W。

3. 小型果蔬装配式气调库制冷负荷估算

小型果蔬装配式气调库制冷负荷曲线如图 10-18 所示。

10.2.3　制冷系统

原则上说，气调库所配备的制冷系统与传统的果蔬冷藏库所配备的制冷系统并无多大区别，但气调库还需要保持良好的气密性，所以要求制冷系统具有更高的可靠性、更高的自动化程度，并在果蔬气调贮藏期间长时间维持所要求的库房温度。关于制冷系统方面的知识在此不再赘述，具体可参考前面章节。

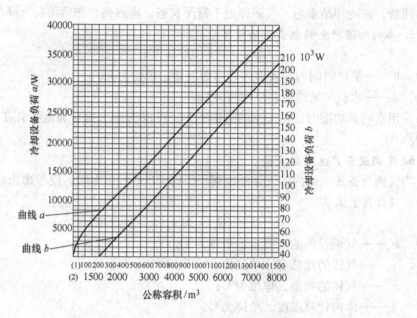

图 10-17　土建气调库冷却设备制冷负荷曲线

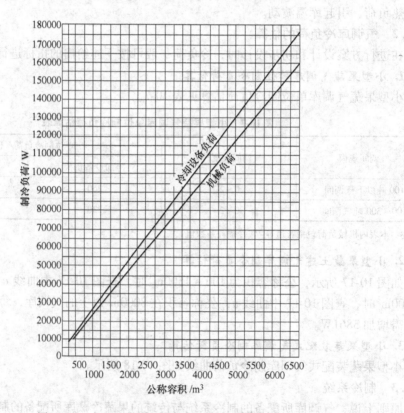

图 10-18　小型果蔬装配式气调库制冷负荷曲线

10.3 气调库的加湿系统设计

10.3.1 气调库的湿计算

与普通果蔬冷库相比较，气调贮藏果蔬的贮藏期较长，果蔬的水分蒸发较多。为了减少果蔬的干耗和保持果蔬的鲜脆，气调库内的相对湿度最好能保持在 90% ~ 95%。

由于气调库具有较好的气密性，在整个运行期间又不允许随意开门，所以外界对气调库内的湿度影响很小，在实际工程设计中可以忽略不计。这样，气调库湿计算时所需考虑的主要有：

（1）冷风机运行时的去湿量

$$W_c = G_a(d_r - d_s)/1000 \tag{10-17}$$

式中 G_a——冷风机的循环空气量，单位为 kg/h；

d_r——冷风机回风口处气体的含湿量，单位为 g/kg；

d_s——冷风机送风口处气体的含湿量，单位为 g/kg。

对于气调库内气体的参数，在资料缺乏时，可近似用空气的参数来代替。利用湿空气的焓-湿图，根据湿空气在计算工况下的参数，查出 d_r、d_s 值。

（2）果蔬蒸发导致的水分流失量

$$W_e = Gw/1000 \tag{10-18}$$

式中 G——库房内贮藏的果蔬量，单位为 t；

w——每吨果蔬在计算工况下蒸发至库内气体中的水分量，单位为 g/（t·h）。

（3）气调设备造成的水分流失量

$$W_m = G_m(d_i - d_n)/1000 \tag{10-19}$$

式中 G_m——气调设备送入气调库内的气体量，单位为 kg/h；

d_i——气体在库房进口处的含湿量，单位为 g/kg；

d_n——库房内气体的含湿量，单位为 g/kg。

G_m、d_i 的数值按气调设备的随机资料查取，d_n 的数值近似由湿空气的焓-湿图查取。

气调库内的加湿量为

$$W = W_c + W_e + W_m \tag{10-20}$$

10.3.2 气调库的加湿方法

气调库的加湿方法主要有以下几种。

1. 地面充水加湿

在设计气调库时，让地面由门口开始向内倾斜，保持 5‰ 的坡度。向气调库内地面均匀加水，靠水的蒸发来维持库内的相对湿度。这种方法比较简单，也比较有效，地面上保持薄薄的一层水还能起到水封的作用。为了避免地面水接触到贮藏在最底层的果蔬，应设置水面溢流装置限定水面高度（深度 <100mm），让多余的水排至库外。

气调库的地面上应设置地漏，以便冲洗和定期换水。需注意，溢流和地漏排水都要进行气密处理。

地面充水加湿时的散湿量可按下式计算：

$$W_0 = (\alpha + 0.00013v)(p_{sa} - p_r)A\frac{101\,325}{P} \tag{10-21}$$

式中 α——扩散系数，单位为 kg/（$m^2 \cdot h \cdot Pa$）；

　　　v——水表面的空气流速，单位为 m/s；

　　p_{sa}——相应于水表面温度下的饱和空气的水蒸气分压力，单位为 Pa；

　　　p_r——库内气体中的水蒸气分压力，单位为 Pa；

　　　A——水的蒸发表面积，单位为 m^2；

　　　P——当地的大气压力，单位为 Pa。

2. 冷风机集水盘充水加湿

在库内冷风机集水盘内保持 10~20mm 高的存水，当冷风机运行时，让蒸发的水分加湿流过的空气，以增加库内的湿度（散湿量的计算方法与地面充水加湿相同）。

3. 喷雾加湿

采用专门的加湿设备，通常安装在冷风机的出风口处，加湿冷风机的通风，借助空气的流动将雾化水汽带到库内各个角落，形成一个较为均匀的湿度场。常用的加湿设备有高压喷雾加湿装置、超声波加湿器、离心喷雾加湿器等。

采用加湿器的加湿系统可以组成循环加湿补水系统，利用水泵进行强制循环，如图 10-19 所示。

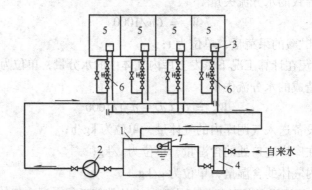

图 10-19 加湿器循环加湿系统示意图

1—水箱 2—水泵 3—加湿器 4—电子水处理仪 5—气调间 6—电磁阀 7—浮球阀

4. 冷风机的型号适当选大

适当提高冷风机内制冷剂的蒸发温度可以提高气调库内的相对湿度，即提高制冷剂的蒸发温度，其蒸发排管外表面的温度随之提高，从而降低冷风机的去湿能力。这样，在保证冷风机出风口处气体温度保持不变（与蒸发温度提高前具有相同的出风口温度）的前提下，冷风机出风口处气体的相对湿度会有所提高。

为了保证制冷剂蒸发温度提高后不影响冷风机的冷却能力，即不影响出风口处的温度，通常采用增大冷风机传热面积的方法。所以，在相同的设计条件下，气调库冷风机的型号要适当选大。

附　　录

附录 A　常用数表

附录 A-1　冷库常用隔气防潮材料热物理性能表

序号	材料名称	密度 ρ/ (kg/m³)	厚度 δ/ mm	导热系数 λ/ [W/ (m·℃)]	热阻 R/ (m²·℃/W)	热扩散率 $\alpha \times 10^3$/ (m²/h)	比热容 c/ [J/ (kg·℃)]	蓄热系数 S_{24}/ [W/ (m²·℃)]	蒸气渗透系数 μ/ [g/ (m·h·Pa)]	蒸气渗透阻 H/ (m²·h·Pa/g)
1	石油沥青油毛毡（350 号）	1130	1.5	0.27	0.0050	0.32	1590.98	4.59	1.35×10^{-6}	1106.57
2	石油沥青或玛琋脂一道	980	2.0	0.20	0.0100	0.33	2135.27	5.41	7.5×10^{-6}	226.64
3	一毡二油	—	5.5	—	0.0260	—	—	—	—	1639.86
4	二毡三油	—	9.0	—	0.0410	—	—	—	—	3013.08
5	聚乙烯塑料薄膜	1200	0.07	0.16	0.0017	0.28	1423.51	3.98	2.03×10^{-8}	3466.37

附录 A-2　冷库常用建筑材料热物理性能表

序号	材料名称	规格	密度 ρ/(kg/m³)	测定时质量湿度 W_z/(%)	热导率测定值 λ'/[W/(m·℃)]	设计采用导热系数 λ/[W/(m·℃)]	热扩散率 $\alpha \times 10^3$/(m²/h)	比热容 c/[J/(kg·℃)]	蓄热系数 S_{24}/[W/(m²·℃)]	蒸气渗透系数 μ/[g/(m·h·Pa)]
1	2	3	4	5	6	7	8	9	10	11
1	碎石混凝土		2280	0	1.510	1.510	3.33	711.76	13.36	4.5×10^{-5}
2	钢筋混凝土		2400	—	1.550	1.550	2.77	837.36	14.94	3.0×10^{-5}
3	大理石、花岗岩、玄武岩 石料		2800	—	3.490	3.490	4.87	921.10	25.47	2.1×10^{-5}
	实心重砂浆、石灰石		2000	—	1.160	1.160	2.27	921.10	12.56	6.45×10^{-5}
4	普通黏土砖砌体		1800	—	0.810	0.810	1.85	879.23	9.65	1.05×10^{-4}
5	土壤、砂、碎石 亚黏土		1980	10.0	1.170	1.170	1.87	1130.44	13.78	9.75×10^{-5}
	亚黏土		1840	15.0	1.120	1.120	1.72	1256.04	13.65	
6	干砂填料	中砂	1460	0	0.260	0.580	0.82	753.62	4.52	1.65×10^{-4}
		粗砂	1400	0	0.240	0.580	0.77	753.62	4.08	1.65×10^{-4}
7	水泥砂浆	1:2.5	2030	0	0.930	0.930	2.07	795.49	10.35	9.00×10^{-5}
8	混合砂浆		1700	0	0.870	0.870	2.21	837.36	9.47	9.75×10^{-5}
9	石灰砂浆		1600	0	0.810	0.810	2.19	837.36	8.87	1.20×10^{-4}
10	建筑钢材		7800	—	58.150	58.150	58.28	460.55	120.95	0
11	铝		2710	—	202.940	202.940	309.00	837.36	182.59	0
12	红松	热流方向顺木纹	510	0	0.440	0.440	1.40	2219.00	6.05	3.00×10^{-5}
	红松	热流方向垂直木纹	420	—	0.110	0.120	0.53	1800.32	2.44	1.68×10^{-4}
13	炉渣		660	0	0.170	0.290	1.00	837.36	2.48	2.18×10^{-4}
			900	0	0.240	0.350	0.91	1088.57	4.12	2.03×10^{-4}

（续）

序号	材料名称	规格	密度 ρ/(kg/m³)	测定时质量湿度 W_z(%)	热导率测定值 λ'/[W/(m·℃)]	设计采用导热系数 λ/[W/(m·℃)]	热扩散率 $\alpha \times 10^3$/(m²/h)	比热容 c/[J/(kg·℃)]	蓄热系数 S_{24}/[W/(m²·℃)]	蒸气渗透系数 μ/[g/(m·h·Pa)]
1	2	3	4	5	6	7	8	9	10	11
14	炉渣混凝土	1:1:8	1000	—	0.290	0.410	1.25	837.36	4.22	1.95×10^{-4}
		1:1:10	1280	0	0.420	0.580	1.44	837.36	5.70	1.05×10^{-4}
15	胶合板	三合板	1150	0	0.370	0.520	1.45	795.49	4.65	1.05×10^{-4}
16	纤维板		540	—	0.150~0.170	0.170	0.46	1549.12	2.56	1.05×10^{-4}
17	刨花板		945	—	0.270	0.270	0.30	1507.25	3.49	1.05×10^{-4}
18	聚苯乙烯泡沫塑料	普通型 自发性	650	—	0.220	0.220	0.42	1632.85	3.02	1.05×10^{-4}
		自熄型 可发型	18	—	0.036	0.047	6.23	1172.30	0.23	2.78×10^{-5}
19	乳液聚苯乙烯泡沫塑料		19	—	0.035	0.047	5.52	1214.17	0.23	2.55×10^{-5}
20	苯乙烯泡沫塑料		37	—	0.034	0.044	3.06	1088.57	0.31	—
21	聚氨酯泡沫塑料	硬质、聚醚型	40	—	0.022	0.031	1.65	1256.04	0.28	2.55×10^{-5}
	岩棉半硬板	I类	186	5.8	0.038	0.076	0.90	837.36	0.65	4.88×10^{-4}
22		II类	100	0.6	0.036	0.076	1.35	962.96	0.50	—
	膨胀珍珠岩	III类	70	—	0.052	0.087	2.11	1297.91	0.58	—
			150	—	0.056	0.087~0.105	1.18	1046.70	0.81	—
			150~250	—	0.064~0.076	0.105~0.128	—	—	—	—

（续）

序号	材料名称	规格	密度 ρ/ (kg/m³)	测定时质量湿度 W_z/ (%)	热导率测定值 λ'/ [W/ (m·℃)]	设计采用导热系数 λ/ [W/ (m·℃)]	热扩散率 $\alpha \times 10^3$/ (m²/h)	比热容 c/ [J/ (kg·℃)]	蓄热系数 S_{24}/ [W/ (m²·℃)]	蒸气渗透系数 μ/ [g/ (m·h·Pa)]
1	2	3	4	5	6	7	8	9	10	11
23	水泥珍珠岩	1:12:1.6	380	0	0.086	沥青铺砌 0.116	0.91	879.23	1.51	9.00×10^{-5}
		1:8:1.45	540	0	0.116	沥青铺砌 0.150	0.92	879.23	2.04	—
24	水玻璃珍珠岩		300	0	0.078	沥青铺砌 0.100	1.12	837.36	1.28	1.5×10^{-4}
25	沥青珍珠岩	珍珠岩:沥青 (压比) 1m³:75kg (2:1)	260		0.077	0.093	0.75	1381.64	1.42	6.00×10^{-5}
		1m³:100kg (2:1)	380		0.095	0.116	0.55	1632.85	2.06	—
		1m³:60kg (1.5:1)	220		0.062	0.076	0.81	1256.04	1.2	—
26	乳化沥青膨胀珍珠岩	乳化沥青:珍珠岩 压比1.8:1	350		0.091	0.111	0.71	1339.78	1.73	6.90×10^{-5}
27	加气混凝土	蒸气养护	500	0	0.116	沥青铺砌 0.152	0.93	962.96	2.02	9.98×10^{-5}
28	泡沫混凝土		370	0	0.098	沥青铺砌 0.128	0.89	837.36	1.33	1.8×10^{-4}
29	软木		170	—	0.058	0.069	0.62	2051.53	1.19	2.55×10^{-5}
30	稻壳		120	5.9	0.061	0.151	1.09	1674.72	0.94	4.5×10^{-4}

注：水泥珍珠岩、水玻璃珍珠岩、加气混凝土、泡沫混凝土设计采用的导热系数为用沥青铺砌时的数值。

附录 A-3　全国主要城市部分气象资料

地　名	台站位置北纬	夏季室外计算干球温度/℃		夏季空气调节室外计算湿球温度/℃	室外计算相对湿度（%）		最大冻土深度/cm
		夏季空气调节日平均	夏季通风		冬季空气调节	夏季通风	
北京市							
北京	39°48′	29.6	29.7	26.4	44	61	66
天津市							
天津	39°05′	29.4	29.8	26.8	56	63	58
塘沽	39°00′	29.6	28.8	26.9	59	68	59
河北省							
石家庄	38°02′	30.0	30.8	26.8	55	60	56
唐山	39°40′	28.5	29.2	26.3	55	63	72
邢台	37°04′	30.2	31.0	26.9	57	61	46
保定	38°51′	29.8	30.4	26.6	55	61	58
张家口	40°47′	27.0	27.8	22.6	41	50	136
承德	40°58′	27.4	28.7	24.1	51	55	126
秦皇岛	39°56′	27.7	27.5	25.9	51	55	85
山西省							
太原	37°47′	26.1	27.8	23.8	50	58	72
大同	40°06′	25.3	26.4	21.2	50	49	186
阳泉	37°51′	27.4	28.2	23.6	43	55	62
运城	35°02′	31.5	31.3	26.0	57	55	39
阳城	35°29′	27.3	28.8	24.6	53	59	39
内蒙古自治区							
呼和浩特	40°49′	25.9	26.5	21.0	58	48	156
包头	40°40′	26.5	27.4	20.9	55	43	157
赤峰	42°16′	27.4	28.0	22.6	43	50	201
通辽	43°36′	27.3	28.2	24.5	54	57	179
海拉尔	49°13′	23.5	24.3	20.5	79	54	242
乌兰浩特	46°05′	2.6	27.1	23.0	54	55	249
二连浩特	43°39′	27.5	27.9	19.3	69	33	310
锡林浩特	43°57′	25.4	26.0	19.9	72	44	265
辽宁省							
沈阳	41°44′	27.5	28.2	25.3	60	65	148
大连	38°54′	26.5	26.3	24.9	56	71	90
鞍山	41°05′	28.1	28.2	25.1	54	63	118
抚顺	41°55′	26.6	27.8	24.8	68	65	143
本溪	41°19′	27.1	27.4	24.3	64	63	149

（续）

地　名	台站位置北纬	夏季室外计算干球温度/℃		夏季空气调节室外计算湿球温度/℃	室外计算相对湿度（%）		最大冻土深度/cm
		夏季空气调节日平均	夏季通风		冬季空气调节	夏季通风	
丹东	40°03′	25.9	26.8	25.3	55	71	88
锦州	41°08′	27.1	27.9	25.2	52	67	108
营口	40°40′	27.5	27.7	25.5	62	68	101
阜城	42°05′	27.3	28.4	24.7	49	60	139
开原	42°32′	26.8	27.5	25.0	49	60	137
朝阳	41°33′	28.3	28.9	25.0	43	58	135
吉林省							
长春	43°54′	26.3	26.6	24.1	66	65	169
吉林	43°57′	26.1	26.6	24.1	72	65	182
四平	43°11′	26.7	27.2	24.5	66	65	148
通化	41°41′	25.3	26.3	23.2	68	64	139
临江	41°48′	25.4	27.3	23.6	71	61	136
乾安	45°00′	27.3	27.6	24.2	64	59	220
白城	45°38′	26.9	27.5	23.9	57	58	750
延吉	42°53′	25.6	26.7	23.7	59	63	198
黑龙江省							
哈尔滨	40°58′	26.3	26.8	23.9	73	62	205
齐齐哈尔	39°56′	26.7	26.7	23.5	67	58	209
鸡西	40°47′	25.7	26.3	23.2	64	61	238
鹤岗	37°47′	25.6	25.5	22.7	63	62	221
伊春	40°06′	24.0	25.7	22.5	73	60	278
佳木斯	37°51′	26.0	26.6	23.6	70	61	220
牡丹江	35°02′	25.9	26.9	23.5	69	59	191
宝清	35°29′	26.1	26.4	23.4	65	61	260
黑河	50°15′	24.2	25.1	22.3	70	62	263
绥化	46°37′	25.6	26.2	23.4	76	63	715
漠河	52°58′	21.6	24.4	20.8	73	57	—
上海市							
上海徐家汇	31°10′	30.8	31.2	27.9	75	69	8
江苏省							
南京	32°00′	31.2	31.2	28.1	76	69	9
徐州	34°17′	30.5	30.5	27.6	66	67	21
南通	31°59′	30.3	30.5	28.1	75	72	12
赣榆	34°50′	29.5	29.1	27.8	67	75	20

（续）

地　名	台站位置北纬	夏季室外计算干球温度/℃		夏季空气调节室外计算湿球温度/℃	室外计算相对湿度（%）		最大冻土深度/cm
		夏季空气调节日平均	夏季通风		冬季空气调节	夏季通风	
常州	31°46′	31.5	31.3	28.1	75	68	12
淮阴	33°36′	30.2	29.9	28.1	72	72	20
浙江省							
杭州	30°14′	31.6	32.3	27.9	76	64	—
温州	28°02′	29.9	31.5	28.3	76	72	—
金华	29°07′	32.1	33.1	27.6	78	60	—
衢州	28°58′	31.5	32.9	27.7	80	62	—
鄞州	29°52′	30.6	31.9	28.0	79	68	—
平湖	30°37′	30.7	30.7	28.3	81	74	—
嵊州	29°36′	31.1	32.5	27.7	76	63	—
安徽省							
合肥	31°52′	31.7	31.4	28.1	76	69	8
芜湖	31°20′	31.9	31.7	27.7	77	68	9
蚌埠	32°57′	31.6	31.3	28.0	71	66	11
安庆	30°32′	32.1	31.8	28.1	75	66	13
六安	31°45′	31.4	31.4	28.0	76	68	10
亳州	33°52′	30.7	31.1	27.8	68	66	18
黄山	30°08′	19.9	19.0	19.2	63	90	—
滁州	32°18′	31.2	31.0	28.2	73	70	11
福建省							
福州	26°05′	30.8	33.1	28.0	74	61	—
厦门	24°29′	29.7	31.3	27.5	79	71	—
漳州	24°30′	30.8	32.6	27.6	76	63	—
泰宁	26°54′	28.6	31.9	26.5	86	60	7
南平	26°39′	30.7	33.7	27.1	78	55	—
龙岩	25°06′	29.4	32.1	25.5	73	55	—
屏南	26°55′	25.9	28.1	23.8	82	63	8
江西省							
南昌	28°36′	32.1	32.7	28.2	77	63	—
景德镇	29°18′	31.5	33.0	27.7	78	62	—
九江	29°44′	32.5	32.7	27.8	77	64	—
玉山	28°41′	31.6	33.1	27.4	80	60	—
赣州	25°51′	31.7	33.2	27.0	77	57	—
吉安	27°07′	32.0	33.4	27.6	81	58	—

（续）

地　名	台站位置北纬	夏季室外计算干球温度/℃		夏季空气调节室外计算湿球温度/℃	室外计算相对湿度（%）		最大冻土深度/cm
		夏季空气调节日平均	夏季通风		冬季空气调节	夏季通风	
宜春	27°48′	30.8	32.3	27.4	81	63	—
广昌	26°51′	30.9	33.2	27.1	81	56	—
贵溪	28°18′	32.7	33.6	27.6	78	58	—
山东省							
济南	34°50′	31.3	30.9	26.8	53	61	35
青岛	31°46′	27.3	27.3	26.0	63	73	—
淄博	33°36′	30.0	30.9	26.7	61	62	46
烟台	31°59′	28.0	26.9	25.4	59	75	46
潍坊	36°45′	29.0	30.2	26.9	63	63	50
临沂	35°03′	29.2	29.7	27.2	62	68	40
德州	37°26′	29.7	30.6	26.9	60	63	46
菏泽	35°15′	29.0	30.6	27.4	68	66	21
日照	35°23′	28.1	27.7	26.8	61	75	25
威海	37°28′	27.5	26.8	25.7	61	75	47
泰安	36°10′	28.6	29.7	26.5	60	66	31
河南省							
郑州	31°52′	30.2	30.9	27.4	61	64	27
开封	31°20′	30.0	30.7	27.6	63	66	26
洛阳	32°57′	30.5	31.3	26.9	59	63	20
新乡	30°32′	29.8	30.5	27.6	61	65	21
安阳	31°45′	30.2	31.0	27.3	60	63	35
三门峡	33°52′	30.1	30.3	25.7	55	59	32
南阳	33°02′	30.1	30.5	27.8	70	69	10
商丘	34°27′	30.2	30.8	27.9	69	67	18
信阳	32°08′	30.9	30.7	27.6	72	68	—
许昌	34°01′	30.3	30.9	27.9	64	66	15
驻马店	33°00′	30.7	30.9	27.8	69	67	14
西华	33°47′	30.2	30.9	28.1	68	67	12
湖北省							
武汉	30°37′	32.0	32.0	28.4	77	67	9
黄石	30°15′	32.5	32.5	28.3	79	65	7
宜昌	30°42′	31.1	31.8	27.8	74	66	—
恩施	30°17′	29.6	31.0	26.0	84	57	—
荆州	30°20′	31.1	31.4	28.5	77	70	5

（续）

地　名	台站位置北纬	夏季室外计算干球温度/℃		夏季空气调节室外计算湿球温度/℃	室外计算相对湿度（%）		最大冻土深度/cm
		夏季空气调节日平均	夏季通风		冬季空气调节	夏季通风	
湖南省							
马坡岭	28°12′	31.6	32.9	27.7	83	61	—
常德	29°03′	32.0	31.9	28.6	80	66	—
衡阳	26°54′	32.4	33.2	27.7	81	58	—
邵阳	27°14′	30.9	31.9	26.8	80	62	5
岳阳	29°23′	32.2	31.0	28.3	78	72	2
郴州	25°48′	31.7	32.9	26.7	84	55	—
桑植	29°24′	30.0	31.3	26.9	78	66	—
沅江	28°51′	32.0	31.7	28.4	81	67	—
零陵	26°14′	31.3	32.1	26.9	81	60	—
广东省							
广州	23°10′	30.7	31.8	27.8	72	68	—
湛江	21°13′	30.8	31.5	28.1	81	70	—
汕头	23°24′	30.0	30.9	27.7	78	72	—
韶关	24°41′	31.2	33.0	27.3	75	60	—
阳江	21°52′	29.9	30.7	27.8	74	74	—
深圳	22°33′	30.5	31.2	27.5	72	70	—
广西壮族自治区							
南宁	22°49′	30.7	31.8	27.9	78	68	—
柳州	24°21′	31.4	32.4	27.5	75	65	—
桂林	25°19′	30.4	31.7	27.3	74	65	—
梧州	23°29′	30.5	32.5	27.9	76	65	—
北海	21°27′	30.6	30.9	28.2	79	74	—
百色	23°54′	31.3	32.7	27.9	76	65	—
海南省							
海口	20°02′	30.5	32.2	28.1	86	68	—
三亚	18°14′	30.2	31.3	28.1	73	73	—
重庆市							
重庆	29°31′	32.3	31.7	26.5	83	59	—
万州	30°46′	31.4	33.0	27.9	85	56	—
奉节	31°03′	30.9	30.6	25.4	71	57	—
四川省							
成都	30°40′	27.9	28.5	26.4	83	73	—
广元	32°26′	28.8	29.5	25.8	64	64	—
康定	30°03′	18.1	19.5	16.3	65	64	—
宜宾	28°48′	30.0	30.2	27.3	85	67	—
南坪区	30°47′	31.4	31.3	27.1	85	61	—
西昌	27°54′	26.6	26.3	21.8	52	63	—

（续）

| 地 名 | 台站位置北纬 | 夏季室外计算干球温度/℃ | | 夏季空气调节室外计算湿球温度/℃ | 室外计算相对湿度（%） | | 最大冻土深度/cm |
		夏季空气调节日平均	夏季通风		冬季空气调节	夏季通风	
遂宁	30°30′	30.7	31.1	27.5	86	63	—
内江	29°35′	30.8	30.4	27.1	83	66	—
贵州省							
贵阳	26°35′	26.5	27.1	23.0	80	64	—
遵义	27°42′	27.9	28.8	24.3	83	63	—
毕节	27°18′	24.5	25.7	21.8	87	64	—
安顺	26°15′	24.5	24.8	21.8	84	70	—
铜仁	27°43′	30.7	32.2	26.7	76	60	—
兴仁	25°26′	24.8	25.3	22.2	84	69	—
凯里	26°36′	28.3	29.0	24.5	80	64	—
盘县	25°47′	24.7	25.5	21.6	79	65	—
云南省							
昆明	25°01′	22.4	23.0	20.0	68	68	—
保山	25°07′	23.1	24.2	20.9	69	67	—
昭通	27°21′	22.5	23.5	19.5	74	63	—
丽江	26°52′	21.3	22.3	18.1	46	59	—
思茅	22°47′	24.0	25.8	22.1	78	69	—
蒙自	23°23′	25.9	26.7	22.0	72	62	—
景洪	22°00′	28.5	30.4	25.7	85	67	—
西藏自治区							
拉萨	29°40′	19.2	19.2	13.5	28	38	19
昌都	31°09′	19.6	21.6	15.1	37	46	81
那曲	31°29′	11.5	13.3	9.1	40	52	281
日喀则	29°15′	17.1	18.9	13.4	28	40	58
林芝	29°40′	17.9	19.9	15.6	49	61	13
狮泉河	32°30′	16.4	17.0	9.5	37	31	—
错那	27°59′	9.0	11.2	8.7	64	68	86
陕西省							
西安	34°18′	30.7	30.6	25.8	66	58	37
延安	36°36′	26.1	28.1	22.8	53	52	77
宝鸡	34°21′	29.2	29.5	24.6	62	58	29
汉中	33°04′	28.5	28.5	26.0	80	60	8
榆林	38°14′	26.5	28.0	21.5	55	45	148
安康	32°43′	30.7	30.5	26.8	71	64	8

（续）

地　名	台站位置北纬	夏季室外计算干球温度/℃		夏季空气调节室外计算湿球温度/℃	室外计算相对湿度（%）		最大冻土深度/cm
		夏季空气调节日平均	夏季通风		冬季空气调节	夏季通风	
甘肃省							
兰州	36°03′	26.0	26.5	20.1	54	45	98
酒泉	39°46′	24.8	26.3	19.6	53	39	117
平凉	35°33′	24.0	25.6	21.3	55	56	48
天水	34°35′	25.9	26.9	21.8	62	55	90
武都	33°24′	28.5	28.3	22.3	51	52	13
张掖	38°56′	25.1	26.9	19.5	52	37	113
靖远	36°34′	25.9	26.7	21.0	58	48	86
永昌	38°14′	20.6	23.0	17.2	45	45	159
青海省							
西宁	36°43′	20.8	21.9	16.6	45	48	123
玉树	33°01′	15.5	17.3	13.1	44	50	104
格尔木	36°25′	21.4	21.6	13.3	39	30	84
河南	34°44′	13.2	14.9	12.4	55	58	177
共和	36°16′	19.3	19.8	14.8	43	48	150
达日	33°45′	12.1	13.4	10.9	53	57	238
祁连	38°11′	15.9	18.3	13.8	44	48	250
宁夏回族自治区							
银川	38°29′	26.2	27.6	22.1	55	48	88
惠农	39°13′	26.8	28.0	21.5	50	42	91
同心	36°59′	26.6	27.7	20.7	50	40	130
固原	36°00′	22.2	23.2	19.0	56	54	121
中卫	37°32′	25.7	27.2	21.1	51	47	66
新疆维吾尔族自治区							
乌鲁木齐	43°47′	28.3	27.5	18.2	78	34	139
克拉玛依	45°37′	32.3	30.6	19.8	78	26	192
吐鲁番	42°56′	35.3	36.2	24.2	60	26	83
哈密	42°49′	30.0	31.5	22.3	60	28	127
种田	37°08′	28.9	28.8	21.6	54	36	64
阿勒泰	47°44′	26.3	25.5	19.9	74	43	139
喀什	39°29′	28.7	28.8	21.2	67	34	66
伊宁	43°57′	26.3	27.2	21.3	78	45	60
库尔勒	41°45′	30.6	30.0	22.1	63	33	58

注：本表摘自 GB 50736—2012 民用建筑供暖通风与空气调节设计规范。

附录 A-4　食品的比焓

（单位：kJ/kg）

食品温度/℃	牛肉各种禽类	羊肉	猪肉	肉类副产品	去骨牛肉	少脂鱼	多脂鱼	鱼片	鲜蛋	蛋黄	纯牛奶	奶油	炼制奶油	奶油冰淇淋	牛奶冰淇淋	葡萄杏子樱桃	水果及其他浆果	水果及糖浆浆果	加糖的浆果
-25	-10.9	-10.5	-11.7	-11.3	-12.2	-12.2	-12.6	-8.8	-9.6	-12.6	-9.2	-8.8	-16.3	-14.7	-17.2	-14.2	-17.6	-22.2	
-20	0.0	0.0	0.0	0.0	0.0	0.0	0.0	0.0	0.0	0.0	0.0	0.0	0.0	0.0	0.0	0.0	0.0	0.0	0.0
-19	2.1	2.1	2.1	2.5	2.5	2.5	2.5	2.5	2.1	2.1	2.9	1.7	1.7	3.4	2.9	3.8	3.4	3.8	5.0
-18	4.6	4.6	4.6	5.0	5.0	5.0	5.0	5.4	4.2	4.6	5.4	3.8	3.4	7.1	6.3	7.5	6.7	8.0	10.0
-17	7.1	7.1	7.1	8.0	8.0	8.0	8.0	8.4	6.3	6.7	8.4	5.9	5.0	11.3	9.6	11.7	10.0	12.0	15.5
-16	10.0	9.6	9.6	10.9	10.5	10.9	10.9	11.3	8.4	8.8	11.3	8.0	7.1	15.5	13.4	15.9	13.4	16.8	21.0
-15	13.0	12.6	12.2	13.8	13.3	14.2	1.2	14.7	10.5	11.3	14.2	10.1	9.2	19.7	17.6	20.5	17.2	21.4	26.8
-14	15.9	15.5	15.1	17.2	16.8	17.6	17.2	18.0	12.6	13.8	17.6	12.6	11.3	24.3	22.2	25.6	21.0	26.4	33.1
-13	18.9	18.4	18.0	20.5	20.1	21.0	20.5	21.8	15.1	15.9	21.4	15.1	13.4	29.3	27.2	31.0	25.1	31.4	39.8
-12	22.2	21.8	21.4	24.3	23.5	24.7	24.3	25.6	17.6	18.4	25.1	17.6	15.9	34.8	33.1	36.5	29.7	36.9	46.9
-11	26.0	25.6	25.1	28.5	27.2	28.9	28.1	29.7	20.1	21.4	28.9	20.5	18.0	40.6	39.8	42.7	34.4	43.2	54.9
-10	30.2	29.7	28.9	33.1	31.4	33.5	32.7	34.8	22.6	24.2	32.7	23.5	20.5	46.9	47.3	49.9	39.4	49.4	63.7
-9	34.8	33.9	33.1	38.1	36.0	38.5	37.3	40.2	25.6	28.5	37.3	26.4	23.5	54.1	55.7	57.8	44.8	56.6	73.7
-8	39.4	38.5	37.3	43.2	41.1	43.6	42.3	45.7	28.5	31.0	42.3	29.3	26.0	62.4	65.4	66.6	51.19	64.9	85.9
-7	44.4	43.6	14.9	48.6	46.1	49.4	47.8	51.5	31.8	34.4	48.2	32.7	28.5	27.9	77.1	78.8	58.7	75.8	101.0
-6	50.7	49.4	47.3	55.3	52.4	56.6	54.5	58.7	36.0	39.0	54.9	36.5	86.7	92.2	93.9	68.7	89.7	120.3	147.5
-5	57.4	55.7	54.5	62.9	59.9	74.2	61.6	67.0	41.5	44.8	62.9	40.6	34.4	105.6	111.9	116.1	82.1	108.1	169.7
-4	66.2	64.5	62.0	72.9	69.1	80.9	71.8	77.5	47.8	52.0	73.7	44.8	36.9	132.0	138.7	150	104.3	135.3	173.5
-3	75.4	77.1	73.7	88.0	83.0	89.2	85.5	93.9	227.9/57.8*	63.3	88.8	50.7	39.8	178.9	181.4	202.8	139.1	180.6	176.4
-2	98.9	96.0	91.8	109.8	103.5	111.9	106.4	117.7	230.9/75.8*	83.4	111.5	60.3	43.2	221.2	230.0	229.2	211.2	240.1	

（续）

食品温度/°C	牛肉各种禽类	羊肉	猪肉	肉类副产品	去骨牛肉	少脂鱼	多脂鱼	鱼片	鲜蛋	蛋黄	纯牛奶	奶油	炼制奶油	奶油冰淇淋	牛奶冰淇淋	葡萄杏子樱桃	水果及其他浆果	水果及糖浆浆果	加糖的浆果
-1	186.0	139.8	170.1	204.5	194.4	212.4	199.9	225.0	324.2/128.6*	140.2	184.4	91.8	49.0	224.6	233.4	233.0	268.2	243.9	179.8
0	232.5	224.2	211.0	261.5	243.0	266.0	249.3	282.0	237.6	264.4	319.3	95.1	52	227.9	236.7	236.3	271.9	247.2	182.7
1	235.9	227.5	214.9	264.8	246.4	269.8	253.1	285.8	240.5	267.7	323.0	98.0	55.3	231.3	240.1	240.1	275.7	251.0	186.0
2	238.8	230.5	217.9	268.6	249.7	273.2	256.4	289.1	243.8	271.1	326.8	101.4	58.2	234.6	243.4	243.4	279.5	254.3	189.0
3	242.2	233.8	221.2	271.9	253.1	277.0	259.8	392.9	246.8	274.4	331.0	104.8	61.2	238.0	247.2	249.7	283.2	258.1	192.3
4	245.5	236.7	224.2	275.3	256.4	280.3	263.1	196.7	250.1	277.8	334.8	107.7	64.1	241.3	250.1	250.6	287.0	261.5	195.3
5	248.5	240.1	227.1	279.1	259.8	283.7	266.5	300.4	253.1	281.6	339.0	111.5	67.5	244.7	253.9	254.3	290.8	266.5	198.6
6	251.8	243.0	230.0	282.4	263.1	287.4	269.8	303.8	256.4	284.9	342.7	114.4	70.8	248.0	257.3	257.7	294.6	268.6	201.5
7	255.2	246.4	233.4	285.8	266.5	290.8	273.2	307.5	259.4	288.3	346.5	117.7	74.2	251.4	260.6	260.6	298.3	272.4	204.9
8	258.5	249.3	236.3	289.5	269.4	295.4	277.0	311.3	262.7	291.6	350.7	121.5	77.5	254.8	264	264.8	302.1	275.7	207.8
9	261.5	252.6	239.2	292.9	272.8	297.9	280.3	315.1	265.6	295.0	354.5	125.7	81.3	258.1	267.3	268.6	305.9	279.5	211.2
10	264.8	255.6	242.2	296.2	276.1	301.3	283.7	318.4	269.0	298.7	358.7	129.9	85.5	261.5	270	271.9	309.6	282.8	214.1
11	268.2	258.9	245.5	300.0	279.5	305.0	287.0	322.2	271.9	302.1	362.4	134.1	90.1	264.8	274.4	275.7	313.4	286.6	217.5
12	271.1	261.9	248.5	303.4	282.8	308.4	290.4	326.0	275.3	305.5	366.6	138.7	95.1	268.2	277.8	279.1	317.2	289.6	220.4
13	274.4	265.2	251.4	306.7	286.2	312.2	293.7	329.3	278.6	308.8	370.4	144.1	100.6	271.5	281.1	282.8	321.0	293.7	223.7
14	277.8	268.2	254.3	310.5	289.5	315.5	297.1	333.1	281.6	312.2	374.6	149.6	106.4	274.9	284.5	286.2	324.7	297.1	226.7
15	280.7	271.5	257.3	313.8	292.9	318.9	300.8	336.9	284.9	315.9	378.8	155.4	112.3	278.2	287.9	289.9	328.5	300.8	230.0
16	284.1	274.4	260.6	317.2	296.2	322.6	304.2	340.6	287.9	319.3	382.5	161.3	118.6	281.6	291.2	293.3	332.3	304.2	233.0
17	287.4	277.8	263.6	321.0	299.6	326.0	307.5	344.0	291.2	322.6	396.7	166.8	124.9	284.9	294.6	297.1	336.5	308.0	236.3
18	290.4	280.7	266.5	324.3	302.9	329.8	310.9	347.8	294.1	326.0	390.9	72.2	130.3	288.3	297.9	300.4	339.8	313.3	239.2

（续）

食品温度/℃	牛肉各种禽类	羊肉	猪肉	肉类副产品	去骨牛肉	少脂鱼	多脂鱼	鱼片	鲜蛋	蛋黄	纯牛奶	奶油	炼制奶油	奶油冰淇淋	牛奶冰淇淋	葡萄杏干樱桃	水果及其他浆果	水果及糖浆浆果	加糖的浆果
19	293.7	284.1	260.4	327.7	306.3	331.1	314.3	351.5	397.5	329.3	394.7	177.7	136.2	291.6	301.3	304.2	343.6	315.1	242.6
20	297.1	287.0	272.8	331.4	309.6	336.5	317.6	355.3	300.4	333.1	398.9	182.7	141.2	295.0	304.6	307.5	347.4	318.4	245.5
21	300.0	290.4	275.7	334.8	313	340.2	321.4	358.7	303.8	336.5	402.7	187.7	146.2	298.3	308.0	311.3	351.1	322.2	248.9
22	303.4	293.3	278.6	338.1	315.9	343.6	324.7	352.4	307.1	339.8	406.8	192.3	150.8	301	311.3	315.1	354.9	325.6	251.8
23	306.7	296.7	281.6	341.9	319.2	346.9	328.1	366.2	310.1	343.2	410.6	196.5	155.4	305.0	314.7	318.5	358.7	329.3	255.2
24	310.1	299.6	284.9	345.3	322.6	350.7	331.4	39.6	313.4	346.5	414.8	200.7	159.6	308.4	318.0	321.8	362.4	332.7	258.1
25	133.0	302.9	287.9	349.0	326.0	354.1	334.8	373.3	316.3	350.3	418.6	204.9	163.8	311.4	325.6	366.2	336.5	261.5	
26	316.4	305.9	290.8	252.4	329.3	357.8	338.1	337.1	319.7	—	422.8	208.7	167.6	315.1	325.1	328.9	370.0	339.8	264.4
27	319.7	309.2	293.7	256.2	332.7	361.2	341.5	380.9	322.6	—	426.5	212.4	171.0	318.4	328.5	322.7	373.8	343.6	267.3
28	322.6	312.2	297.1	359.5	336.0	365.0	345.3	384.2	326.0	—	430.7	215.8	174.3	321.8	331.9	336.0	377.5	344.4	270.7
29	326.0	315.3	300.0	326.9	339.4	368.3	348.6	388.0	328.9	—	434.5	219.1	177.7	325.1	335.2	339.8	381.3	350.7	273.96
30	329.3	318.4	302.9	366.6	342.7	371.7	352.0	391.8	332.3	—	438.7	222.9	181.4	328.5	338.6	343.2	385.1	354.1	277.0
31	332.7	321.8	305.9	370.0	346.1	375.4	355.3	395.5	335.2	—	442.5	226.7	185.2	331.9	341.9	346.9	388.8	357.8	280.0
32	335.6	324.7	309.2	373.3	349.5	378.8	358.7	398.9	338.6	—	446.2	230.45	189.0	335.2	345.3	350.3	392.6	361.2	283.2
33	339.0	328.1	312.2	377.1	352.8	382.6	362.0	402.7	341.5	—	450.4	234.2	192.3	338.6	348.6	354.1	396.4	365.0	286.2
34	342.3	331.0	315.1	380.5	356.2	385.9	365.8	406.4	344.8	—	454.2	237.6	195.7	341.9	352.0	357.4	400.2	368.3	290.0
35	345.7	334.4	318.0	384.2	359.1	389.3	369.1	409.8	347.8	—	458.4	240.5	198.6	345.3	355.7	361.2	403.9	372.1	292.5

附录 A-5　空气的比焓（压力为 101.325kPa）

t/℃	比焓 h/（kJ/kg）										
	相对温度 ψ（%）										
	0	10	20	30	40	50	60	70	80	90	100
-20	-20.097	-19.929	-19.720	-19.511	-19.343	-19.176	-18.966	-18.757	-18.589	-18.380	-18.213
-19	-18.841	-18.883	-18.673	-18.464	-18.255	-18.045	-17.878	-17.668	-17.459	-17.208	-17.040
-18	-18.087	-17.878	-17.626	-17.417	-17.208	-16.998	-16.747	-16.538	-16.287	-16.077	-15.868
-17	-17.082	-16.831	-16.580	-16.370	-16.161	-15.868	-15.617	-15.366	-15.114	-14.905	-14.654
-16	-16.077	-15.826	-15.533	-15.282	-15.031	-14.733	-14.486	-14.235	-13.942	-13.691	-13.440
-15	-15.073	-14.779	-14.486	-14.193	-13.816	-13.649	-13.356	-13.063	-12.770	-12.477	-12.184
-14	-14.068	-13.775	-13.440	-13.147	-12.812	-12.519	-12.184	-11.891	-11.556	-11.263	-10.928
-13	-13.063	-12.728	-12.393	-12.060	-11.723	-11.346	-11.011	-10.677	-10.341	-10.007	-9.672
-12	-12.058	-11.681	-11.304	-10.969	-10.593	-10.216	-9.839	-9.462	-9.085	-8.750	-8.374
-11	-11.053	-10.635	-10.258	-9.839	-9.462	-9.044	-8.667	-8.248	-7.829	-7.453	-7.034
-10	-10.048	-9.672	-9.253	-8.876	-8.457	-8.081	-7.704	-7.285	-6.908	-6.490	-6.113
-9	-9.044	-8.625	-8.164	-7.746	-7.327	-6.908	-6.448	-6.029	-5.610	-5.150	-4.731
-8	-8.039	-7.578	-7.118	-6.615	-6.155	-5.694	-5.234	-4.731	-4.271	-3.810	-3.308
-7	-7.034	-6.531	-6.129	-5.485	-4.982	-4.480	-3.936	-3.433	-2.931	-2.387	-1.884
-6	-6.029	-5.485	-4.899	-4.354	-3.768	-3.224	-2.680	-2.093	-1.549	-0.963	-0.419
-5	-5.024	-4.396	-3.810	-3.182	-2.596	-1.968	-1.340	-0.754	-0.126	0.502	1.130
-4	-4.019	-3.349	-2.680	-2.010	-1.340	-0.670	0.000	0.670	1.340	2.010	2.680
-3	-3.015	-2.303	-1.549	-0.837	-0.126	0.628	1.340	2.093	2.805	3.559	4.271
-2	-2.010	-1.214	-0.419	0.377	1.172	1.968	2.763	3.559	4.354	5.150	5.945
-1	-1.005	-0.126	0.712	1.591	2.428	3.308	4.187	5.024	5.903	6.783	7.620
0	0.000	0.921	1.884	2.805	3.726	4.689	5.610	6.573	7.494	8.457	9.378
1	1.005	1.884	3.015	4.019	5.024	6.029	7.076	8.081	9.085	10.132	11.137
2	2.010	3.098	4.187	5.275	6.364	7.453	8.541	9.630	10.718	11.807	12.895
3	3.015	4.187	5.359	6.490	7.662	8.834	10.007	11.179	12.351	13.565	14.738
4	4.019	5.275	6.531	7.788	9.044	10.300	11.556	12.812	14.068	15.324	16.580
5	5.024	6.364	7.704	9.044	10.383	11.765	13.105	14.445	15.826	17.166	18.548
6	6.029	7.453	8.918	10.341	11.807	13.230	14.696	16.161	17.585	19.050	20.515
7	7.034	8.583	10.132	11.681	13.230	14.779	16.329	17.878	19.469	21.018	22.567
8	8.039	9.713	11.346	13.021	14.696	16.329	18.003	19.678	21.352	23.069	24.744
9	9.044	10.802	12.602	14.361	16.161	17.920	19.720	21.520	23.321	25.121	26.921
10	10.048	11.932	13.816	15.742	17.668	19.552	21.478	23.404	25.330	27.256	29.224
11	11.053	13.063	15.114	17.166	19.176	21.227	23.279	25.330	27.424	29.475	31.569
12	12.058	14.235	16.412	18.589	20.767	22.944	25.163	27.382	29.559	31.778	33.997
13	13.063	15.366	17.710	20.013	22.358	24.702	27.047	29.391	31.778	34.164	36.551

附表 A-5 空气的比焓（压力为101.325kPa）

（续）

t/℃	比焓 h/（kJ/kg）										
	相对温度 ψ（%）										
	0	10	20	30	40	50	60	70	80	90	100
14	14.068	16.538	19.050	21.520	24.032	26.502	29.015	31.527	34.081	36.635	39.147
15	15.073	17.710	20.348	23.027	25.707	28.387	31.066	33.746	36.425	39.147	41.868
16	16.077	18.883	21.730	24.577	27.424	30.271	33.159	36.048	38.895	41.784	44.799
17	17.082	20.097	23.111	26.126	29.182	32.238	35.295	38.393	41.491	44.380	47.730
18	18.087	21.311	24.493	27.717	30.982	34.248	37.556	40.863	44.380	47.311	50.660
19	19.092	22.525	25.958	29.391	32.866	36.341	39.817	43.543	46.892	50.242	54.010
20	20.100	23.739	27.382	31.066	34.750	38.477	42.287	46.055	49.823	53.591	57.359
21	21.102	24.953	28.889	32.783	35.718	40.654	44.799	48.567	52.754	56.522	60.709
22	22.106	26.251	30.396	34.541	38.728	43.124	47.311	51.498	55.684	59.871	64.477
23	23.111	27.507	31.903	36.341	40.821	45.217	49.823	54.428	59.034	63.639	68.245
24	24.116	28.763	33.453	38.184	43.124	47.730	52.335	57.359	62.383	66.989	72.013
25	25.121	30.061	35.044	40.068	45.217	50.242	55.266	60.290	65.733	70.757	76.200
26	26.126	31.401	36.676	41.868	47.311	52.754	58.197	63.639	69.082	74.944	80.387
27	27.131	32.741	38.351	43.961	49.823	55.684	61.127	66.989	72.850	78.712	84.992
28	28.135	34.081	40.068	46.055	52.335	58.197	64.477	70.757	77.037	83.317	89.598
29	29.140	35.420	41.784	48.148	54.428	61.127	67.826	74.106	80.805	87.504	94.203
30	30.145	36.802	43.543	50.242	57.359	64.058	71.176	77.875	84.992	92.110	99.646
31	31.150	38.226	45.218	52.754	59.871	66.989	74.525	82.061	89.598	97.134	104.670
32	32.155	39.649	47.311	54.847	62.383	70.338	78.293	86.248	94.203	102.158	110.532
33	33.106	41.073	48.986	57.359	65.314	73.688	82.061	90.435	98.809	107.008	116.393
34	34.164	42.705	51.079	59.453	68.245	77.037	85.829	94.622	103.833	113.044	122.255
35	35.169	43.961	53.172	61.965	71.176	80.805	90.016	99.646	109.276	118.905	128.535
36	36.174	45.636	55.266	64.895	74.525	84.155	94.203	104.251	114.718	124.767	135.234
37	37.179	47.311	57.359	67.408	77.456	87.922	98.809	109.276	120.161	131.047	142.351
38	38.184	48.567	59.453	69.920	80.805	92.110	103.414	114.718	126.023	137.746	149.469
39	39.189	50.242	61.546	72.850	84.573	96.296	108.019	120.161	132.722	144.863	157.424
40	40.193	51.916	63.639	75.781	88.342	100.48	113.044	126.023	139.002	152.340	165.797

附录A-6 干空气对传热有影响的物理参数 （压力为101.325kPa）

温度/℃	密度 ρ/（kg/m³）	比热容 c_e/ [kJ/（kg·K）]	导热系数 $\lambda \times 10^2$/ [W/（m·K）]	导温系数 $\alpha \times 10^2$/ （m²/h）	粘度 $\mu \times 10^6$/ （Pa·s）	运动粘度 $v \times 10^6$/ （m²/s）	普朗特准数 Pr
-50	1.584	1.013	2.04	4.57	14.61	9.23	0.728
-40	1.515	1.013	2.12	4.96	15.20	10.04	0.728
-30	1.453	1.013	2.20	5.37	15.69	10.80	0.723
-20	1.395	1.009	2.28	5.83	16.18	12.79	0.716
-10	1.342	1.009	2.36	6.28	16.67	12.43	0.712
0	1.293	1.005	2.44	6.77	17.16	13.28	0.707
10	1.247	1.005	2.51	7.22	17.65	14.16	0.705
20	1.205	1.005	2.59	7.71	18.14	15.06	0.703
30	1.165	1.005	2.67	8.23	18.63	16.00	0.700
40	1.128	1.005	2.76	8.75	19.12	16.96	0.699
50	1.093	1.005	2.83	9.26	19.61	17.95	0.698

附录A-7 R717饱和液体及饱和蒸气的热力性质

温度 t/℃	压力 p/kPa	比焓/（kJ/kg）		比熵/ [kJ/（kg·K）]		比体积/ $\times 10^{-3}$（m³/kg）	
		h_f	h_g	S_f	S_g	V_f	V_g
-60	21.99	-69.5330	1373.19	-0.10909	6.6592	1.4010	4685.08
-55	30.29	-47.5062	1382.01	-0.00717	6.5454	1.4126	3474.22
-50	41.03	-25.4342	1390.64	-0.09264	6.4382	1.4245	2616.51
-45	54.74	-3.3020	1399.07	-0.19049	6.3369	1.4367	1998.91
-40	72.01	18.9024	1407.26	0.28651	6.2410	1.4493	1547.36
-35	93.49	41.1883	1415.20	0.38082	6.1501	1.4623	1212.49
-30	119.90	63.5629	1422.86	0.47351	6.0636	1.4757	960.867
-28	132.02	72.5387	1425.84	0.51015	6.0302	1.4811	878.100
-26	145.11	81.5300	1428.76	0.54655	5.9974	1.4867	803.761
-24	159.22	90.5370	1431.64	0.58272	5.9652	1.4923	736.868
-22	174.41	99.5600	1434.46	0.61865	5.9336	1.4980	676.570
-20	190.74	108.599	1437.23	0.65436	5.9025	1.5037	622.122
-18	208.26	117.656	1439.94	0.68984	5.8720	1.5096	572.875
-16	277.04	126.729	1442.60	0.72511	5.8420	1.5155	528.257
-14	274.14	135.820	1445.20	0.76016	5.8125	1.5215	487.769
-12	268.63	144.929	1447.74	0.79501	5.7835	1.5276	450.971
-10	291.57	154.056	1450.22	0.82965	5.7550	1.5338	417.477
-9	303.60	158.628	1451.44	0.84690	5.7409	1.5369	401.860
-8	316.02	163.204	1452.64	0.86410	5.7269	1.5400	386.944

（续）

温度 t/℃	压力 p/kPa	比焓/（kJ/kg）		比熵/［kJ/（kg·K）］		比体积/$\times 10^{-3}$（m³/kg）	
		h_f	h_g	S_f	S_g	V_f	V_g
−7	328.84	167.785	1453.83	0.88125	5.7131	1.5432	372.692
−6	342.07	172.371	1455.00	0.89835	5.6993	1.5464	359.071
−5	355.71	176.962	1456.15	0.91541	5.6856	1.5496	346.046
−4	369.77	181.559	1457.29	0.93242	5.6721	1.5528	333.589
−3	384.26	186.161	1458.42	0.94938	5.6586	1.5561	321.670
−2	399.20	190.768	1459.53	0.96630	5.6453	1.5594	310.263
−1	414.58	195.381	1460.62	0.98317	5.6320	1.5627	299.340
0	430.43	200.000	1461.70	1.00000	5.6189	1.5660	288.880
1	446.74	204.625	1462.76	1.01679	5.6058	1.5694	278.858
2	463.53	209.256	1463.80	1.03354	5.5929	1.5727	269.253
3	480.81	213.892	1464.83	1.05024	5.5800	1.5762	260.046
4	498.59	218.535	1465.84	1.06691	5.5672	1.5796	251.216
5	516.87	233.185	1466.84	1.08353	5.5545	1.5831	242.745
6	535.67	227.841	1467.82	1.10012	5.5419	1.5866	234.618
7	555.00	232.503	1468.78	1.11667	5.5294	1.5901	226.817
8	574.87	237.172	1469.72	1.13317	5.5170	1.5936	219.326
9	595.28	241.848	1470.64	1.14964	5.5046	1.5972	212.132
10	616.25	246.531	1471.57	1.16607	5.4924	1.6008	205.221
11	637.78	251.221	1472.46	1.18246	5.4802	1.6045	198.580
12	659.89	255.918	1473.34	1.19882	5.4681	1.6081	192.196
13	682.59	260.622	1474.20	1.21515	5.4561	1.6118	186.058
14	705.88	265.334	1475.05	1.23144	5.4441	0.6156	180.154
15	729.29	270.053	1475.88	1.24769	5.4322	1.6193	174.475
16	754.31	274.779	1476.69	1.26391	5.4204	1.6231	169.009
17	779.46	279.513	1477.48	1.28010	5.4087	1.6269	163.748
18	805.25	284.255	1478.25	1.29626	5.3971	1.6308	158.683
19	831.69	289.005	1479.01	1.31238	5.3855	1.6347	153.804
20	858.79	293.762	1479.75	1.32847	5.3740	1.6386	149.106
21	886.57	298.527	1480.48	1.34452	5.3626	1.6426	144.578
22	915.03	303.300	1481.18	1.36055	5.3512	1.6466	140.214
23	944.18	308.081	1481.87	1.37654	5.3399	1.6507	136.006
24	974.03	312.870	1482.53	1.39250	5.3286	1.6547	131.950
25	1004.6	316.667	1483.18	1.40843	5.3175	1.6588	128.037
26	1035.9	322.471	1483.81	1.42433	5.3063	1.6630	124.261
27	1068.0	327.284	1484.42	1.44020	5.2953	1.6672	120.619

（续）

温度 t/℃	压力 p/kPa	比焓/ (kJ/kg)		比熵/ [kJ/ (kg·K)]		比体积/ ×10^{-3} (m^3/kg)	
		h_f	h_g	S_f	S_g	V_f	V_g
28	1100.7	332.104	1485.01	1.45604	5.2843	1.6714	117.103
29	1134.3	336.933	1485.59	1.47185	5.2733	1.6757	113.708
30	1168.6	341.769	1486.14	1.48762	5.2624	1.6800	110.430
31	1203.7	346.614	1486.67	1.50337	5.2516	1.6844	107.263
32	1239.6	351.466	1487.18	1.51908	5.2408	1.6888	104.205
33	1276.3	356.326	1487.66	1.53477	5.2300	1.6932	101.248
34	1313.9	361.195	1488.13	1.55042	5.2193	1.6977	98.3913
35	1352.2	366.072	1488.57	1.56605	5.2086	1.7023	95.6290
36	1391.5	370.957	1488.99	1.58165	5.1980	1.7069	92.9579
37	1431.5	375.851	1489.39	1.59722	5.1874	1.7115	90.3743
38	1472.4	380.754	1489.76	1.61276	5.1768	1.7162	87.8748
39	1514.3	385.666	1490.10	1.62828	5.1663	1.7209	85.4561
40	1557.0	390.587	1490.42	1.64377	5.1558	1.7257	83.1150
41	1600.6	395.519	1490.71	1.65924	5.1453	1.7305	80.8484
42	1645.1	400.462	1490.98	1.67470	5.1349	1.7354	78.6536
43	1690.6	405.416	1491.21	1.69013	5.1244	1.7404	76.5276
44	1737.0	410.382	1491.41	1.70554	5.1140	1.7454	74.4678
45	1784.3	415.362	1491.58	1.72095	5.1036	1.7504	72.4716
46	1832.6	420.358	1491.72	1.73635	5.0932	1.7555	70.5365
47	1881.9	425.369	1491.83	1.75174	5.0827	1.7607	68.6602
48	1932.2	430.399	1491.88	1.76714	5.0723	1.7659	66.8403
49	1983.5	435.450	1491.91	1.78255	5.0618	1.7712	65.0746
50	2035.9	440.523	1491.89	1.79798	5.0514	1.7766	63.3608
51	2089.2	445.623	1491.83	1.81343	5.0409	1.7820	61.6971
52	2143.6	450.751	1491.73	1.82891	5.0303	1.7875	60.0813
53	2199.1	455.913	1491.58	1.84445	5.0198	1.7931	58.5114
54	2255.6	461.112	1491.38	1.86004	5.0092	1.7987	56.9855
55	2313.2	466.353	1491.12	1.87571	5.9985	1.8044	55.5019

附录 A-8 R12 饱和液体及饱和蒸气的热力性质

温度 t/℃	压力 p/kPa	比焓/（kJ/kg）		比熵/［kJ/（kg·K）］		比体积/×10⁻³（m³/kg）	
		h_f	h_g	S_f	S_g	V_f	V_g
-60	22.62	146.463	324.236	0.77977	1.61373	0.63689	637.911
-55	29.98	150.808	326.567	0.79990	1.60552	0.64226	491.000
-50	39.15	155.169	328.897	0.81964	1.59810	0.64782	383.105
-45	50.44	159.549	331.223	0.83901	1.59142	0.65355	302.683
-40	64.17	163.948	333.541	0.85805	1.58539	0.65949	241.910
-35	80.71	168.369	335.849	0.86776	1.57996	0.66563	195.398
-30	100.41	172.810	338.143	0.89516	1.57507	0.67200	159.375
-28	109.27	174.593	339.057	0.90244	1.57326	0.67461	147.275
-26	118.72	176.380	339.968	0.90967	1.57152	0.67726	136.284
-24	128.80	178.171	340.876	0.91686	1.56985	0.67996	126.282
-22	139.53	179.965	341.780	0.92400	1.56825	0.68269	117.167
-20	150.93	181.764	342.682	0.93110	1.56672	0.68547	108.847
-18	163.04	183.567	343.580	0.93816	1.56526	0.68829	101.242
-16	175.89	185.374	344.474	0.94518	1.56385	0.69115	94.2788
-14	189.50	187.185	345.365	0.95216	1.56250	0.69407	87.8951
-12	203.90	189.001	346.252	0.95910	1.56121	0.69703	82.0344
-10	219.12	190.822	347.134	0.96601	1.55997	0.70004	76.6464
-9	227.04	191.734	347.574	0.96945	1.55938	0.70157	74.1155
-8	235.19	192.647	348.012	0.97287	1.55897	0.70310	71.6864
-7	243.55	193.562	348.450	0.94629	1.55822	0.70465	69.3543
-6	252.14	194.477	348.886	0.97971	1.55765	0.70622	67.1146
-5	260.96	195.395	349.321	0.98311	1.55710	0.70780	64.9629
-4	270.01	196.313	349.755	0.98650	1.55657	0.70939	62.8952
-3	279.30	197.233	350.187	0.98989	1.55604	0.71099	60.9075
-2	288.82	198.154	350.619	0.99327	1.55552	0.71261	58.9963
-1	298.59	199.076	351.049	0.99664	1.55502	0.71425	57.1579
0	308.61	200.00	351.477	1.00000	1.55452	0.71590	55.3892
1	318.88	200.925	351.905	1.00335	1.55404	0.71756	53.6869
2	329.40	201.852	352.331	1.00670	1.55356	0.71324	52.0481
3	340.19	202.780	352.755	1.01004	1.55310	0.72094	50.4700
4	351.24	203.710	353.179	1.01337	1.55264	0.72265	48.9499
5	263.55	204.642	353.600	1.01670	1.55220	0.72438	47.4853
6	374.14	205.575	354.020	1.02001	1.55176	0.72612	46.0737
7	386.01	206.509	354.439	1.02333	1.55133	0.72788	44.7129
8	398.15	207.445	354.856	1.02663	1.55091	0.72966	43.4006

（续）

温度 $t/℃$	压力 p/kPa	比焓/（kJ/kg）		比熵/［kJ/（kg·K）］		比体积/$\times 10^{-3}$（m^3/kg）	
		h_f	h_g	S_f	S_g	V_f	V_g
9	410. 58	208. 383	355. 272	1. 02993	1. 55050	0. 73146	42. 1349
10	423. 30	209. 323	355. 686	1. 03322	1. 55010	0. 73326	40. 9137
11	436. 31	210. 264	356. 098	1. 03650	1. 54970	0. 73510	39. 7352
12	449. 62	211. 207	356. 509	1. 03978	1. 54931	0. 73695	38. 5975
13	463. 23	212. 152	365. 918	1. 04305	1. 54893	0. 73882	37. 4991
14	477. 14	213. 099	357. 325	1. 04632	1. 54856	0. 74071	36. 4382
15	491. 37	214. 048	357. 730	1. 04958	1. 54819	0. 74262	35. 4133
16	505. 91	214. 998	358. 134	1. 05284	1. 54783	0. 74455	34. 4230
17	520. 76	215. 951	358. 535	1. 05609	1. 54748	0. 74649	33. 4658
18	535. 94	216. 906	358. 935	1. 05933	1. 54713	0. 74846	32. 5405
19	551. 45	217. 863	359. 333	1. 06258	1. 54679	0. 75045	31. 6457
20	567. 29	218. 821	359. 729	1. 06581	1. 54645	0. 75246	30. 7802
21	583. 47	219. 783	360. 122	1. 06904	1. 54612	0. 75449	29. 9429
22	599. 98	220. 746	360. 514	1. 07227	1. 54579	0. 75655	29. 1327
23	616. 84	221. 712	360. 904	1. 07549	1. 54547	0. 75863	28. 3485
24	634. 05	222. 680	361. 291	1. 07871	1. 54515	0. 76073	27. 5894
25	651. 62	223. 650	361. 676	1. 08193	1. 54484	0. 76286	26. 8542
26	669. 54	224. 623	362. 059	1. 08514	1. 54453	0. 76501	26. 1442
27	687. 82	225. 598	362. 439	1. 08835	1. 54423	0. 76718	25. 4524
28	706. 47	226. 576	362. 817	1. 09155	1. 54393	0. 76938	24. 7840
29	725. 50	227. 557	363. 193	1. 09475	1. 54363	0. 77161	24. 1362
30	744. 90	228. 540	363. 566	1. 09795	1. 54334	0. 77386	23. 5082
31	764. 68	229. 526	363. 937	1. 10115	1. 54305	0. 77614	22. 8993
32	784. 85	230. 515	364. 305	1. 10434	1. 54276	0. 77845	22. 3088
33	805. 41	231. 506	364. 670	1. 10753	1. 54247	0. 78079	21. 7359
34	826. 36	232. 501	365. 033	1. 11072	1. 54219	0. 78316	21. 1802
35	847. 12	233. 498	365. 392	1. 11391	1. 54191	0. 78556	20. 6408
36	869. 48	234. 499	365. 749	1. 11710	1. 54163	0. 78799	20. 1173
37	891. 64	235. 503	366. 103	1. 12028	1. 54135	0. 79045	19. 6091
38	914. 23	236. 510	366. 454	1. 12347	1. 54107	0. 79294	19. 1156
39	937. 23	237. 521	366. 802	1. 12665	1. 54079	0. 79546	18. 6362
40	960. 65	238. 535	367. 146	1. 12984	1. 54051	0. 79802	18. 1706
41	984. 51	239. 552	267. 487	1. 13302	1. 54024	0. 80062	17. 7182
42	1008. 8	240. 574	367. 825	1. 13620	1. 53996	0. 80325	17. 2785
43	1033. 5	241. 598	368. 160	1. 13938	1. 53968	0. 80592	16. 8511

（续）

温度 t/℃	压力 p/kPa	比焓/（kJ/kg）		比熵/［kJ/（kg·K）］		比体积/×10⁻³（m³/kg）	
		h_f	h_g	S_f	S_g	V_f	V_g
44	1058.7	242.627	368.491	1.14257	1.53941	0.80863	16.4356
45	1084.3	243.659	368.818	1.14575	1.53913	0.81137	16.0316
46	1110.4	244.696	369.141	1.14894	1.53885	0.81416	15.6386
47	1136.9	245.736	369.461	1.15213	1.53856	0.81698	15.2563
48	1163.9	246.781	369.777	1.15532	1.53828	0.81985	14.8844
49	1191.4	247.830	370.088	1.15851	1.53799	0.82277	14.5224
50	1219.3	248.884	370.396	1.16170	1.53770	0.82573	14.1701
52	1276.6	251.004	370.997	1.16810	1.53712	0.83179	13.4931
54	1335.9	253.144	371.581	1.17451	1.53651	0.83804	12.8509
56	1397.2	255.304	372.145	1.18093	1.53589	0.84451	12.2412
58	1460.5	257.486	372.688	1.18738	1.53524	0.85121	11.6620

附录 A-9　R22 饱和液体及饱和蒸气的热力性质

温度 t/℃	压力 p/kPa	比焓/（kJ/kg）		比熵/[kJ/（kg·K）]		比体积/×10⁻³（m³/kg）	
		h_f	h_g	S_f	S_g	V_f	V_g
−60	37.48	134.763	379.114	0.73254	1.87886	0.68208	537.152
−55	49.47	139.830	381.529	0.75599	1.86389	0.68856	414.827
−50	64.39	144.959	383.821	0.77919	1.85000	0.69526	324.557
−45	82.71	150.153	386.282	0.80216	1.83708	0.70219	256.990
−40	104.95	155.414	388.609	0.82490	1.82504	0.70936	205.745
−35	131.68	160.742	390.896	0.84743	1.81380	0.71680	166.400
−30	163.48	166.140	393.138	0.86976	1.80329	0.72452	135.844
−28	177.76	168.318	394.021	0.87864	1.79927	0.72769	125.563
−26	192.99	170.507	394.896	0.88748	1.79535	0.73092	116.214
−24	209.22	172.708	395.762	0.89630	1.79152	0.73420	107.701
−22	226.48	174.919	396.619	0.90509	1.78779	0.73753	99.9362
−20	244.83	177.142	397.467	0.91386	1.78415	0.74091	92.8432
−18	264.29	179.376	398.305	0.92259	1.78059	0.74436	86.3546
−16	284.93	181.622	399.133	0.93129	1.77711	0.74786	80.4103
−14	306.78	183.878	399.951	0.93997	1.77371	0.75143	74.9572
−12	329.89	186.147	400.759	0.94862	1.77039	0.75506	69.9478
−10	354.30	188.426	401.555	0.95725	1.76713	0.75876	65.3399
−9	367.01	189.571	401.949	0.96155	1.76553	0.76063	63.1746
−8	380.06	190.718	402.341	0.96585	1.76394	0.76253	61.0958
−7	393.47	191.868	402.729	0.97014	1.76237	0.76444	59.0996
−6	407.23	193.021	403.114	0.97442	1.76082	0.76636	57.1820
−5	421.35	194.176	403.496	0.97870	1.75928	0.76831	55.3394
−4	435.84	195.335	403.876	0.98297	1.75775	0.77028	53.5682
−3	450.70	196.497	404.252	0.98724	1.75624	0.77226	51.8653
−2	465.94	197.662	404.626	0.99150	1.75475	0.77427	50.2274
−1	481.57	198.828	404.994	0.99575	1.75326	0.77629	48.6517
0	497.59	200.000	405.361	1.00000	1.75279	0.77834	47.1354
1	514.01	201.174	405.724	1.00424	1.75034	0.78041	45.6757
2	530.83	202.351	406.084	1.00848	1.74889	0.78249	44.2702
3	548.06	203.530	406.440	1.01271	1.74746	0.78460	42.9166

（续）

温度 t/℃	压力 p/kPa	比焓/（kJ/kg）		比熵/［kJ/（kg·K）］		比体积/×10⁻³（m³/kg）	
		h_f	h_g	S_f	S_g	V_f	V_g
4	565.71	204.713	406.793	1.01694	1.74604	0.78673	41.6124
5	583.78	205.899	407.143	1.02116	1.74463	0.78889	40.3556
6	602.28	207.089	407.489	1.02537	1.74324	0.79107	39.1441
7	621.22	208.281	407.831	1.02958	1.74185	0.79327	37.9759
8	640.59	209.477	408.169	1.03379	1.74047	0.79549	36.8493
9	660.42	210.675	408.504	1.03799	1.73911	0.79775	35.7624
10	680.70	211.877	408.835	1.04218	1.73775	0.80002	34.7136
11	701.44	213.083	409.162	1.04637	1.73640	0.80232	33.7013
12	722.65	214.291	409.485	1.05056	1.73506	0.80465	32.7239
13	744.33	215.503	409.804	1.05474	1.73373	0.80701	31.7801
14	766.50	216.719	410.119	1.05892	1.73241	1.80939	30.8683
15	789.15	217.937	410.430	1.06309	1.73109	0.81180	29.9874
16	812.29	219.160	410.736	1.06726	1.72978	0.81424	29.1361
17	835.93	220.386	411.038	1.07142	1.72848	0.81671	28.3131
18	860.08	221.615	411.336	1.07559	1.72719	0.81922	27.5173
19	884.75	222.848	411.629	1.07974	1.72590	0.82175	26.7477
20	909.93	224.084	411.918	1.08390	1.72462	0.82431	26.0032
21	935.64	225.324	412.202	1.08805	1.72334	0.82691	25.2829
22	961.89	226.568	412.481	1.09220	1.72206	0.82954	24.5857
23	988.67	227.816	412.755	1.09634	1.72080	0.83221	23.9107
24	1016.0	229.068	413.025	1.10048	1.71953	0.83491	23.2572
25	1043.9	230.324	413.289	1.10462	1.71827	0.83765	22.6242
26	1072.3	231.583	413.548	1.10876	1.71701	0.84043	22.0111
27	1101.4	232.847	413.802	1.11290	1.71576	0.84324	21.4169
28	1130.9	234.115	414.050	1.11703	1.71450	0.84610	20.8411
29	1161.1	235.387	414.293	1.12116	1.71325	0.84899	20.2829
30	1191.9	236.664	414.530	1.12530	1.71200	0.85193	19.7417
31	1223.2	237.944	414.762	1.12943	1.71075	0.85491	19.2168
32	1255.2	239.230	414.987	1.13353	1.70950	0.85793	18.7076
33	1287.8	240.520	415.207	1.13768	1.70826	0.86101	18.2135

（续）

温度 t/℃	压力 p/kPa	比焓/（kJ/kg）		比熵/［kJ/（kg·K）］		比体积/×10⁻³（m³/kg）	
		h_f	h_g	S_f	S_g	V_f	V_g
34	1321.0	241.841	415.420	1.14181	1.70701	0.86412	17.7341
35	1354.8	243.114	415.627	1.14594	1.70576	0.86729	17.2686
36	1389.2	244.418	415.828	1.15007	1.70450	0.87051	16.8168
37	1424.3	245.727	416.021	1.15420	1.70325	0.87378	16.3779
38	1460.1	247.041	416.208	1.15833	1.70199	0.87710	15.9517
39	1496.5	248.361	416.388	1.16246	1.70073	0.88048	15.5375
40	1533.5	249.686	416.561	1.16659	1.69946	0.88392	15.1351
41	1571.2	251.016	416.726	1.17073	1.69819	0.88741	14.7439
42	1609.6	252.352	416.883	1.17486	1.69692	0.89097	14.3636
43	1648.7	253.694	417.033	1.17900	1.69564	0.89459	13.9938
44	1688.5	255.042	417.174	1.18315	1.69435	0.89828	13.6341
45	1729.0	256.396	417.308	1.18730	1.69305	0.90203	13.2841
46	1770.2	257.756	417.432	1.19145	1.69174	0.90586	12.9436
47	1812.1	259.123	417.458	1.19560	1.69043	0.90976	12.6122
48	1854.8	260.497	417.655	1.19977	1.68911	0.91374	12.2895
49	1898.2	261.877	417.752	1.20393	1.68777	0.91779	11.9753
50	1942.3	263.264	417.838	1.20811	1.68643	0.92193	11.6693
52	2032.8	266.062	417.983	1.21648	1.68370	0.93047	11.0806
54	2126.5	268.891	418.083	1.22489	1.68091	0.93939	10.5214
56	2223.2	271.754	418.137	1.23333	1.67805	0.94872	9.98952
58	2323.2	274.654	418.141	1.24183	1.67511	0.95850	9.48319
60	2426.6	277.594	418.089	1.25038	1.67208	0.96878	9.00062
62	2533.3	280.577	417.978	1.25899	1.66895	0.97960	8.54016
64	2643.5	283.607	417.802	1.26768	1.66570	0.99104	8.10023
66	2757.3	286.690	417.553	1.27647	1.66231	1.00317	7.67934
68	2874.7	289.832	417.226	1.28535	1.65876	1.01608	7.27605
70	2995.9	293.038	416.809	1.29436	1.65504	1.02987	6.88899
75	3316.1	301.399	415.299	1.31758	1.64472	1.06916	5.98334
80	3662.3	310.424	412.898	1.34223	1.63239	1.11810	5.14862
85	4036.8	320.505	409.101	1.36936	1.61673	1.18328	4.35815
90	4442.5	332.616	402.653	1.40155	1.59440	1.28230	3.56440
95	4883.5	351.767	386.708	1.45222	1.54712	1.52064	2.55133

附录 A-10   R502 饱和液体及饱和蒸气的热力性质

温度 t/℃	压力 p/kPa	比焓/（kJ/kg）		比熵/[kJ/（kg·K）]		比体积/×10⁻³（m³/kg）	
		h_f	h_g	S_f	S_g	V_f	V_g
-40	129.64	158.085	328.147	0.83570	1.56512	0.68307	127.687
-30	197.86	167.883	333.027	0.87665	1.55583	0.69890	85.7699
-25	241.00	172.959	335.415	0.89719	1.55187	0.70733	71.1552
-20	291.01	178.149	337.762	0.91775	1.54826	0.71615	59.4614
-15	348.55	183.452	340.063	0.93833	1.54500	0.72538	50.0230
-10	414.30	188.864	342.313	0.945891	1.54203	0.73509	42.3423
-8	443.04	191.058	343.197	0.96714	1.54092	0.73911	39.6747
-6	473.26	193.269	344.071	0.97536	1.53985	0.74323	37.2074
-4	504.98	195.497	344.936	0.98358	1.53881	0.74743	34.9228
-2	538.26	197.740	345.791	0.99179	1.53780	0.75172	32.8049
0	573.13	200.000	346.634	1.00000	1.53683	0.75612	30.8393
1	591.18	201.136	347.052	1.00410	1.53635	0.75836	29.9095
2	609.65	202.275	347.467	1.00820	1.53588	0.76062	29.0131
3	628.54	203.419	347.879	1.01229	1.53542	0.76291	28.1485
4	647.86	204.566	348.288	1.01639	1.53496	0.76523	27.3145
5	667.61	205.717	348.693	1.02048	1.53451	0.76758	26.5097
6	687.80	206.872	349.096	1.02457	1.53406	0.76996	25.7330
7	708.43	208.031	349.496	1.02866	1.53362	0.77237	24.9831
8	729.51	209.193	349.892	1.03274	1.53318	0.77481	24.2589
9	751.05	210.359	350.285	1.03682	1.53275	0.77728	23.5593
10	773.05	211.529	350.675	1.04090	1.53232	0.77978	22.8835
11	795.52	212.703	351.062	1.04497	1.53190	0.78232	22.2303
12	818.46	213.880	351.444	1.04905	1.53147	0.78489	21.5989
13	841.87	215.061	351.824	1.05311	1.53106	0.78750	20.9883
14	865.78	216.245	352.199	1.05718	1.53064	0.79014	20.3979
15	890.17	217.433	352.571	1.06124	1.53023	0.79282	19.8266
16	915.06	218.624	352.939	1.06530	1.52982	0.79555	19.2739
17	940.45	219.820	353.303	1.06936	1.52941	0.79831	18.7389
18	966.35	221.018	353.663	1.07341	1.52900	0.80111	18.2210
19	992.76	222.220	354.019	1.07746	1.52859	0.80395	17.7194

（续）

温度 $t/℃$	压力 p/kPa	比焓/（kJ/kg）		比熵/[kJ/（kg·K）]		比体积/×10^{-3}（m^3/kg）	
		h_f	h_g	S_f	S_g	V_f	V_g
20	1019.7	223.426	354.370	1.08151	1.52819	0.80684	17.2336
21	1047.1	224.635	354.717	1.08555	1.52778	0.80978	16.7630
22	1075.1	225.858	355.060	1.08959	1.52737	0.81276	16.3069
23	1103.7	227.064	355.398	1.09362	1.52697	0.81579	15.8649
24	1132.7	228.284	355.732	1.09766	1.52656	0.81887	15.4363
25	1162.3	229.506	356.061	1.10168	1.52615	0.82200	15.0207
26	1192.5	230.734	356.385	1.10571	1.52573	0.82518	14.6175
27	1223.2	231.964	356.703	1.10973	1.52532	0.82842	14.2263
28	1254.6	233.198	357.017	1.11375	1.52490	0.83171	13.8468
29	1286.4	234.436	357.325	1.11776	1.52448	0.83507	13.4783
30	1318.9	235.677	357.628	1.12177	1.52405	0.83848	13.1205
32	1385.6	238.170	358.216	1.12978	1.52318	0.84551	12.4356
34	1454.7	240.677	358.780	1.13778	1.52229	0.85282	11.7889
36	1526.2	243.200	359.318	1.14577	1.52137	0.86042	11.1778
38	1600.3	245.739	359.828	1.15375	1.52042	0.86834	10.5996
40	1677.0	248.295	360.309	1.16172	1.51943	0.87662	10.0521
45	1880.3	254.762	361.367	1.18164	1.51672	0.89908	8.80325
50	2101.3	261.361	362.180	1.20159	1.51358	0.92465	7.70220
55	2341.1	268.128	362.684	1.22168	1.50983	0.95430	6.72295
60	2601.4	275.130	362.780	1.24209	1.50518	0.98962	5.84240
70	3191.8	290.465	360.952	1.28562	1.49103	1.09069	4.28602
80	3900.4	312.822	350.672	1.34730	1.45448	1.34203	2.70616

附录 A-11　R134a 饱和液体及饱和蒸气的热力性质

温度 t/℃	压力 p/MPa	密度 ρ_t/ (kg/m³)	比体积 V_g/ (m³/kg)	比焓/ (kJ/kg)		比熵/ [kJ/ (kg·K)]	
				h_f	h_g	S_f	S_g
- 103. 30	0.00039	1591. 2	35. 263	71. 89	335. 07	0. 4143	1. 9638
- 100. 00	0.00056	1581. 9	25. 039	75. 71	337. 00	0. 4366	1. 9456
- 90. 00	0.00153	1553. 9	9. 7191	87. 59	342. 94	0. 5032	1. 8975
- 80. 00	0.00369	1526. 2	4. 2504	99. 65	349. 03	0. 5674	1. 8585
- 70. 00	0.00801	1498. 6	2. 0528	111. 78	355. 23	0. 6286	1. 8269
- 60. 00	0.01594	1471. 0	1. 0770	123. 96	361. 51	0. 6871	1. 8016
- 50. 00	0.02948	1443. 1	0. 60560	136. 21	367. 83	0. 7432	1. 7812
- 40. 00	0.05122	1414. 8	0. 36095	148. 57	374. 16	0. 7973	1. 7649
- 30. 00	0.08436	1385. 9	0. 22596	161. 10	380. 45	0. 8498	1. 7519
- 28. 00	0.09268	1380. 0	0. 20682	163. 62	381. 70	0. 8601	1. 7497
- 26. 00	0.10132	1374. 3	0. 19016	166. 07	382. 90	0. 8701	1. 7476
- 26. 00	0.10164	1374. 1	0. 18961	166. 16	382. 94	0. 8701	1. 7476
- 24. 00	0.11127	1368. 2	0. 17410	168. 70	384. 19	0. 8806	1. 7455
- 22. 00	0.12160	1362. 2	0. 16010	171. 26	385. 43	0. 8908	1. 7436
- 20. 00	0.13268	1356. 2	0. 14744	173. 82	386. 66	0. 9009	1. 7417
- 18. 00	0.14454	1350. 2	0. 13597	176. 39	387. 89	0. 9110	1. 7399
- 16. 00	0.15721	1344. 1	0. 12556	178. 97	389. 11	0. 9211	1. 7383
- 14. 00	0.17074	1338. 0	0. 11610	181. 56	390. 33	0. 9311	1. 7367
- 12. 00	0.18516	1331. 8	0. 10749	181. 16	391. 55	0. 9110	1. 7351
- 10. 00	0.20052	1325. 6	0. 09963	186. 78	392. 75	0. 9509	1. 7337
- 8. 00	0.21684	1319. 3	0. 09246	189. 40	393. 95	0. 9608	1. 7323
- 6. 00	0.23418	1313. 0	0. 08591	192. 03	395. 15	0. 9707	1. 7310
- 4. 00	0.25257	1306. 6	0. 07991	194. 68	396. 33	0. 9805	1. 7297
- 2. 00	0.27206	1300. 2	0. 07440	197. 33	397. 51	0. 9903	1. 7285
0. 00	0.29269	1293. 7	0. 06935	200. 00	398. 68	1. 0000	1. 7274
2. 00	0.31450	1287. 1	0. 06470	202. 68	399. 84	1. 0097	1. 7263
4. 00	0.33755	1280. 5	0. 06042	205. 37	401. 00	1. 0194	1. 7252
6. 00	0.36186	1273. 8	0. 05648	208. 08	402. 14	1. 0294	1. 7242
8. 00	0.38749	1267. 0	0. 05284	210. 80	403. 27	1. 0387	1. 7233
10. 00	0.41449	1260. 2	0. 04948	213. 53	404. 40	1. 0483	1. 7224
12. 00	0.44289	1253. 3	0. 04636	216. 27	405. 51	1. 0579	1. 7215
14. 00	0.47276	1246. 3	0. 04348	219. 03	406. 61	1. 0674	1. 7207
16. 00	0.50413	1239. 3	0. 04081	221. 80	407. 70	1. 0770	1. 7199
18. 00	0.53706	1232. 1	0. 03833	224. 59	408. 78	1. 0865	1. 7191

（续）

温度 t/℃	压力 p/MPa	密度 ρ_t/（kg/m³）	比体积 V_g/（m³/kg）	比焓/（kJ/kg）		比熵/［kJ/（kg·K）］	
				h_f	h_g	S_f	S_g
20.00	0.57159	1224.9	0.03603	227.40	409.84	1.0960	1.7183
22.00	0.60777	1217.5	0.03388	230.21	410.89	1.1055	1.7176
24.00	0.64566	1210.1	0.03189	233.05	411.93	1.1149	1.7169
26.00	0.68531	1202.6	0.03003	235.90	412.95	1.1244	1.7162
28.00	0.72676	1194.9	0.02829	238.77	413.95	1.1338	1.7155
30.00	0.77008	1187.2	0.02667	241.65	414.94	1.1432	1.7149
32.00	0.81530	1179.3	0.02516	244.55	415.90	1.1527	1.7142
34.00	0.86250	1171.3	0.02374	247.47	416.85	1.1624	1.7135
36.00	0.91172	1163.2	0.02241	250.41	417.78	1.1715	1.7129
38.00	0.96301	1154.9	0.02116	253.37	418.69	1.1809	1.7122
40.00	1.0165	1146.5	0.01999	256.35	419.58	1.1903	1.7115
42.00	1.0721	1137.9	0.01890	259.35	420.44	1.1997	1.7108
44.00	1.1300	1129.2	0.01786	262.38	421.28	1.2091	1.7101
46.00	1.1901	1120.3	0.01689	265.42	422.09	1.2185	1.7094
48.00	1.2527	1111.3	0.01598	268.49	422.88	1.2279	1.7086
50.00	1.3177	1102.0	0.01511	271.59	423.63	1.2373	1.7078
52.00	1.3852	1092.6	0.01430	274.71	424.35	1.2468	1.7070
54.00	1.4553	1082.9	0.01353	277.86	425.03	1.2562	1.7061
56.00	1.5280	1073.0	0.01280	281.04	425.68	1.2657	1.7051
58.00	1.6033	1062.8	0.01212	284.25	426.29	1.2752	1.7041
60.00	1.6815	1052.4	0.01146	287.49	426.86	1.2817	1.7031
62.00	1.7625	1041.7	0.01085	290.77	427.37	1.2913	1.7019
64.00	1.8464	1030.7	0.01026	294.08	427.84	1.3039	1.7007
66.00	1.9334	1019.4	0.00970	297.44	428.25	1.3136	1.6993
68.00	2.0234	1007.7	0.00917	300.84	428.61	1.3234	1.6979
70.00	2.1165	995.6	0.00867	304.29	428.89	1.3332	1.6963
72.00	2.2130	983.1	0.00818	307.79	429.10	1.3430	1.6945
74.00	2.3127	970.0	0.00772	311.34	429.23	1.3530	1.6926
76.00	2.4159	956.5	0.00728	314.96	429.27	1.3634	1.6905
78.00	2.5227	942.3	0.00686	318.65	429.20	1.3733	1.6881
80.00	2.6331	927.4	0.00646	322.41	429.02	1.3837	1.6855
85.00	2.9259	886.2	0.00550	332.27	427.91	1.4105	1.6775
90.00	3.2445	836.9	0.00461	343.01	425.48	1.4392	1.6663
95.00	3.5916	771.6	0.00374	355.43	420.60	1.4720	1.6490
100.00	3.9721	646.7	0.00265	374.02	407.08	1.5207	1.6093

附录B 常用压焓图

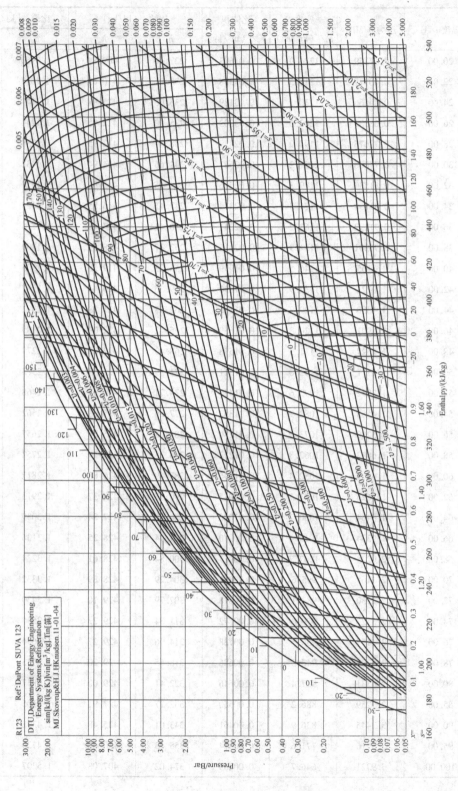

附图B-1 R123压焓图

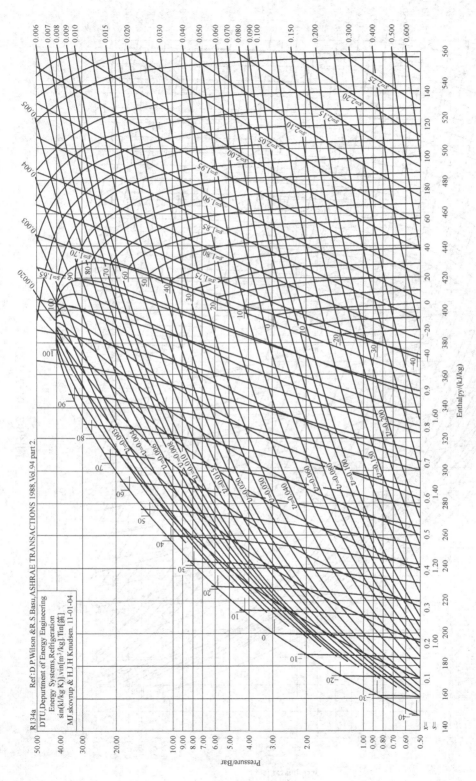

附图B-2　R134a压焓图

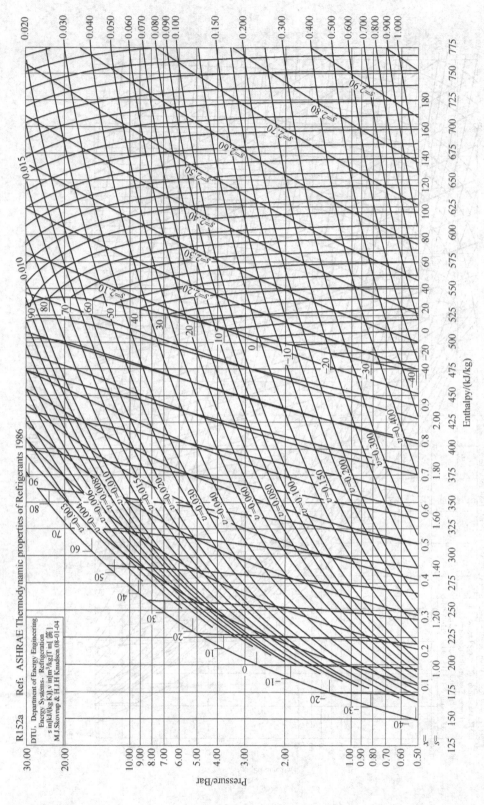

附图B-3 R152a压焓图

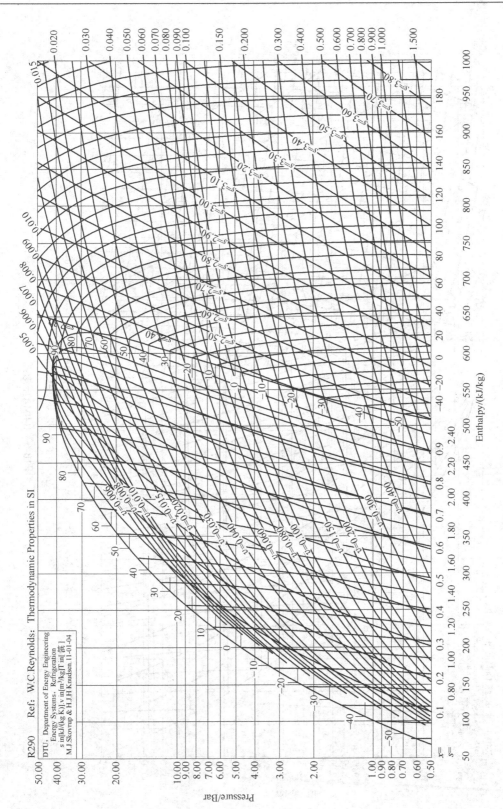

附图B-4　R290压焓图

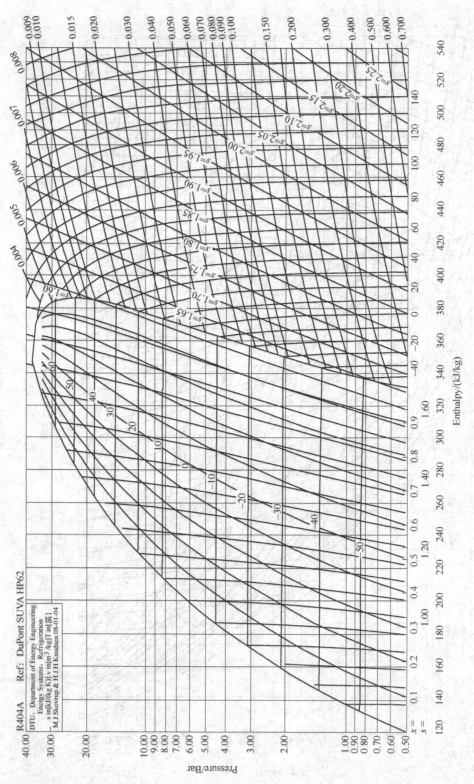

附图B-5　R404A压焓图

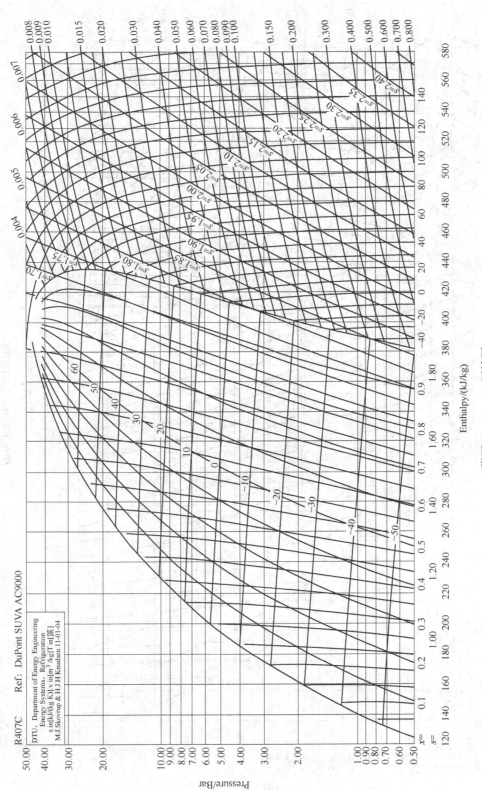

附图B-6 R407C压焓图

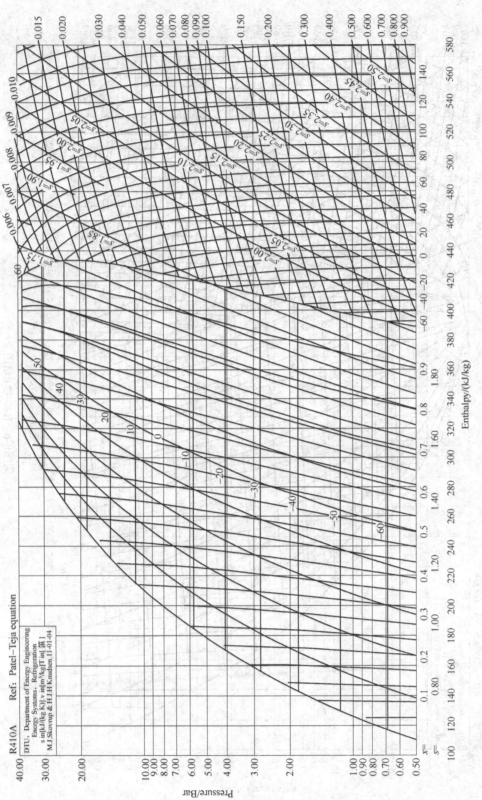

附图B-7　R410A压焓图

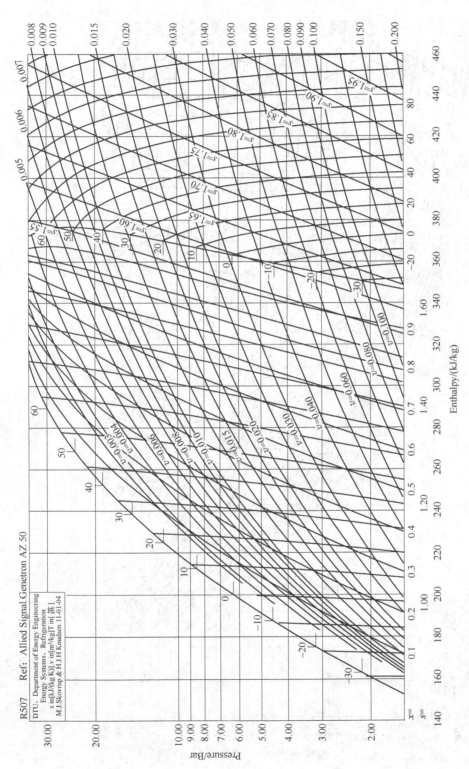

附图B-8　R507压焓图

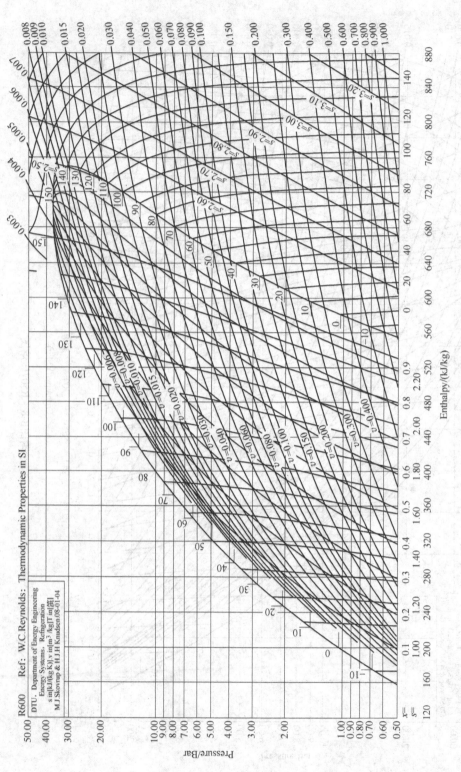

附图B-9 R600压焓图

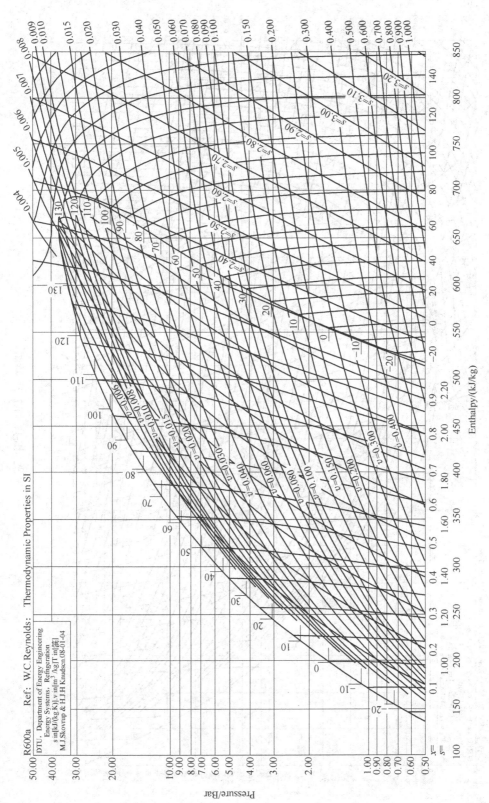

附图B-10 R600a压焓图

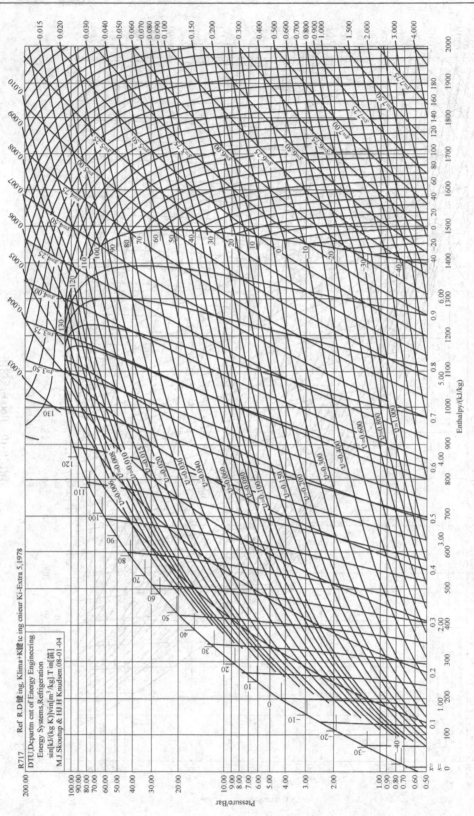

附图B-11 R717压焓图

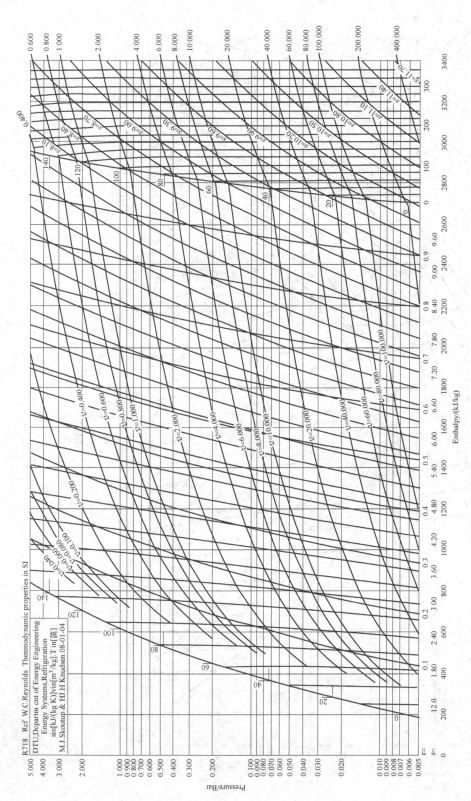

附图B-12 R718压焓图

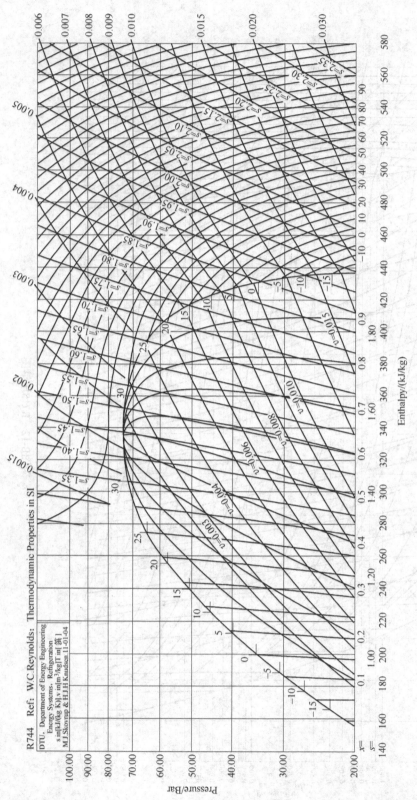

附图B-13　R744压焓图

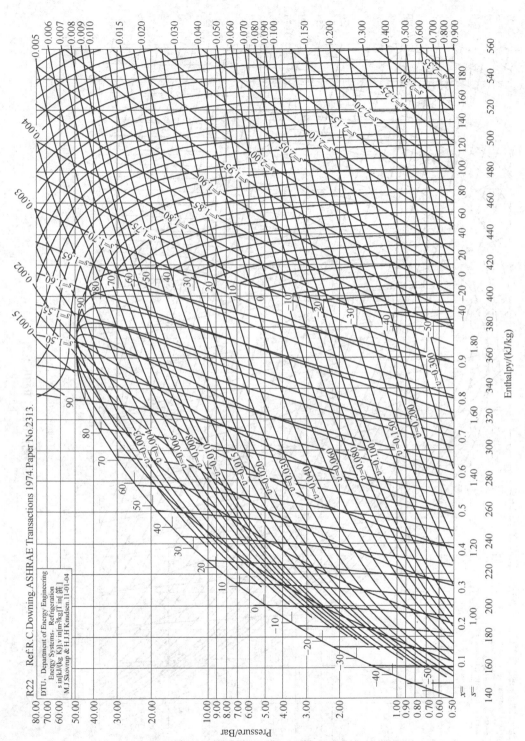

附图B-14　R22压焓图

Enthalpy/(kJ/kg)

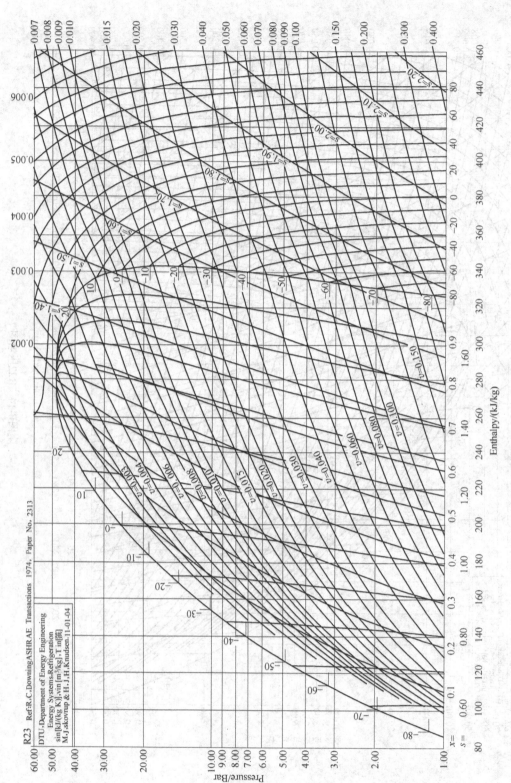

附图B-15　R23压焓图

参 考 文 献

[1] 李建华. 制冷工艺设计 [M]. 北京：机械工业出版社，2007.
[2] 国内贸易工程设计研究院. GB 50072—2010 冷库设计规范 [S]. 北京：中国计划出版社，2010.
[3] 张萍. 制冷工艺设计 [M]. 北京：中国商业出版社，2002.
[4] 莫日根夫. 基于人机工程理论的食品冷库设计研究 [D]. 大连：大连理工大学出版社，2006.
[5] 龚海辉，谢晶，张青. 冷库结构与保温材料现状 [J]. 物流科技，2010，2：122 – 123.
[6] 李建华，王春，等. 冷库设计 [M]. 北京：机械工业出版社，2003.
[7] 孙秀清. 制冷工艺设计实训教程 [M]. 北京：中国商业出版社，2001.
[8] 李明忠，孙兆礼. 中小型冷库技术 [M]. 上海：上海交通大学出版社，1995.
[9] 李敏. 冷库制冷工艺设计 [M]. 北京：机械工业出版社，2009.
[10] 余根法. 冷库设计 [M]. 北京：中国农业出版社，1991.
[11] 王春. 冷库制冷工艺 [M]. 北京：机械工业出版社，2002.
[12] 张祉祐. 制冷空调设备使用维修手册 [M]. 北京：机械工业出版社，1998.
[13] 魏龙. 冷库安装、运行与维修 [M]. 北京：化学工业出版社，2010.
[14] 庄友明. 制冷装置设计 [M]. 厦门：厦门大学出版社，1999.
[15] 李永安. 制冷技术与装置 [M]. 北京：化学工业出版社，2010.
[16] 国内贸易工程设计研究院. SBJ 16—2009 气调冷藏库设计规范 [S]. 北京：中国计划出版社，2009.
[17] 陆耀庆. 实用供热空调设计手册：上册 [M]. 2 版. 北京：中国建筑工业出版社，2008.